教育部职业教育与成人教育司推荐教材

中等职业学校计算机应用与软件技术专业教学用书

Photoshop CS3 基础教程（第 2 版）

郭万军　主编

门从友　刘清太　副主编

人 民 邮 电 出 版 社

北　京

图书在版编目（CIP）数据

Photoshop CS3基础教程 / 郭万军主编. -- 2版. --
北京 : 人民邮电出版社, 2009.10

教育部职业教育与成人教育司推荐教材. 中等职业学
校计算机应用与软件技术专业教学用书
ISBN 978-7-115-21299-3

Ⅰ. ①P… Ⅱ. ①郭… Ⅲ. ①图形软件, Photoshop
CS3－专业学校－教材 Ⅳ. ①TP391.41

中国版本图书馆CIP数据核字(2009)第164152号

内 容 提 要

本书以基本命令和功能为主线，全面系统地介绍利用 Photoshop CS3 中文版进行图像处理以及平面设计的基本方法，具有较强的实用性和参考价值。

全书共分 9 个项目，内容包括 Photoshop 基础知识和基本操作、绘制基本图形、图像编辑处理、图层和蒙版应用、路径应用、滤镜应用、图像色彩处理、通道应用、网站主页设计等。

本书适合作为计算机技能型紧缺人才培养规划以及中职学校相关课程的教材，也可供 Photoshop 初学者自学参考。

教育部职业教育与成人教育司推荐教材
中等职业学校计算机应用与软件技术专业教学用书

Photoshop CS3 基础教程（第 2 版）

♦ 主　　编　郭万军
副 主 编　门从友　刘清太
责任编辑　王亚娜

♦ 人民邮电出版社出版发行　　北京市崇文区夕照寺街 14 号
邮编　100061　　电子函件　315@ptpress.com.cn
网址　http://www.ptpress.com.cn
中国铁道出版社印刷厂印刷

♦ 开本：787×1092　1/16
印张：14.25
字数：354 千字　　2009 年 10 月第 2 版
印数：1 – 3 000 册　　2009 年 10 月北京第 1 次印刷

ISBN 978-7-115-21299-3

定价：23.00 元

读者服务热线：(010)67170985 印装质量热线：(010)67129223
反盗版热线：(010)67171154

本书编委会

丛书前言

实施信息化的关键在人才，在我国各行各业都需要大批的各个层次的计算机应用专业人才。在未来几年内，我国经济和社会发展对计算机应用与软件技术专业初级人才具有很大的需求，而这些人才的培养主要由中等职业教育来承担。要培养具备综合职业能力和全面素质，在生产、服务、技术和管理等第一线工作的技能型人才，必须在课程开发上，从职业岗位技能分析入手，以教材建设推动中等职业教育教学改革，从而提高中等职业教育质量。

人民邮电出版社根据《教育部等七部门关于进一步加强职业教育工作的若干意见》的指示精神，在深入调查研究的基础上，会同企业技术专家、中等职业学校教师、职业教育教研人员按照专业的“培养目标与规格”教学要求进行整体规划设计了本套教材。本套教材以教育部办公厅、信息产业部办公厅联合颁布的“中等职业学校计算机应用与软件技术专业领域技能型紧缺人才培养培训指导方案”为依据，遵循“以全面素质为基础，以职业能力为本位；以企业需求为基本依据，以就业为导向；适应行业技术发展，体现教学内容的先进性和前瞻性；以学生为主体，体现教学组织的科学性和灵活性”等技能型紧缺人才培养培训的基本原则。

本套教材适用于中等职业学校计算机及相关专业，按计算机软件、多媒体应用技术、计算机网络技术及应用等 3 个专业组织编写。在教学内容的编排上，力求着重提高受教育者的职业能力，具备如下特点。

（1）在具备一定的知识系统性和知识完整性的情况下，突出中等职业教育的特点，在写作的过程中把握好“必须”和“足够”这两个“度”。

（2）任务驱动，项目教学。让学生零距离接触所学知识，拓展学生的职业技能。

（3）按照中等职业教育的教学规律和学生认知特点讲解各个知识点，选择大量与知识点紧密结合的案例。

（4）由浅及深，由易到难，循序渐进，通俗易懂，理论与案例制作相结合，实用与技巧相结合。

（5）注重培养学生的学习兴趣、独立思考能力、创造性和再学习能力。

（6）适量介绍有关业内的专业知识和案例，使学生学习后可以尽快胜任岗位工作。

为了方便教师教学，我们提供辅助教师教学的“电子教案、习题答案以及模拟考试试卷”，其中部分教材配备为老师教学而提供的多媒体素材库，并发布在人民邮电出版社网站（www.ptpress.com.cn）的下载区中。

随着中等职业教育的深入改革，编写中等职业教育教材始终是一个新课题；我们衷心希望，全国从事中等职业教育的教师与企业技术专家与我们联系，帮助我们加强中等职业教育教材建设，进一步提高教材质量。对于教材中存在的不当之处，恳请广大读者在使用过程中给我们多提宝贵意见。联系方式：wangyana@ptpress.com.cn。

前言

目前，我国很多中等职业学校，都将 Photoshop 作为一门重要的专业课程。本书编者系长期在高等院校从事艺术设计教学的教师，针对中等职业学校计算机技能型紧缺人才培养规划方案，以及不同艺术设计行业的职业技能鉴定规范共同编写了本书。

本书采用项目式编排方式：先介绍任务的准备知识，然后进行典型案例制作，再讲解知识链接，最后通过实训及习题巩固学习内容。教材的内容主要包括 Photoshop 基础知识和基本操作、绘制基本图形、图像编辑处理、图层和蒙版应用、路径应用、滤镜应用、图像色彩处理、通道应用、网站主页设计等。通过本课程的学习，可以使学生具备从事广告设计、装饰、图书出版、影视文化传播、新闻传媒、网络、包装设计、展览与展示设计、服装设计等行业要求的图形图像处理的基本技能，达到计算机技能型紧缺人才培养的目的。

本书既强调基础工具和命令的训练，又力求体现新知识、新创意、新理念，教学内容与计算机技能型紧缺人才培养规范相结合。在编写体例上采用新的形式，简约的文字表述，明晰的教学结构思路，图文并茂，直观明了，便于学生学习。

为了方便教师教学，本书配备了内容丰富的教学资源包，包括素材、案例的效果演示、PPT 电子课件、教学大纲等。任课老师可登录人民邮电出版社教学服务与资源网（www.ptpedu.com.cn）免费下载使用。

本课程的建议教学时数为 96 学时，各项目的参考教学课时可参见以下的课时分配表。

项目	课程内容	课时分配	
		讲授	实践训练
项目一	初识 Photoshop CS3	4	4
项目二	绘制基本图形	6	6
项目三	图像编辑处理	8	8
项目四	图层和蒙版应用	6	6
项目五	路径应用	4	4
项目六	滤镜应用	8	8
项目七	图像色彩处理	4	4
项目八	通道应用	4	4
项目九	网站主页设计	4	4
课时总计		48	48

本书由郭万军主编，门从友、刘清太任副主编，参加本书编写工作的还有沈精虎、黄业清、宋一兵、谭雪松、向先波、冯辉、郭英文、计晓明、尹志超、滕玲、董彩霞、郝庆文等。

由于编者水平有限，书中难免存在错误和不妥之处，恳切希望广大读者批评指正。

编　者

2009 年 7 月

目录

项目一 初识 Photoshop CS3

Photoshop 是著名的图像处理软件之一，使用该软件就像利用画笔和颜料在纸上绘画一样，不但可以直接绘制出漂亮的作品，还可以对数码相机或扫描仪获取的图像进行编辑和再创作，然后打印输出。此软件的功能非常强大，操作也非常灵活，在广告设计和艺术创作中得到了广泛的应用。Photoshop 的推出，不但让设计师可以迅速地实现自己的创意，而且还可以创造出很多只有用计算机才能表现出的设计内容，为设计师提供了更多的表现手法和制作技巧。

本项目主要学习 Photoshop CS3 的启动和退出、工作界面、控制面板的调整方法、文件基本操作等基本内容。在开始学习本书之前，认真学习本项目的基础知识，对于加强初学者对 Photoshop 的认识有很大帮助。

- 启动及退出 Photoshop CS3。
- 调整界面窗口大小。
- 显示与隐藏控制面板。
- 拆分与组合控制面板。
- 新建图像文件。
- 打开图像文件。
- 存储图像文件。
- 关闭图像文件。
- 图像文件的缩放显示。
- 查看与调整图像大小。
- 添加标尺、参考线及网格线。

任务一 认识 Photoshop CS3

【知识准备】

1. 硬件要求

在 Windows 操作系统中安装使用 Photoshop CS3 的最低硬件配置要求如下。

(1) Intel Pentium Ⅲ或以上机型。

(2) 512MB 或以上内存。

(3) 2GB 可用硬盘空间（安装过程中需要的其他可用空间）。

(4) 16 位以上的适配卡和 1 024×768 像素屏幕分辨率的显示器。

(5) CD-ROM 驱动器。

(6) 鼠标或绘图板。

2. 运行环境要求

安装 Photoshop CS3 软件运行环境要求如下。

(1) Windows 2000、Windows XP（家庭版、专业版、Media Edition、64 位或 Tablet PC Edition）或含最新 Service Pack 的 Windows Server 2003。

(2) Microsoft Internet Explorer 6 或更高版本。

3. 位图

位图，也叫做光栅图，是由很多个像小方块一样的颜色网格（即像素）组成的图像。位图中的像素由其位置值与颜色值表示，也就是将不同位置上的像素设置成不同的颜色，即组成了一幅图像。图 1-1 所示为一幅图像的小图及局部放大后的显示对比效果，从图中可以看出像素的小方块形状与不同的颜色。所以，对于位图的编辑操作，实际上是对位图中的像素进行的编辑操作，而不是编辑图像本身。由于位图能够表现出颜色、阴影等一些细腻色彩的变化，因此，位图是一种具有色调图像的数字表示方式。

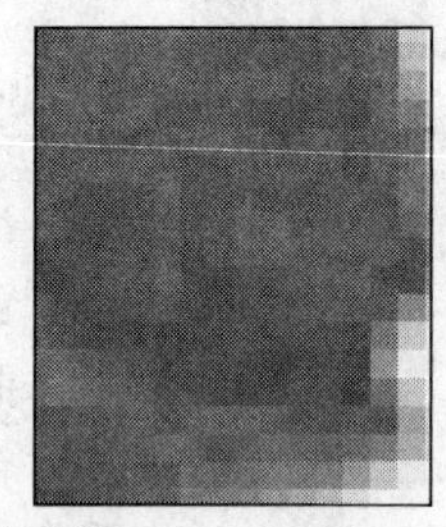

图1-1 位图图像小图与局部放大后的显示对比效果

位图具有以下特点。

- 文件所占的空间大：用位图存储高分辨率的彩色图像需要较大的储存空间，因为像素之间相互独立，所以占的硬盘空间、内存和显存比矢量图都大。
- 会产生锯齿：位图是由最小的色彩单位“像素”组成的，所以位图的清晰度与像素的多少有关。位图放大到一定的倍数后，看到的便是一个一个的像素，即一个一个方形的色块，整体图像便会变得模糊且会产生锯齿。
- 位图图像在表现色彩、色调方面的效果比矢量图更加优越，尤其是在表现图像的阴影和色彩的细微变化方面效果更佳。

在平面设计方面，制作位图的软件主要是 Adobe 公司推出的 Photoshop，该软件可以说是目前平面设计中图形图像处理的首选软件。

4. 矢量图

矢量图，又称向量图，是由图形的几何特性来描述组成的图像，其特点如下。

- 文件小：由于图像中保存的是线条和图块的信息，所以矢量图形与分辨率和图像大小无关，只与图像的复杂程度有关，简单图像所占的存储空间小。

- 图像大小可以无级缩放：在对图形进行缩放、旋转或变形操作时，图形仍具有很高的显示和印刷质量，且不会产生锯齿模糊效果。图 1-2 所示为矢量图小图和局部放大后的显示对比效果。
- 可采取高分辨率印刷：矢量图形文件可以在任何输出设备及打印机上以打印机或印刷机的最高分辨率打印输出。

图1-2 矢量图小图和局部放大后的显示对比效果

在平面设计方面，制作矢量图的软件主要有 CorelDRAW、Illustrator、InDesign、Freehand、PageMaker 等，用户可以用这些软件对图形和文字等进行处理。

（一） 启动及退出 Photoshop CS3

启动和退出 Photoshop CS3 是利用该软件进行图像处理必须要选择的命令操作，本节来介绍一下其操作方法。

【操作步骤】

(1) 正确安装 Photoshop CS3 中文版软件。

(2) 单击 Windows 桌面任务栏中的开始按钮，在弹出的菜单中依次选择【所有程序】/【Adobe Photoshop CS3】命令，稍等片刻即可启动该软件。

(3) 单击 Photoshop CS3 界面窗口右侧的【关闭】按钮，即可退出 Photoshop CS3。

说明

启动 Photoshop CS3 后，如果打开或新建了多个图像文件，退出时，会关闭所有文件。如果打开的文件编辑后或新建的文件没有保存，系统会给出提示，让用户决定是否保存。选择【文件】/【退出】命令或按 Ctrl+Q 组合键、Alt+F4 组合键也可以退出该软件。

（二） 调整界面窗口大小

当需要多个软件配合使用时，调整软件窗口的大小可以方便各软件间的操作。

【操作步骤】

(1) 在 Photoshop CS3 标题栏右上角单击按钮，可以使工作界面窗口变为最小化图标状态，其最小化图标会显示在 Windows 系统的任务栏中，图标形态如图 1-3 所示。

(2) 在 Windows 系统的任务栏中单击最小化后的图标，Photoshop CS3 工作界面窗口还原为最大化显示。

(3) 在 Photoshop CS3 标题栏右上角单击按钮，可以使窗口变为还原状态。还原后，窗口右上角的 3 个按钮即变为如图 1-4 所示的形态。

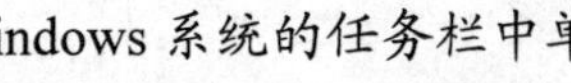

Adobe Photoshop...

图1-3 最小化图标形态

图1-4 还原后的按钮形态

(4) 当 Photoshop CS3 窗口显示为还原状态时，单击□按钮，可以将还原后的窗口最大化。

> 无论 Photoshop CS3 窗口是最大化显示还是还原显示，只要将鼠标指针放置在标题栏的蓝色区域内双击，即可将窗口在最大化和还原状态之间切换。当窗口为还原状态时，将鼠标指针放置在窗口的任意边缘处，鼠标指针将变为双向箭头形状，此时按下鼠标左键并拖动，可以将窗口调整至任意大小。将鼠标指针放在标题栏的蓝色区域内，按住鼠标左键并拖动，可以将窗口放置在 Windows 窗口中的任意位置。本节介绍了 Photoshop CS3 窗口大小的调整方法，对于其他软件或是打开的任何文件，都可以通过这种方法来调整窗口的大小。
>
> 说明

（三） 显示与隐藏控制面板

为了操作的需要，经常需要调出某个控制面板，调整工作界面中部分面板的位置或将其隐藏等。本节来学习控制面板的显示与隐藏操作。

【操作步骤】

(1) 选择【窗口】菜单，将会弹出下拉菜单，该菜单中包含 Photoshop CS3 的所有控制面板。

> 在【窗口】菜单中，左侧带有✔符号的表示该控制面板已在工作区中显示，如【工具】面板、【图层】面板、【选项】面板等，选择相应的命令可以隐藏相应的控制面板；左侧不带✔符号的表示该控制面板未在工作区中显示，如【动画】面板、【动作】面板等，选择相应的命令即可使其显示在工作区中，同时该命令左侧将显示✔符号。
>
> 说明

(2) 当控制面板显示在工作区之后，每一组控制面板都有两个以上的选项卡。例如【颜色】面板上包含【颜色】、【色板】和【样式】3 个选项卡，选择【颜色】或【样式】选项卡，可以显示【颜色】或【样式】面板，这样读者可以快速地选择和应用需要的控制面板。反复按 Shift+Tab 组合键可以将工作界面中的所有控制面板进行隐藏或显示操作。

(3) 在默认状态下，控制面板都是以组的形式堆叠在工作区右侧的，如图 1-5 所示，单击面板左上角向左的双向箭头，可以展开更多的控制面板。

图1-5 默认的控制面板位置

(4) 在默认的控制面板左侧有一些按钮，单击相应的按钮可以打开相应的控制面板；单击默认控制面板右上角的双向箭头▸▸，可以将控制面板隐藏，只显示按钮图标，这样可以节省绘图区域以显示更大的绘制文件窗口。

> 在每个控制面板的右上角都有 –（最小化）和 ×（关闭）两个按钮。单击 – 按钮，可以将控制面板切换为最小化显示状态；单击 × 按钮，可以将控制面板关闭。其他控制面板的操作也都如此。在【颜色】选项卡的右侧显示有【色板】和【样式】选项卡。如果需要显示【色板】面板，可将鼠标指针移动到【色板】选项卡上单击即可使其显示。读者使用这种方法可以快捷地显示或隐藏控制面板，而不必去【窗口】菜单中选择了。
>
> 说明

（四）　拆分与组合控制面板

对于控制面板，不但可以快速地选择、显示和隐藏，读者还可以根据个人习惯对控制面板进行自由的拆分与组合。

【操作步骤】

(1) 确认【图层】面板显示在工作区中，将鼠标指针移动到【图层】面板中的【通道】选项卡上。

(2) 按下鼠标左键不放，并拖动【通道】选项卡到如图 1-6 所示的位置。释放鼠标左键，拆分后的【通道】面板状态如图 1-7 所示。

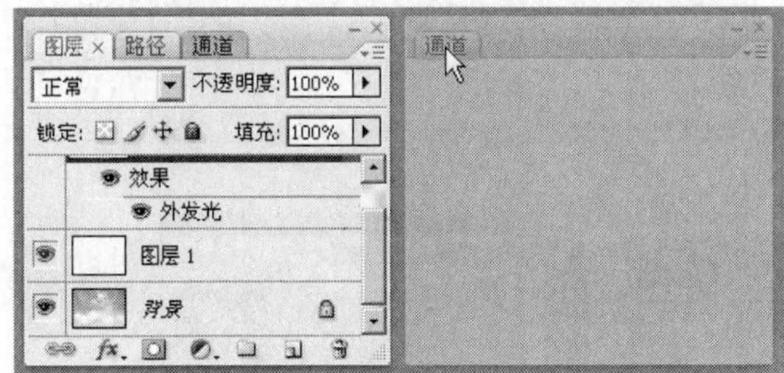

图1-6　拖动【通道】选项卡时的拆分状态

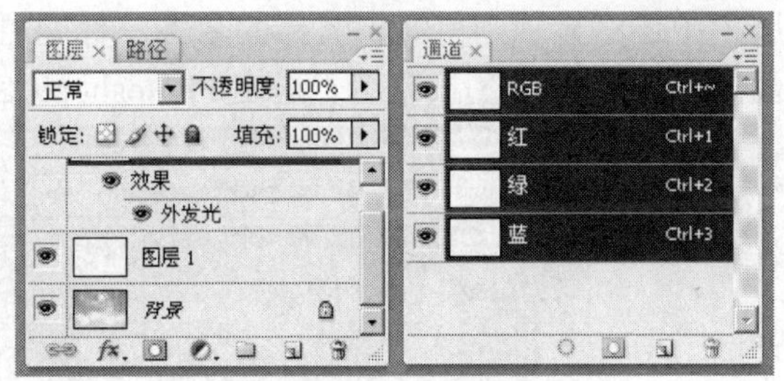

图1-7　拆分后的【通道】控制面板

至此，实现了对【通道】面板的拆分，下面再来介绍控制面板的组合方法。

(3) 接上例。确认【色板】面板显示在工作区中，将鼠标指针移动到【色板】面板的选项卡上，按下鼠标左键不放并拖动【色板】选项卡到【图层】面板上，如图 1-8 所示。

(4) 释放鼠标左键，完成控制面板的组合，组合后的控制面板如图 1-9 左图所示。

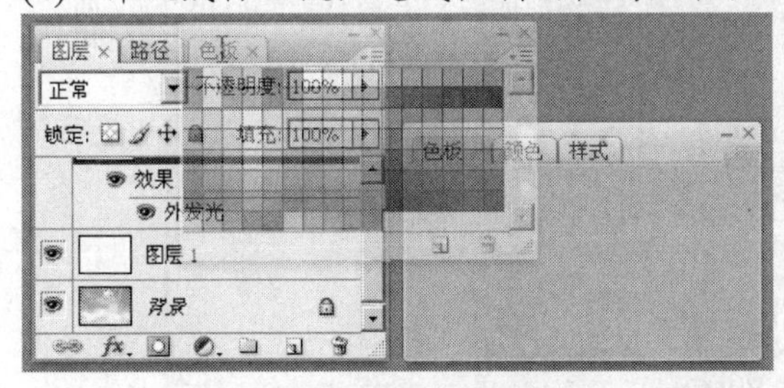

图1-8　拖动组合控制面板时的状态

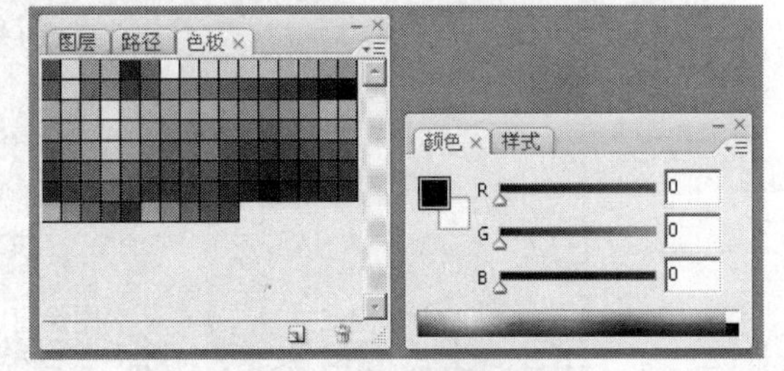

图1-9　组合后的控制面板

(5) 选择【窗口】/【工作区】/【存储工作区】命令，弹出如图 1-10 所示的【存储工作区】对话框。

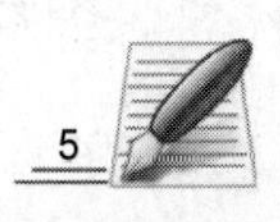

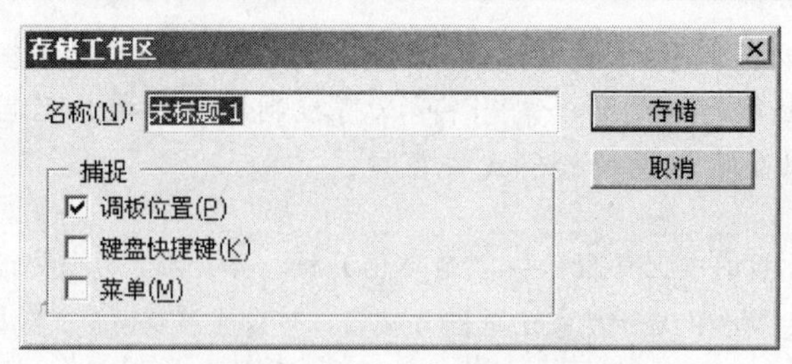

图1-10 【存储工作区】对话框

(6) 单击 存储 按钮，可以将当前工作区状态命名为“未标题 - 1”存储。

(7) 以后再次使用该状态的工作区时，直接选择【窗口】/【工作区】/【未标题-1】命令，即可打开存储的工作区。

【知识链接】

1. Photoshop CS3 界面窗口布局

启动 Photoshop CS3 之后，在工作区中打开一幅图像，其默认的界面窗口布局如图 1-11 所示。

Photoshop CS3 界面窗口按其功能可分为标题栏、菜单栏、属性栏、工具箱、状态栏、控制面板、工作区和图像窗口等几部分，下面介绍各部分的功能和作用。

(1) 标题栏。

在标题栏中显示的是软件图标和名称，当工作区中的图像窗口显示为最大化状态时，标题栏中还将显示当前编辑文档的名称。标题栏右侧有 3 个按钮，按钮用于控制界面的显示大小，按钮用于退出 Photoshop CS3 系统。

图1-11 界面窗口布局

(2) 菜单栏。

菜单栏中包括【文件】、【编辑】、【图像】、【图层】、【选择】、【滤镜】、【视图】、【窗口】

和【帮助】9 个菜单。单击任意一个菜单，将会弹出相应的下拉菜单，其中又包含若干个子命令，选择任意一个子命令即可实现相应的操作。

(3) 工具箱。

工具箱中包含有各种图形绘制和图像处理工具，如对图像进行选择、移动、绘制、编辑和查看的工具，在图像中输入文字的工具，更改前景色和背景色的工具等。

(4) 属性栏。

属性栏显示工具箱中当前选择工具按钮的参数和选项设置。在工具箱中选择不同的工具，属性栏中显示的选项和参数也各不相同。

(5) 控制面板。

在 Photoshop CS3 中共提供了 21 种控制面板。利用这些控制面板可以对当前图像的色彩、大小显示、样式以及相关的操作等进行设置和控制。

(6) 图像窗口。

图像窗口是表现和创作作品的主要区域，图形的绘制和图像的处理都是在该区域内进行。Photoshop CS3 允许同时打开多个图像窗口，每创建或打开一个图像文件，工作区中就会增加一个图像窗口。

(7) 状态栏。

状态栏位于图像窗口的底部，显示图像的当前显示比例和文件大小等信息。在比例窗口中输入相应的数值，可以直接修改图像的显示比例。

(8) 工作区。

工作区是指 Photoshop CS3 工作界面中的大片灰色区域，工具箱、图像窗口和各种控制面板都处于工作区内。

为了获得较大的空间显示图像，在作图过程中可以将工具箱、控制面板和属性栏隐藏，以便将它们所占的空间用于图像窗口的显示。按 Tab 键，可以将工作界面中的属性栏、工具箱和控制面板同时隐藏；再次按 Tab 键，可以使它们重新显示出来。

2. 工具箱

工具箱的默认位置位于界面窗口的左侧，包含 Photoshop CS3 的各种图形绘制和图像处理工具，例如对图像进行选择、移动、更改前景色和背景色的工具及不同编辑模式工具等。注意，将鼠标指针放置在工具箱上方的蓝色区域内，按下鼠标左键并拖动即可移动工具箱在工作区中的位置。单击工具箱中最上方的按钮，可以将工具箱转换为单列或双列显示。

将鼠标指针移动到工具箱中任一按钮上时，该按钮凸出显示，如果鼠标指针在工具按钮上停留一段时间，鼠标指针的右下角会显示该工具的名称。单击工具箱中的任一工具按钮可将其选择。绝大多数工具按钮的右下角带有黑色的小三角形，表示该工具是个工具组，还有其他同类隐藏的工具。将鼠标指针放置在这样的按钮上按下鼠标左键不放或单击鼠标右键，即可将隐藏的工具显示出来，其中包含工具的名称和键盘快捷键，如图 1-12 所示。在展开工具组中的任意一个工具按钮上单击，即可将其选择。

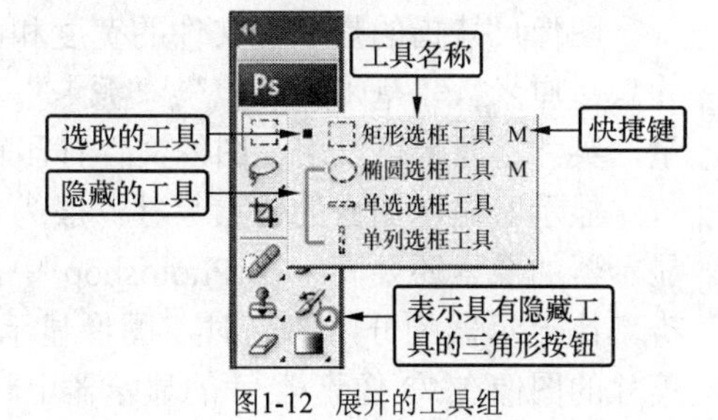

图1-12 展开的工具组

任务二　文件基本操作

熟练掌握图像文件的基本操作，是提高图像处理工作效率最有效的方法，本节来介绍有关图像文件的一些基本操作命令。

【知识准备】

1.　**像素与分辨率**

像素与分辨率是 Photoshop 中最常用的两个概念，对它们的设置决定了文件的大小及图像的质量。

(1)　像素。

像素（Pixel）是 Picture 和 Element 这两个单词的缩写，是用来计算数字影像的一种单位。一个像素的大小尺寸不好衡量，它实际上只是屏幕上的一个光点。在计算机显示器、电视机、数码相机等的屏幕上都使用像素作为它们的基本度量单位，屏幕的分辨率越高，像素就越小。像素也是组成数码图像的最小单位，比如对一幅标有 1 024×768 像素的图像而言，就表明这幅图像的长边有 1 024 个像素，宽边有 768 个像素，1 024×768=786 432，即这是一幅具有近 80 万像素的图像。

(2)　分辨率。

分辨率（Resolution）是数码影像中的一个重要概念，它是指在单位长度中，所表达或获取像素数量的多少。图像分辨率使用的单位是 PPI（Pixel per inch），意思是“每英寸所表达的像素数目”。另外还有一个概念是打印分辨率，它的使用单位是 DPI（Dot per inch），意思是“每英寸所表达的打印点数”。

PPI 和 DPI 这两个概念经常会出现混用的现象。从技术角度说 PPI 只存在于屏幕的显示领域，而 DPI 只出现于打印或印刷领域。对于初学图像处理的用户来说难于分辨清楚，这需要一个逐步理解的过程。

对于高分辨率的图像，其包含的像素也就越多，图像文件的长度就越大，也能非常好地表现出图像丰富的细节，但也会增加文件的大小，同时也就需要耗用更多的计算机内存（RAM）资源，存储时会占用更大的硬盘空间等。而对于低分辨率的图像来说，其包含的像素也就越少，图像会显示得非常粗糙，在排版打印后，打印出的效果会非常模糊。所以在图像处理过程中，必须根据图像最终的用途决定使用合适的分辨率，在能够保证输出质量的情况下，尽量不要因为分辨率过高而占用更多计算机的内存空间。

2.　**图像尺寸**

图像尺寸指的是图像文件的宽度和高度尺寸，根据图像不同的用途可以用“像素”、“英寸”、“厘米”、“毫米”、“点”、“派卡”和“列”等为单位，例如像素可以用于屏幕显示的度量，英寸、厘米可以用于图像文件打印输出尺寸的度量。

显示器显示图像的像素尺寸一般为 800×600 像素和 1 024×768 像素等，大屏幕的液晶显示器的像素还要高。在 Photoshop 中，图像像素是直接转换为显示器像素的，当图像的分辨率比显示器的分辨率高时，图像显示的要比指定的尺寸大，例如，288 像素/英寸、1×1 英寸的图像在 72 像素/英寸的显示器上将显示为 4×4 英寸的大小。

图像在显示器上的尺寸与打印尺寸无关，只取决于图像的分辨率及显示器设置的分辨率。

3. **颜色模式**

图像的颜色模式是指图像在显示及打印时定义颜色的不同方式。计算机软件系统为用户提供的颜色模式主要有 RGB 颜色模式、CMYK 颜色模式、Lab 颜色模式、位图颜色模式、灰度颜色模式和索引颜色模式等。每一种颜色都有自己的使用范围和优缺点，并且各模式之间可以根据处理图像的需要进行模式转换。

(1) RGB 颜色模式。

这种模式是屏幕显示的最佳模式，该模式下的图像是由红（R）、绿（G）、蓝（B）3 种基本颜色组成，这种模式下图像中的每个像素颜色用 3 个字节（24 位）来表示，每一种颜色又可以有 0～255 的亮度变化，所以能够反映出大约 16.7×10^6 种颜色。

RGB 颜色模式又叫做光色加色模式，因为每叠加一次具有红、绿、蓝亮度的颜色，其亮度都有所增加，红、绿、蓝三色相加为白色。显示器、扫描仪、投影仪、电视等的屏幕都是采用的这种加色模式。

(2) CMYK 颜色模式。

该模式下的图像是由青色（C）、洋红（M）、黄色（Y）、黑色（K）4 种颜色构成，该模式下图像的每个像素颜色由 4 个字节（32 位）来表示，每种颜色的数值范围为 0～100%，其中青色、洋红和黄色分别是 RGB 颜色模式中的红、绿、蓝的补色，例如，用白色减去青色，剩余的就是红色。CMYK 颜色模式又叫做减色模式。由于一般打印机或印刷机的油墨都是 CMYK 颜色模式的，所以这种模式主要用于彩色图像的打印或印刷输出。

(3) Lab 颜色模式。

该模式是 Photoshop 的标准颜色模式，也是由 RGB 模式转换为 CMYK 模式之间的中间模式。它的特点是在使用不同的显示器或打印设备时，所显示的颜色都是相同的。

(4) 灰度颜色模式。

该模式下图像中的像素颜色用一个字节来表示，即每一个像素可以用 0～255 个不同的灰度值表示，其中 0 表示黑色，255 表示白色。一幅灰度图像在转变成 CMYK 模式后可以增加色彩。如果将 CMYK 模式的彩色图像转变为灰度模式，则颜色不能恢复。

(5) 位图颜色模式。

该模式下的图像中的像素用一个二进制位表示，即由黑和白两色组成。

(6) 索引颜色模式。

该模式下图像中的像素颜色用一个字节来表示，像素只有 8 位，最多可以包含有 256 种颜色。当 RGB 或 CMYK 颜色模式的图像转换为索引颜色模式后，软件将为其建立一个 256 色的色表存储并索引其所用颜色。这种模式的图像质量不是很高，一般适用于多媒体动画制作中的图片或 Web 页中的图像用图。

4. **图像文件大小**

图像文件的大小由计算机存储的基本单位字节（byte）来度量。一个字节由 8 个二进制位（bit）组成，所以一个字节的积数范围在十进制中为 0～255，即 2^8 共 256 个数。

图像颜色模式不同，图像中每一个像素所需要的字节数也不同，灰度模式的图像每一个像素灰度由一个字节的数值表示；RGB 颜色模式的图像每一个像素颜色由 3 个字节（即 24 位）组成的数值表示；CMYK 颜色模式的图像每一个像素由 4 个字节（即 32 位）组成的数值表示。

一个具有 300×300 像素的图像，不同模式下文件的大小计算如下。

灰度图像：300×300 = 90 000byte = 90KB

RGB 图像：300×300×3 = 270 000byte = 270KB

CMYK 图像：300×300×4 = 360 000byte = 360KB

（一） 新建图像文件

如果是绘制或者设计新的作品，必须要先新建文件，本节来学习新建文件操作。

【操作步骤】

(1) 选择【文件】/【新建】命令（快捷键为 Ctrl+N 组合键），或按住 Ctrl 键在工作区中双击，会弹出如图 1-13 所示的【新建】对话框。

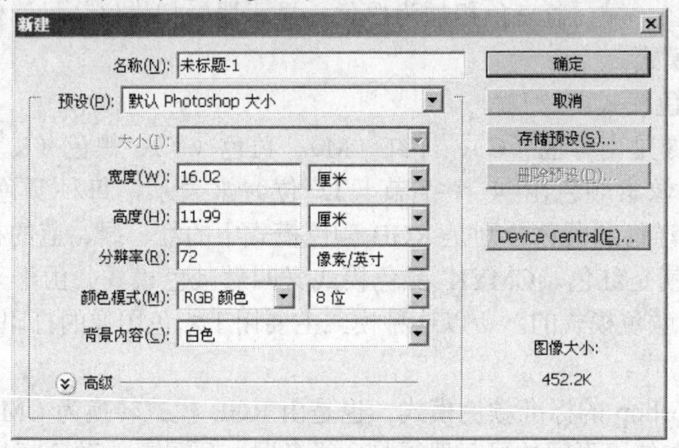

图1-13 【新建】对话框

(2) 在此对话框中可以设置新建文件的名称、尺寸、分辨率、颜色模式、背景内容和颜色配置文件等。

(3) 单击 确定 按钮后即可在 Photoshop 绘图窗口中新建一个图像文件。

（二） 打开图像文件

如果计算机中保存有图库素材或者以前的作品文件，可以利用【打开】命令将存储的文件打开。下面来学习打开图像文件的操作。

【操作步骤】

(1) 选择【文件】/【打开】命令（快捷键为 Ctrl+O 组合键），或直接在工作区中双击，会弹出【打开】对话框。

(2) 在【查找范围】下拉列表中选择 Photoshop CS3 安装的盘符。大多数计算机安装软件的盘符为“C”盘，若计算机中有两个系统，也有将不同软件安装在不同盘区的情况，读者可根据个人的软件安装情况进行选择。

(3) 在文件夹或文件列表窗口中依次双击“Program Files/Adobe/ Adobe Photoshop CS 3/样本”文件夹。

(4) 在弹出的文件窗口中，选择名为“向日葵.psd”的图像文件，此时的【打开】对话框如图 1-14 所示。

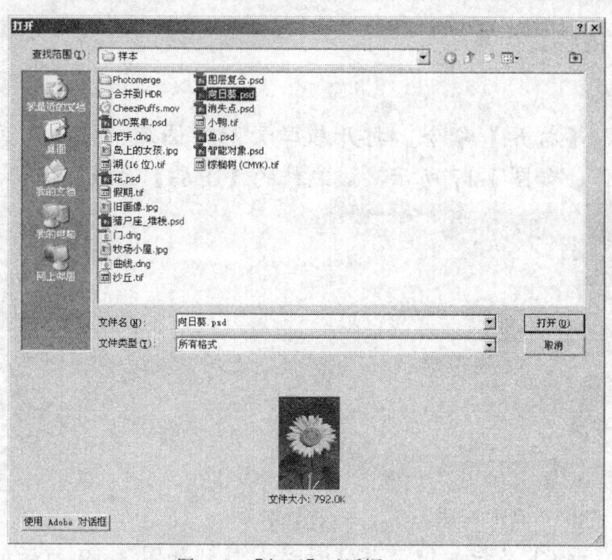

图1-14　【打开】对话框

(5) 单击 打开(O) 按钮，即可将选择的图像文件在工作区中打开。

（三）　存储图像文件

存储图像文件分两种情况，一种是在新建的文件绘制图像后存储，另一种是对打开的图像文件修改后进行存储，下面来介绍这两种情况下存储图像文件的方法。

1.　直接存储图像文件

【操作步骤】

(1) 在新建的文件中绘制完一幅作品后，选择【文件】/【存储】命令（快捷键为 Ctrl+S 组合键），弹出【存储为】对话框。

(2) 在【存储为】对话框的【保存在】下拉列表中选择 本地磁盘 (D:) 保存，在弹出的新【存储为】对话框中单击【新建文件夹】按钮，新建一个文件夹，如图 1-15 所示。

(3) 在创建的新文件夹中输入名称，本例以“卡通”作为文件夹名称。

(4) 双击刚创建的“卡通”文件夹，将其打开，然后在【文件名】文本框中输入“卡通图片”，在【格式】下拉列表中设置“Photoshop (*.psd;*.PDD)”格式，如图 1-16 所示。

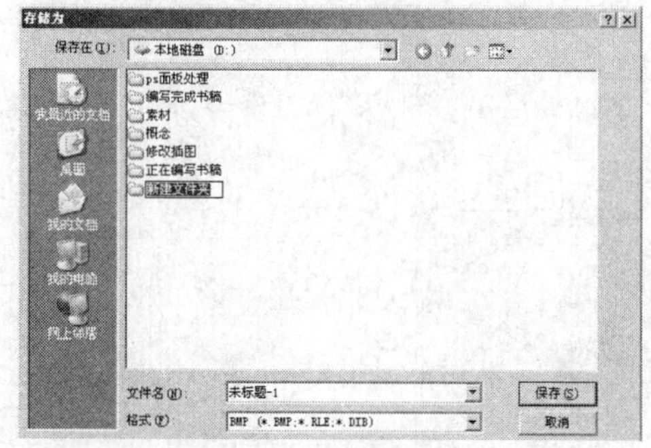

图1-15　创建的新文件夹

图1-16　设置文件名及格式

(5) 单击 保存(S) 按钮，即可把文件保存在计算机的硬盘中。

2. 修改文件内容后存储

【操作步骤】

(1) 选择【文件】/【打开】命令，打开教学素材“图库\项目 1”目录下名为“卡通图片.psd”的文件，如图 1-17 所示，该文件的【图层】面板如图 1-18 所示。

图1-17 打开的图片

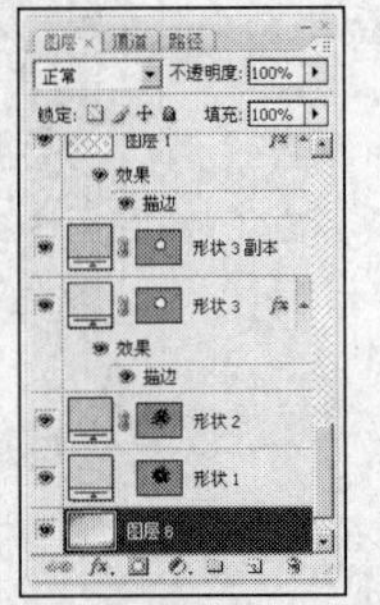

图1-18 【图层】面板

(2) 在“图层 8”上按下鼠标左键，并拖动该图层到如图 1-19 所示的【删除图层】按钮 上。释放鼠标左键，删除图层后的图像效果如图 1-20 所示。

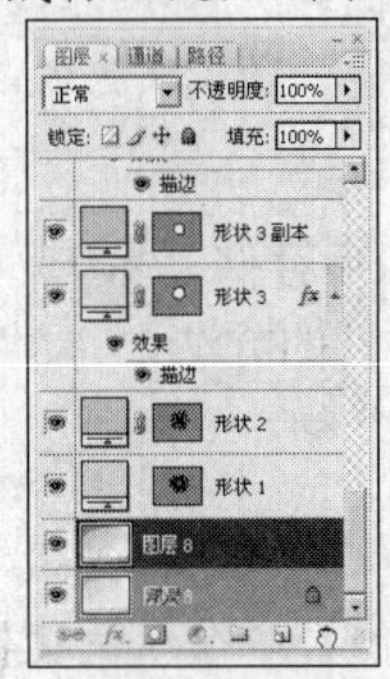

图1-19 删除图层

图1-20 删除背景后的画面

(3) 选择【文件】/【存储为】命令，弹出【存储为】对话框，在【文件名】后面输入“卡通图片去背景”作为文件名，如图 1-21 所示。

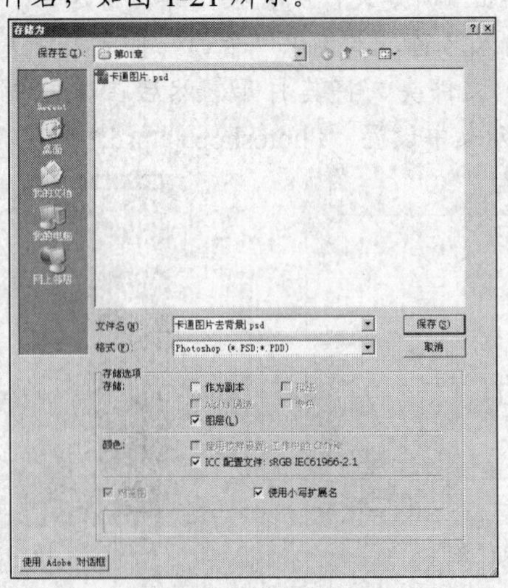

图1-21 【存储为】对话框

(4) 单击 保存(S) 按钮，即可把修改后的文件另存。

（四）关闭图像文件

关闭图像文件是作品设计完成或关闭计算机之前的必要操作，下面来学习关闭图像文件的操作方法。

【操作步骤】

(1) 选择【文件】/【打开】命令，打开教学素材“图库\项目 1”目录下名为“卡通图片去背景.psd”的文件，如图 1-22 所示。

(2) 选择【裁剪】工具，在画面中按下鼠标左键绘制出如图 1-23 所示的裁剪框。

图1-22　打开的图片文件一

图1-23　绘制的裁剪框

(3) 单击属性栏中的按钮，确认利用裁剪框裁剪文件。

(4) 单击文件右上角的【关闭】按钮，弹出如图 1-24 所示的提示对话框。

图1-24　关闭提示对话框

在该提示对话框中单击 是(Y) 按钮，将直接把打开的文件存储，如果单击 否(N) 按钮，将不存储文件直接把文件关闭，如果单击 取消 按钮，将取消关闭操作。

（五）图像文件的缩放显示

在绘制图形或处理图像时，经常需要将图像放大、缩小或平移显示，以便观察图像的每一个细节或整体效果，下面来学习图像文件缩放的操作。

【操作步骤】

(1) 打开教学素材“图库\项目 1”目录下名为“卡通图片.psd”的文件。

(2) 选择【缩放】工具，在图片中按下鼠标左键向右下角拖动，出现虚线形状的矩形框，如图 1-25 所示。

(3) 释放鼠标左键后，即可把画面放大显示，如图 1-26 所示。

图1-25　拖动鼠标状态一

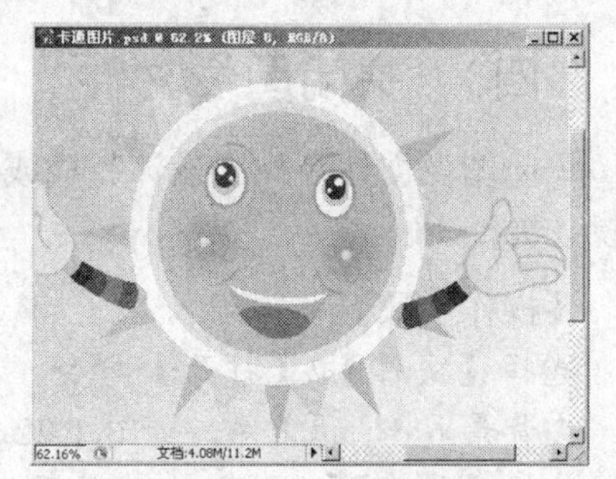

图1-26　放大后的画面

(4) 选择【抓手】工具，在画面中鼠标指针将变成形状，按下鼠标左键并拖动，可以平移画面观察其他位置，如图 1-27 所示。

(5) 选择工具，将鼠标指针移动到画面中，按住 Alt 键，鼠标指针变为形状，单击可以将画面缩小显示，以观察画面的整体效果，如图 1-28 所示。

图1-27　平移图像窗口状态

图1-28　缩小显示画面

（六）　查看与调整图像大小

在实际工作中，有时候所选择的图像素材尺寸比较大，而最终输出时并不需要这么大的图像，这时就需要缩小原素材的尺寸。下面通过一个实例介绍改变图像尺寸的操作。

【操作步骤】

(1) 打开教学素材“图库\项目 1”目录下名为“手机广告.jpg”的文件，如图 1-29 所示。

(2) 在打开图像左下角的状态栏中会显示出图像的大小，如图 1-30 所示。

图1-29　打开的图片文件二

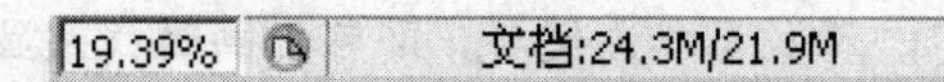

图1-30　状态栏中的文件大小显示

(3) 选择【图像】/【图像大小】命令，弹出【图像大小】对话框，如图 1-31 所示。

(4) 如果需要保持当前图像的像素宽度和高度比例，就需要勾选【约束比例】复选框。这样在更改像素的【宽度】和【高度】参数时，将按照比例同时进行改变，如图 1-32 所示。

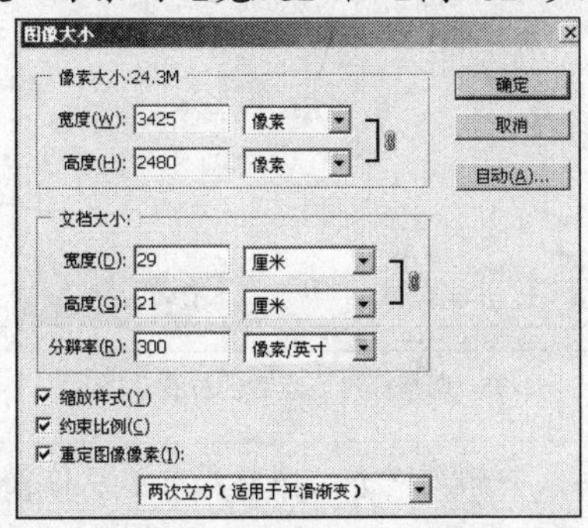

图1-31　【图像大小】对话框

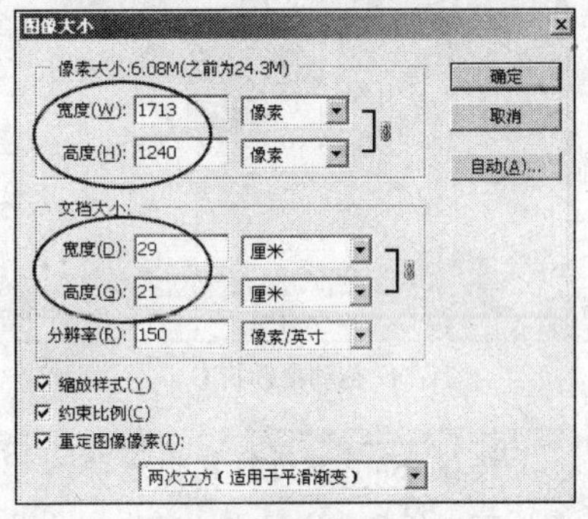

图1-32　修改图像尺寸

修改【宽度】和【高度】参数后，从【像素大小】后面可以看到修改后的图像大小为“6.08M”，括号内的“24.3M”表示图像的原始大小。在改变图像文件的大小时，如图像由大变小，其印刷质量不会降低；如图像由小变大，其印刷质量将会下降。

(5) 单击 确定 按钮，即可完成图像尺寸大小的改变。

（七）　添加标尺、网格线及参考线

标尺、网格和参考线是 Photoshop 软件中的帮助工具，它们被使用的频率非常高，在绘制和移动图形过程中，可以帮助用户精确地对图形进行定位和对齐。下面详细讲解标尺、网格和辅助线的设置与使用方法。

1.　添加标尺

【操作步骤】

(1) 打开教学素材“图库\项目 1”目录下名为“卡通图片.psd”的文件。

(2) 选择【视图】/【标尺】命令，在图像文件的左侧和上方将显示标尺，如图 1-33 所示。

图1-33　显示标尺后的文件

(3) 将鼠标指针移动放置到标尺水平与垂直的交叉点上，按下鼠标左键沿对角线向下拖动，将出现一组十字线，如图 1-34 所示。

(4) 到适当位置后释放鼠标左键，标尺的原点（0,0）将设置在释放鼠标左键的位置，如图 1-35 所示。

图1-34　拖动鼠标状态二

图1-35　调整标尺原点后的位置

说明

按住 Shift 键进行鼠标拖动，可以将标尺原点与标尺的刻度对齐。将标尺的原点位置改变后，双击标尺的交叉点，可将标尺原点位置还原到默认状态。

(5) 选择【编辑】/【首选项】/【单位与标尺】命令，弹出【首选项】对话框，如图 1-36 所示。

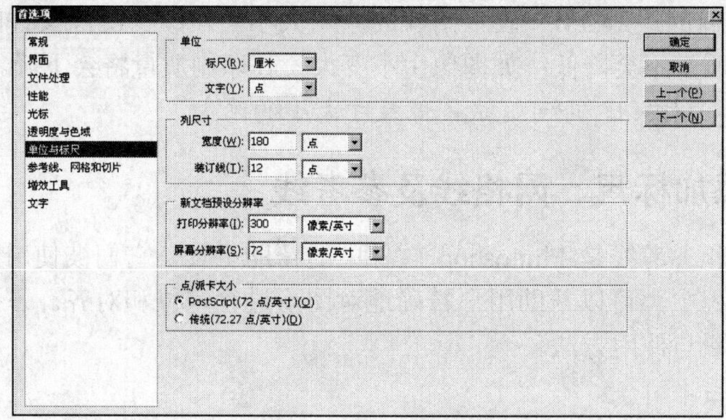

图1-36　【首选项】对话框

说明

在图像窗口中的标尺上双击，同样可以弹出【首选项】对话框。在标尺上单击鼠标右键，可以弹出标尺的单位选择列表。

(6) 在【首选项】对话框的【单位】下拉列表中将标尺的单位设置为“毫米”，单击 确定 按钮，设置单位为毫米后的标尺如图 1-37 所示。

图1-37　设置为毫米后的标尺形态

2.　添加网格

网格是由显示在文件上的一系列相互交叉的虚线所构成的，其间距可以在【首选项】对话框中进行设置调整。下面进行网格的设置练习。

【操作步骤】

(1) 接上例。选择【视图】/【显示】/【网格】命令，在当前文件的页面中显示出如图 1-38 所示的网格。

(2) 选择【编辑】/【首选项】/【参考线、网格和切片】命令，弹出【首选项】对话框。

(3) 在【首选项】对话框的【网格线间隔】选项中，将单位设置为“毫米”，【网格线间隔】设置为“30”、【子网格】设置为“2”，如图 1-39 所示。

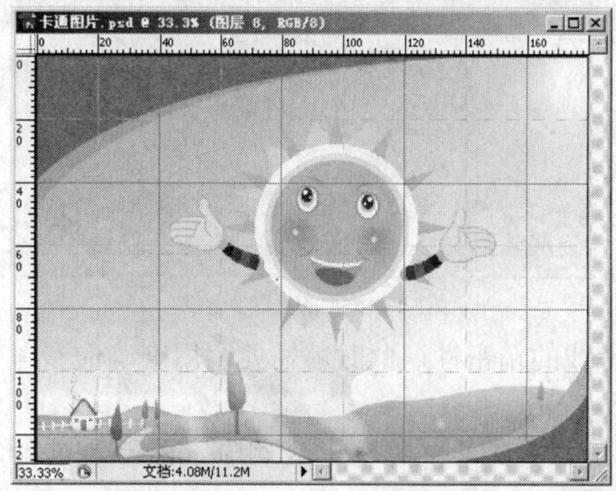

图1-38　显示的网格

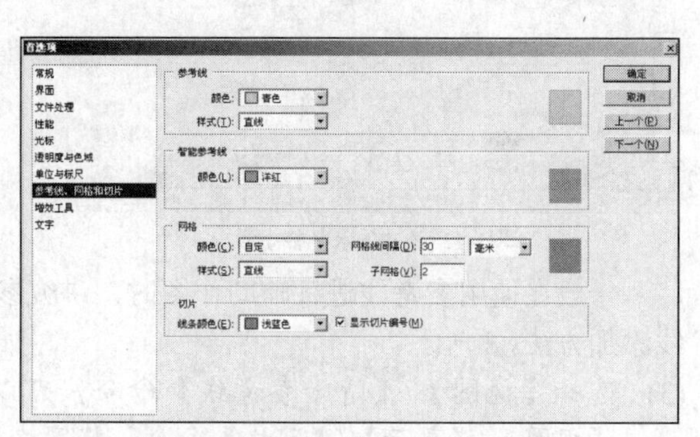

图1-39　修改参数后的【首选项】对话框

(4) 选项及参数设置完成后单击 确定 按钮，新设置的网格如图 1-40 所示。

(5) 选择【视图】/【对齐到】/【网格】命令。选择工具，在文件中绘制矩形选区，其选区将自动对齐到网格上面，如图 1-41 所示。

图1-40　新设置的网格

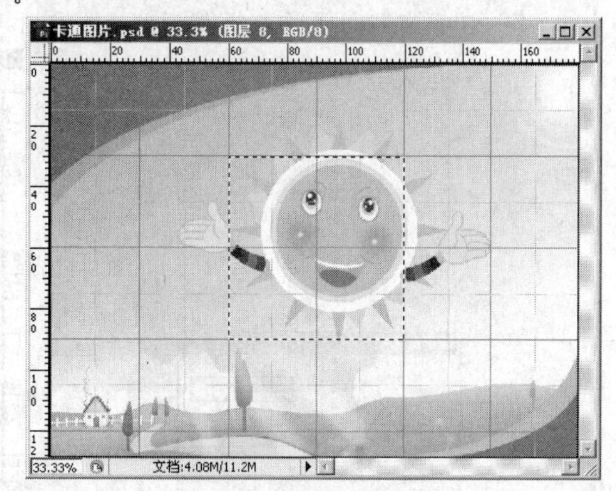

图1-41　对齐到网格上面的选区

(6) 选择【视图】/【对齐到】/【网格】命令，即可将对齐网格命令关闭。

3.　添加参考线

参考线是浮在整个图像上但不可打印的线。下面学习参考线的创建、显示、隐藏、移动和清除方法。

【操作步骤】

(1) 接上例。将鼠标指针移动到水平标尺上按下鼠标左键并向下拖动，释放鼠标左键，即可在释放处添加一条水平参考线，如图 1-42 所示。

(2) 将鼠标指针移动到垂直标尺上按下鼠标左键并向右拖动，同样可以添加一条垂直的参考线，如图 1-43 所示。

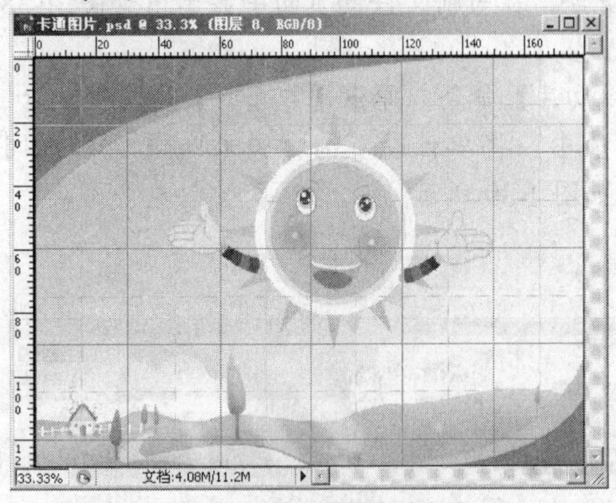

图1-42　添加的水平参考线

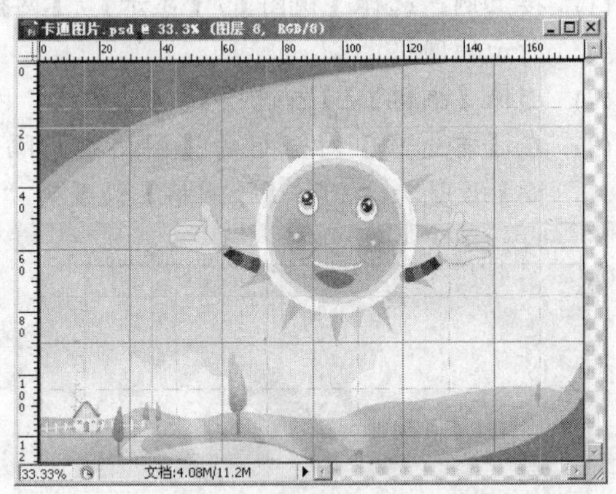

图1-43　添加的垂直参考线

一般在使用参考线进行辅助作图时，讲究参考线的精密性，此时就需要利用准确的参考线添加方法。

(3) 选择【视图】/【清除参考线】命令，可以将文件窗口中的参考线删除，然后再选择【视图】/【显示】/【网格】命令，将网格关闭。

(4) 选择【视图】/【新参考线】命令，弹出【新建参考线】对话框，在【新建参考线】对话框中点选【水平】单选钮，在【位置】文本框中输入"3 毫米"，如图 1-44 所示。

(5) 单击 确定 按钮，在文件中添加参考线，使用相同的方法，在文件的四周距离边缘各"3 毫米"位置添加上参考线，如图 1-45 所示，该参考线即为印刷输出的出血线。

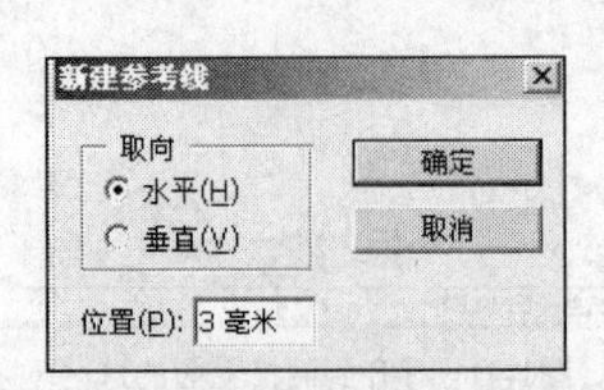

图1-44　【新建参考线】对话框

图1-45　添加的参考线

下面介绍参考线的删除方法。

(6) 选择 工具，将鼠标指针移动放置到参考线上，此时鼠标指针变为 双向箭头，按下鼠标左键拖动，可以移动参考线的位置，当拖动参考线到文件窗口之外时，释放鼠标左键，即可将参考线删除。

按住 Alt 键在拖动或单击参考线时，可将参考线从水平改为垂直，或从垂直改为水平。按住 Shift 键再拖动参考线时，可使参考线与标尺上的刻度对齐。

【知识链接】

由于 Photoshop 是功能非常强大的图像处理软件，在文件存储时，需要设置文件的存储格式。Photoshop 可以支持很多种图像文件格式，下面介绍几种常用的文件格式，有助于满足读者对图像进行编辑、保存和转换的需要。

- PSD 格式。PSD 格式是 Photoshop 的专用格式，它能保存图像数据的每一个细节，可以存储为 RGB 或 CMYK 颜色模式，也能对自定义颜色数据进行存储。它还可以保存图像中各图层的效果和相互关系，各图层之间相互独立，便于对单独的图层进行修改和制作各种特效。其唯一的缺点是存储的图像文件特别大。
- BMP 格式。BMP 格式也是 Photoshop 最常用的点阵图格式之一，支持多种 Windows 和 OS/2 应用程序软件，支持 RGB、索引颜色、灰度和位图颜色模式的图像，但不支持 Alpha 通道。
- TIFF 格式。TIFF 格式是最常用的图像文件格式，它既应用于 MAC，也应用于 PC。该格式文件以 RGB 全彩色模式存储，在 Photoshop 中可支持 24 个通道的存储，TIFF 格式是除了 Photoshop 自身格式外，唯一能存储多个通道的文件格式。
- EPS 格式。EPS 格式是 Adobe 公司专门为存储矢量图形而设计的，用于在 PostScript 输出设备上打印，它可以使文件在各软件之间进行转换。
- JPEG 格式。JPEG 格式是最卓越的压缩格式。虽然它是一种有损失的压缩格式，但是在图像文件压缩前，可以在文件压缩对话框中选择所需图像的最终质量，这样就有效地控制了 JPEG 在压缩时的数据损失量。JPEG 格式支持 CMYK、RGB 和灰度颜色模式的图像，不支持 Alpha 通道。
- GIF 格式。GIF 格式的文件是 8 位图像文件，几乎所有的软件都支持该格式。它能存储成背景透明化的图像形式，所以这种格式的文件大多用于网络传输，并且可以将多张图像存储成一个档案，形成动画效果。但它最大的缺点是只能处理 256 种色彩的文件。
- AI 格式。AI 格式是一种矢量图形格式，在 Illustrator 中经常用到，它可以把 Photoshop 中的路径转化为“*.AI”格式，然后在 Illustrator 或 CorelDRAW 中将文件打开，并对其进行颜色和形状的调整。
- PNG 格式。PNG 格式可以使用无损压缩方式压缩文件，支持带一个 Alpha 通道的 RGB 颜色模式、灰度模式及不带 Alpha 通道的位图、索引颜色模式。它产生的透明背景没有锯齿边缘，但一些较早版本的 Web 浏览器不支持 PNG 格式。

项目实训——给文件设置出血线

打开教学素材“图库\项目 1”目录下名为“汽车广告.jpg”的文件，利用本讲所学习的设置参考线的方法，给文件设置出血线，如图 1-46 所示。

图1-46 设置的出血线

【步骤提示】

选择【图像】/【图像大小】命令，查看图像文件大小。查看得知该文件尺寸【宽度】为“16 厘米”、【高度】为“12 厘米”，然后计算得到在文件垂直方向的“0.3 厘米”、“15.7 厘米”和水平“0.3 厘米”、“11.7 厘米”位置分别设置参考线。

习题

1. 动手操作控制面板的拆分与组合方法。
2. 动手操作调整界面窗口的大小。
3. 打开教学素材“图库\项目 1”目录下名为“汽车广告.jpg”的文件，在保持文件为“1.92M”的情况下，把文件的打印尺寸【宽度】设置为“20 厘米”。

本项目主要学习绘制图形的基本工具，包括各种选区工具、画笔工具、铅笔工具及文字工具等，灵活运用这些工具进行实例制作。本项目内容是学习 Photoshop 软件的基础，希望读者能认真学习。

- ❖ 了解各选区工具的功能。
- ❖ 掌握各选区工具的使用方法。
- ❖ 熟悉【变换】命令。
- ❖ 熟悉绘画工具的应用。
- ❖ 掌握绘画工具的【笔头】设置方法。
- ❖ 掌握文字工具的应用。

任务一 设计艺术相册

本任务主要利用选区工具来设计如图 2-1 所示的艺术相册。

图2-1 设计的艺术相册效果

【知识准备】

选区是 Photoshop 中最重要的内容，几乎所有的操作都是在指定的选区范围内完成的，有了选区就可以绘制出任意形状的图形并进行其他效果的添加了。

选区工具主要包括选框工具组、套索工具组及魔棒工具组。

(1) 选框工具组中有 4 种选框工具，包括【矩形选框】工具、【椭圆选框】工具、【单行选框】工具和【单列选框】工具。默认处于选择状态的是工具，将鼠标指针放置到此工具上，按住鼠标左键不放或单击鼠标右键，将展开隐藏的工具组，如图 2-2 所示。

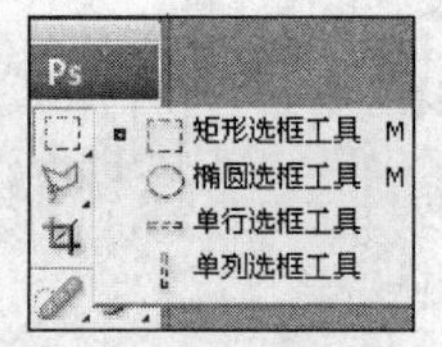

图2-2 展开的隐藏工具组

说明：在图 2-2 中，【矩形选框】工具和【椭圆选框】工具的右侧都有一个字母“M”，表示“M”是该工具的快捷键。按 M 键可以选择【矩形选框】工具或【椭圆选框】工具，按 Shift+M 组合键可在两者之间切换。

- 【矩形选框】工具主要用于绘制各种矩形或正方形选区。选择工具后，在画面中的适当位置拖动鼠标指针，释放鼠标后即可创建一个矩形选区；如按住 Shift 键拖动，可以绘制正方形选区。
- 【椭圆选框】工具主要用于绘制各种圆形或椭圆形选区。选择工具后，在画面中的适当位置拖动鼠标指针，释放鼠标后即可创建一个椭圆形选区；如按住 Shift 键拖动，可以绘制圆形选区。
- 【单行选框】工具和【单列选框】工具主要用于创建 1px 高度的水平选区和 1px 宽度的垂直选区。选择或工具后，在画面中单击即可创建单行或单列选区。

(2) 套索工具组中有 3 种工具，包括【套索】工具、【多边形套索】工具和【磁性套索】工具。【套索】工具组中的工具是使用灵活且形状自由的绘制选区工具。

- 选择【套索】工具，在合适的位置按下鼠标左键设置绘制的起点，拖动鼠标指针到任意位置后释放鼠标左键，即可创建出形状自由的选区。【套索】工具的自由性很大，在利用【套索】工具绘制选区时，必须对鼠标有良好的控制能力，才能绘制出满意的选区，此工具一般用于修改已经存在的选区或绘制没有具体形状要求的选区。
- 选择【多边形套索】工具，在合适的位置单击设置绘制的起点，拖动鼠标指针到合适的位置，再次单击设置转折点，直到鼠标指针与最初设置的起点重合（此时鼠标指针的下面多了一个小圆圈），然后在重合点上单击，即可创建出多边形选区。
- 选择【磁性套索】工具，在图像轮廓边缘单击，设置绘制的起点，然后沿图像的边缘拖动鼠标指针，选区会自动吸附在图像中对比最强烈的边缘，如果选区的边缘没有吸附在需要的图像边缘，可以通过单击添加一个紧固点来确定要吸附的位置，再拖动鼠标指针，直到鼠标指针与最初设置的起点重合时单击，即可创建需要的选区。

(3) 魔棒工具组中有两种工具，包括【魔棒】工具和【快速选择】工具。

- 【快速选择】工具是一种非常直观、灵活、快捷的选择工具。其使用方法为：在需要添加选区的图像位置按下鼠标左键，然后拖动鼠标指针，即可像利用【画笔】工具绘画一样，将鼠标指针经过的区域及与其颜色相近的区域都添加上选区。

- 【魔棒】工具主要用于选择图像中大块的单色区域或相近的颜色区域。其使用方法非常简单，只需在要选择的颜色范围内单击，即可将图像中与鼠标指针落点相同或相近的颜色区域全部选择。

（一）　制作背景底图

下面主要利用【矩形选框】工具来绘制背景底图。

【操作步骤】

(1) 选择【文件】/【新建】命令（快捷键为 Ctrl+N组合键），弹出【新建】对话框，参数设置如图 2-3 所示。单击 确定 按钮，新建一个图形文件。

(2) 单击工具箱中的前景色块，在弹出的【拾色器】对话框中设置颜色参数，如图 2-4 所示，单击 确定 按钮。

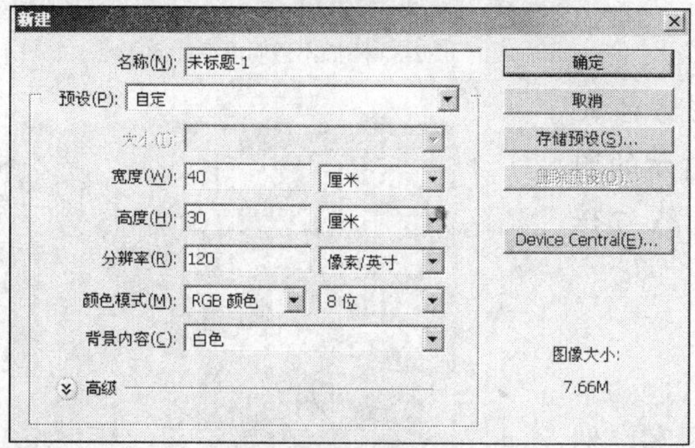

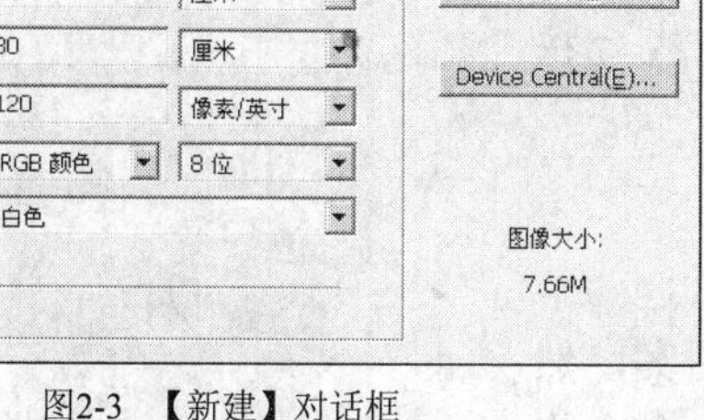

图2-3　【新建】对话框

图2-4　设置的颜色参数

> **说明**：在下面的实例讲解过程中，再遇到设置颜色参数的地方，将直接叙述为“将颜色设置为*色”，不再给出【拾色器】对话框，而以（#******）的形式给出，希望读者注意。

(3) 选择工具，然后将鼠标指针移动到画面的左上方位置，按下鼠标左键并拖动，绘制出如图 2-5 所示的矩形选区。

(4) 单击属性栏中的按钮，启用“加选区”功能，然后依次绘制出如图 2-6 所示的选区。

图2-5　绘制的矩形选区

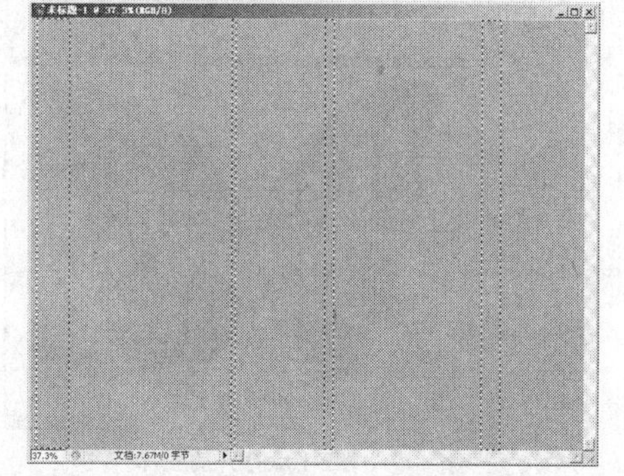

图2-6　绘制的选区

(5) 按 X键，将前景色与背景色互换，即将前景色设置为白色，然后在【图层】面板中单击下方的按钮，新建“图层 1”。

(6) 按 Alt+Delete 组合键，为选区填充白色，效果如图 2-7 所示。

(7) 选择【选择】/【取消选择】命令（快捷键为 Ctrl+D组合键），将选区去除，然后将【图层】面板中的【不透明度】参数设置为“60%”，降低不透明度后的效果如图 2-8 所示。

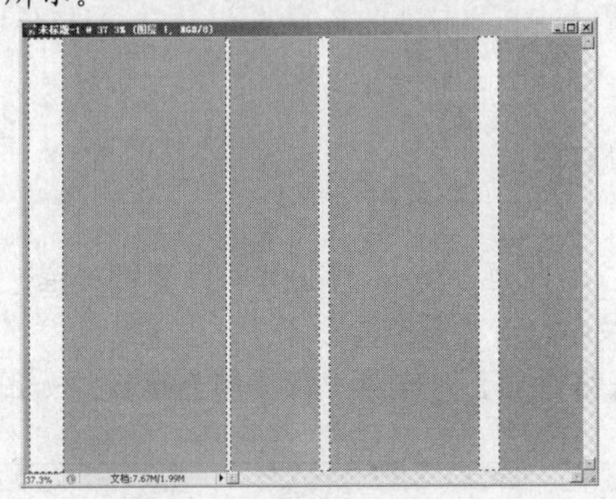

图2-7 填充白色后的效果一

图2-8 降低不透明度后的效果一

(8) 用与步骤（3）～（7）相同的绘制图形方法，在新建的“图层 2”中绘制出如图 2-9 所示的图形，其【不透明度】参数为“40%”，然后按 Ctrl+D组合键去除选区。

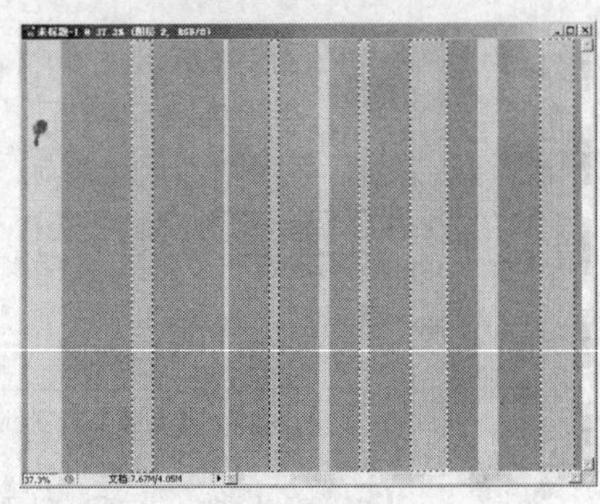

图2-9 绘制的图形一

（二） 选择蝴蝶图案

下面主要利用【魔棒】工具来选择蝴蝶图案，然后利用【移动】工具及【显示变换控件】命令将选择的蝴蝶图案移动到新建的文件中并进行排列。

【操作步骤】

(1) 选择【文件】/【打开】命令（快捷键为 Ctrl+O组合键），打开教学素材“图库\项目 2”目录下名为“蝴蝶.jpg”的图片文件，如图 2-10 所示。

(2) 选择工具，将鼠标指针移动到打开图片文件的空白区域单击，添加如图 2-11 所示的选区。

图2-10 打开的图片一

图2-11 创建的选区形态

(3) 选择【选择】/【反向】命令（快捷键为 Shift+Ctrl+I组合键），将创建的选区反选，效果如图 2-12 所示。

(4) 选择工具，将鼠标指针移动到选区内，按下鼠标左键并向新建的文件中拖动，如图 2-13 所示。

图2-12　反选后的选区形态

图2-13　移动复制图像时的状态一

(5) 释放鼠标左键后，即可将选择的蝴蝶图案移动复制到新建的文件中，并自动生成一个新的图层，如图 2-14 所示。

(6) 在【图层】面板中，单击左上角的按钮，锁定图像的像素，然后按 Alt+Delete 组合键，将蝴蝶所在的区域填充白色，效果如图 2-15 所示。

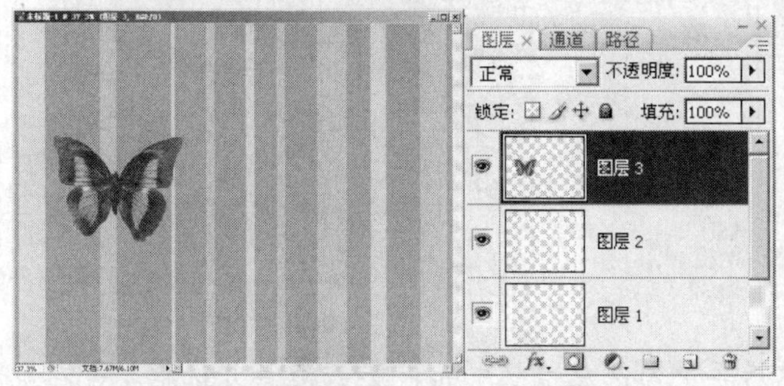

图2-14　复制的蝴蝶图案及【图层】面板

图2-15　填充白色后的效果二

(7) 将【图层】面板中的【不透明度】参数设置为"50%"，然后勾选属性栏中的 ☑显示变换控件 复选框，此时在蝴蝶图案的周围将显示虚线的变换框，如图 2-16 所示。

(8) 在虚线变换框上单击，将变换框调整为实线显示，然后将属性栏中 -22 度的参数设置为"－22"。

(9) 单击按钮，确认图像的旋转操作，然后将 □显示变换控件 复选框前面的勾选取消，蝴蝶图案旋转后的效果如图 2-17 所示。

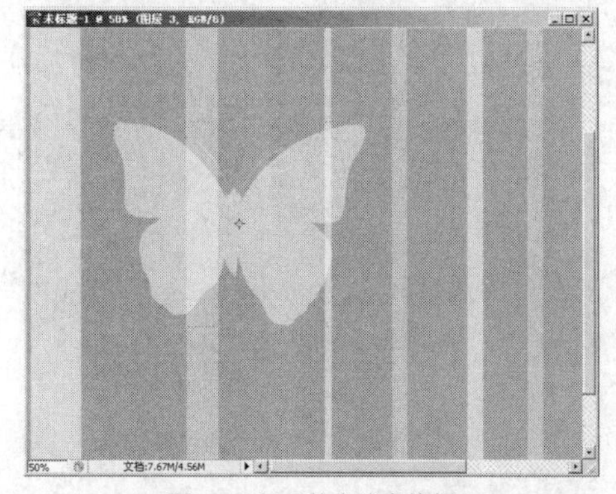

图2-16　显示的虚线变换框

图2-17　蝴蝶图案旋转后的效果

(10) 选择工具，将旋转后的图案移动到如图 2-18 所示的位置。

(11) 按住 Ctrl 键，在【图层】面板中单击"图层 3"的图层缩览图，加载蝴蝶图案的选区，状态及添加的选区形态如图 2-19 所示。

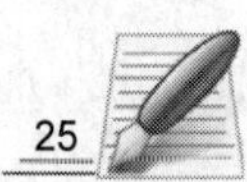

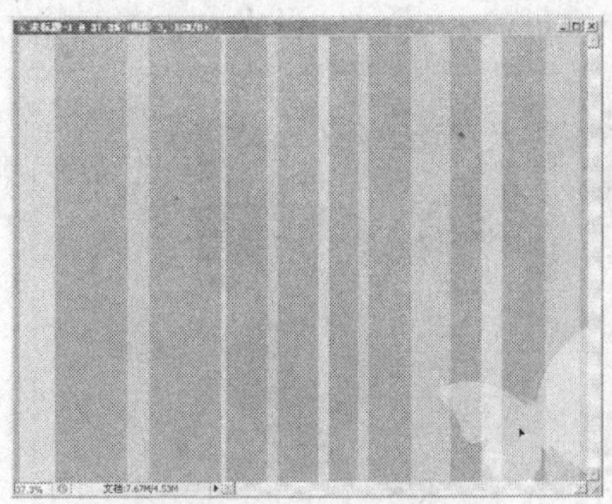

图2-18　蝴蝶图案移动的位置

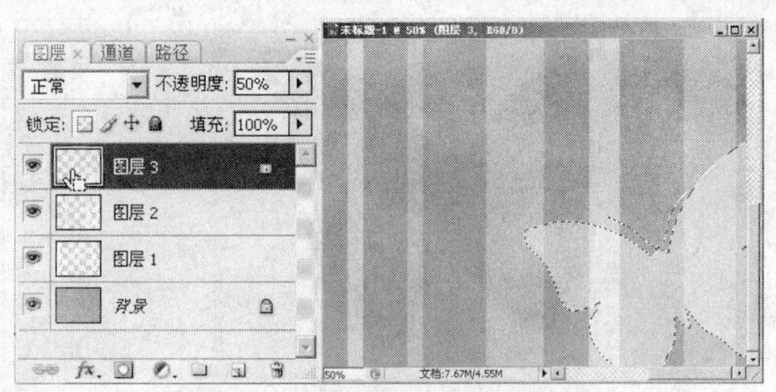

图2-19　加载选区时的状态及加载的选区

(12) 按住 Alt 键，将鼠标指针移动到选区内，鼠标指针将显示为 形状，如图 2-20 所示。

(13) 按下鼠标左键并向左上方拖动，将选区内的图像移动复制，状态如图 2-21 所示。

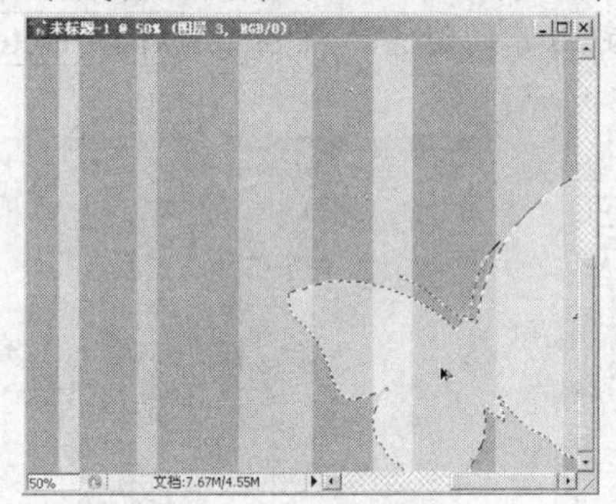

图2-20　鼠标指针显示的形态

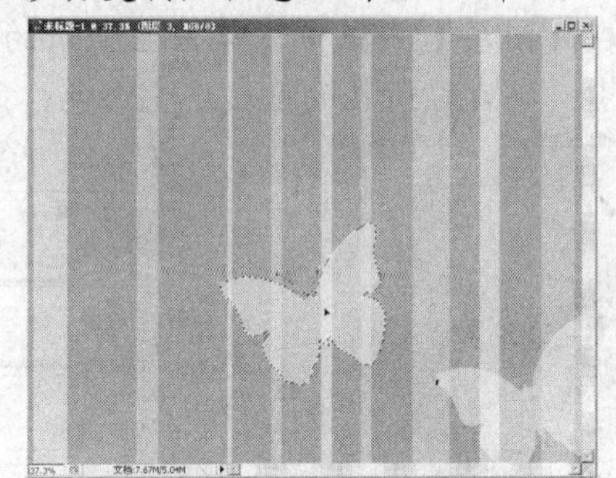

图2-21　移动复制图像时的状态二

(14) 至合适位置后释放鼠标左键，然后再次勾选属性栏中的 显示变换控件 复选框，并在显示的虚线变换框上单击，将其设置为实线。

(15) 单击属性栏中的 按钮，锁定图像的长宽比，然后设置 W: 60.0% H: 60% 选项的参数均为“60%”，将图案缩小。

(16) 将缩小后的图案调整至如图 2-22 所示的位置，然后单击属性栏中的 按钮，确认图案的缩小及位置调整，并取消 显示变换控件 复选框的勾选。

(17) 用与上面相同的移动复制图案方法，将蝴蝶图案再次移动复制，效果如图 2-23 所示。然后按 Ctrl+D 组合键去除选区。

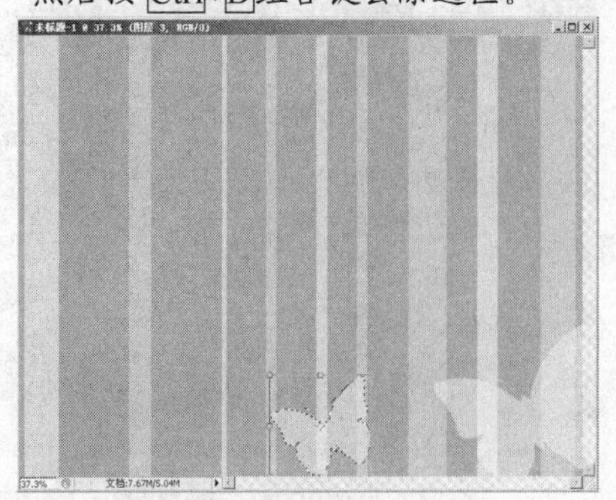

图2-22　图案调整后的大小及位置

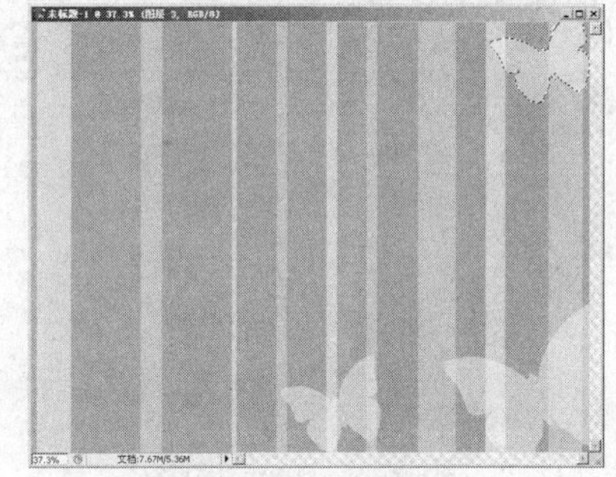

图2-23　复制出的蝴蝶图案一

(18) 用与步骤（4）～（17）相同的移动复制方法，依次复制出如图 2-24 所示的图案效果。

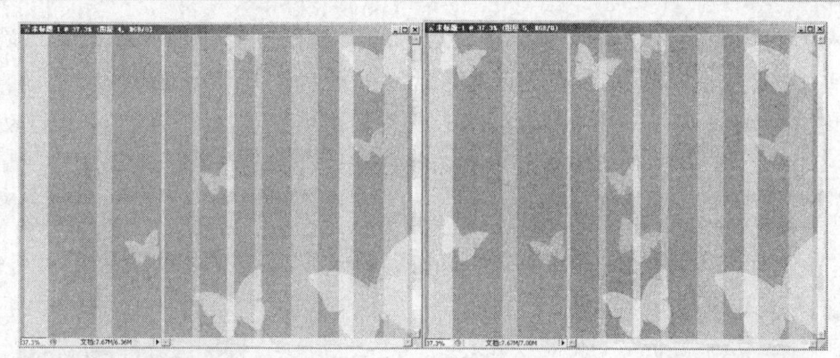

图2-24　复制出的蝴蝶图案二

（三）　选择人物图像

下面主要利用【磁性套索】工具和【椭圆选框】工具来选择需要的人物图像，并将其移动复制到新建的文件中。

【操作步骤】

(1) 按 Ctrl+O组合键，打开教学素材"图库\项目 2"目录下名为"照片 01.jpg"的图片文件，如图 2-25 所示。

(2) 双击工具，将图片放大显示，然后选择工具，将鼠标指针移动到画面中拖动，将人物的头部在画面中显示，如图 2-26 所示。

图2-25　打开的图片二

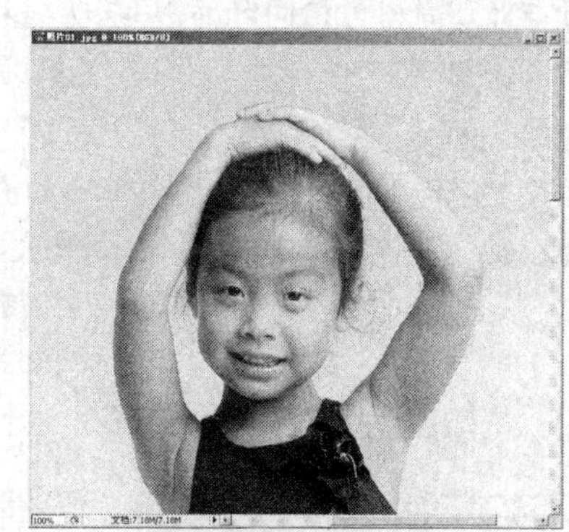

图2-26　放大显示的区域

(3) 选择工具，将鼠标指针移动到如图 2-27 所示的位置，按下鼠标左键沿图像的边缘拖动，选区会自动吸附在图像中对比最强烈的边缘，如图 2-28 所示。

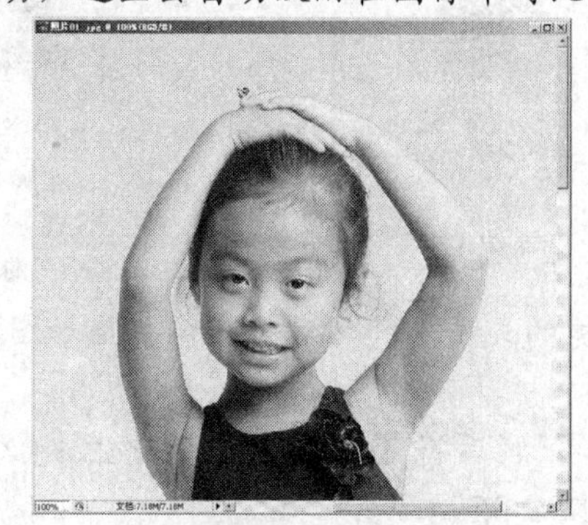

图2-27　鼠标指针放置的位置一

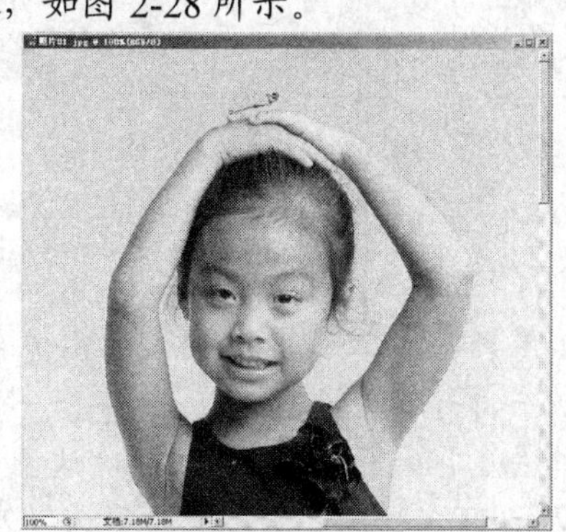

图2-28　拖动鼠标时的状态

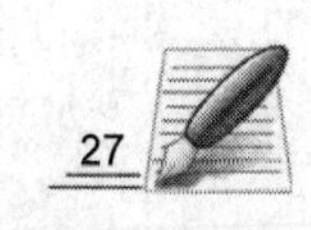

(4) 继续沿人物图像的边缘拖动，至如图 2-29 所示的位置时，由于画面放大显示了，因此要先利用工具将隐藏的图像显示，然后才能继续创建其他区域的选区。

(5) 按住空格键，将当前工具暂时切换为【抓手】工具，然后将鼠标指针移动到画面中按下并向下拖动，显示其他的图像区域，状态如图 2-30 所示。

图2-29　鼠标指针所在的位置

图2-30　平移图像

(6) 至合适位置后释放空格键，鼠标指针即变为原来的磁性套索形状，继续沿图像的边缘移动鼠标指针。

(7) 用与步骤（6）相同的方法拖动鼠标指针，当鼠标指针至起点位置时，在鼠标指针的右下角将出现一个圆圈，如图 2-31 所示，此时单击即可结束选取操作，生成的选区形态如图 2-32 所示。

(8) 选择工具，并激活属性栏中的按钮，启用“减选区”功能，然后将鼠标指针移动到人物胳膊与头部中间的区域依次单击，处理后的选区形态如图 2-33 所示。

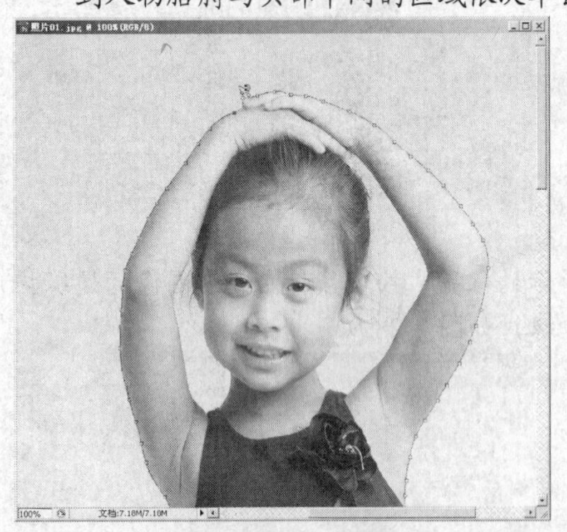

图2-31　显示的小圆圈

图2-32　生成的选区

图2-33　处理后的选区

(9) 利用工具将选区内的人物图像移动复制到新建的文件中，然后将其调整至如图 2-34 所示的大小及位置。

(10) 单击属性栏中的按钮，确认图像的调整操作，然后将【图层】面板中生成“图层 6”的【不透明度】参数设置为“20%”，效果如图 2-35 所示。

图2-34　图像调整后的大小及位置一

图2-35　降低不透明度后的效果二

(11) 用与步骤（9）相同的方法，将选择的人物再次移动复制到新建的文件中，并调整至如图 2-36 所示的大小及位置。

(12) 按 Ctrl+O 组合键，打开教学素材“图库\项目 2”目录下名为“照片 02.jpg”的图片文件，如图 2-37 所示。

图2-36　图像调整后的大小及位置二

图2-37　打开的图片三

(13) 选择 工具，按住 Shift 键绘制圆形选区，然后将鼠标指针移动到选区内按下鼠标左键并拖动，将绘制的选区移动到如图 2-38 所示的位置。

(14) 利用 工具将选区内图像移动复制到新建的文件中，并调整至如图 2-39 所示的形态。

图2-38　选择的图像

图2-39　图像调整后的效果

(15) 单击属性栏中的 按钮，然后将前景色设置为洋红色（#d2236e）。

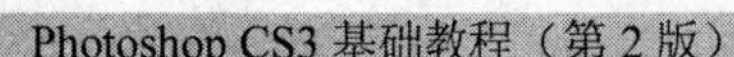

(16) 选择【编辑】/【描边】命令，在【描边】对话框中设置选项及参数如图 2-40 所示。

(17) 单击 确定 按钮，图像描边后的效果如图 2-41 所示。

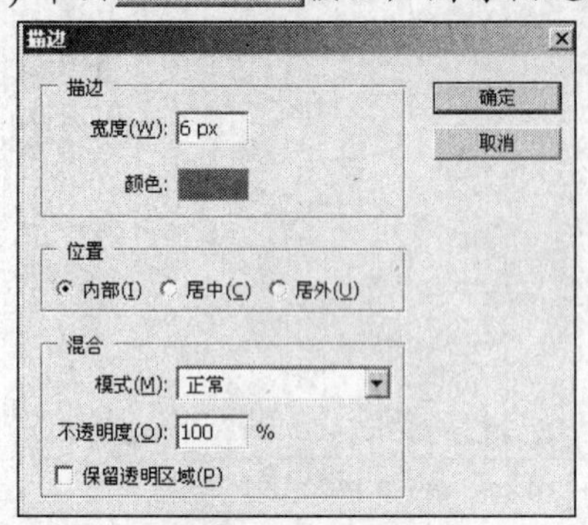

图2-40 【描边】对话框

图2-41 图像描边后的效果

（四） 添加文字

下面主要利用【矩形选框】工具来选择文字，然后利用【编辑】/【变换】命令对文字进行变换调整。

【操作步骤】

(1) 按 Ctrl+O 组合键，打开教学素材“图库\项目 2”目录下名为“艺术字.psd”的文件，如图 2-42 所示。

(2) 选择 工具，然后在打开的文件中选择如图 2-43 所示的文字。

图2-42 打开的图片文件

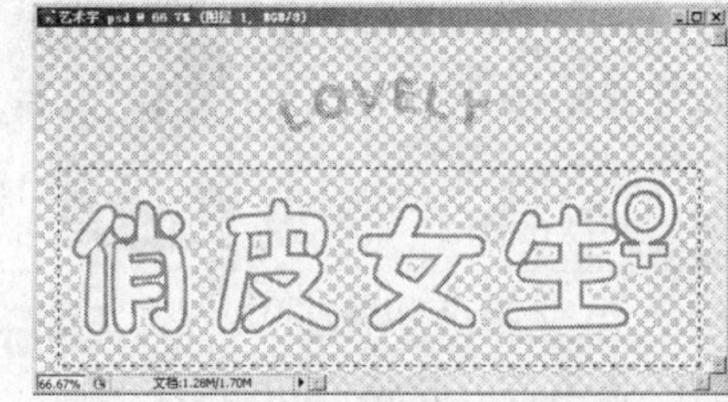

图2-43 选择的文字一

(3) 利用 工具将选区内的文字移动复制到新建的文件中，放置到如图 2-44 所示的位置。

(4) 利用 工具将“艺术字.psd”文件中上方的文字选中，然后利用 工具将其移动复制到新建的文件中，并放置到如图 2-45 所示的位置。

图2-44 文字放置的位置

图2-45 英文文字放置的位置

(5) 在【图层】面板中，将鼠标指针放置到最上方的图层上，按下鼠标左键并向下拖动，至如图 2-46 所示的 按钮上释放鼠标左键，将文字层复制，如图 2-47 所示。

(6) 选择【编辑】/【变换】/【旋转 180 度】命令，将复制出的文字旋转 180°，然后利用 工具将其向下调整至如图 2-48 所示的位置。

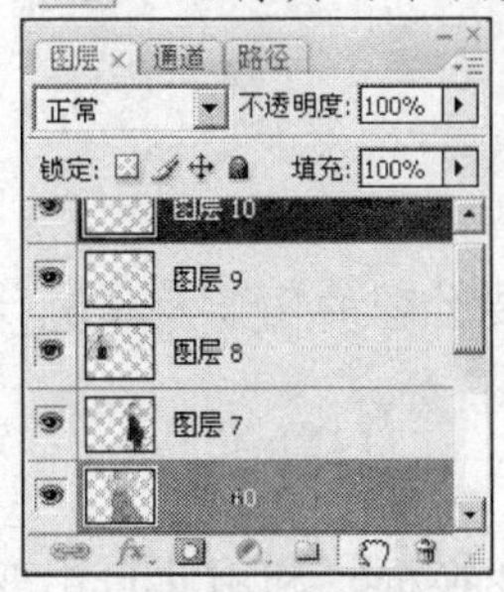

图2-46　鼠标指针放置的位置二

图2-47　复制出的图层

图2-48　调整后的位置

(7) 选择【图层】/【向下合并】命令（快捷键为 Ctrl+E组合键），将复制出的图层合并到原图层中，然后用与步骤（5）相同的方法，再次将合并后的图层复制。

(8) 选择【编辑】/【变换】/【旋转 90 度（顺时针）】命令，将复制出的文字顺时针旋转 90°，效果如图 2-49 所示。

(9) 至此，艺术相册效果制作完成，按 Ctrl+E组合键将复制出的文字与原文字合并，然后按 Ctrl+S组合键，将此文件命名为“艺术相册.psd”保存。

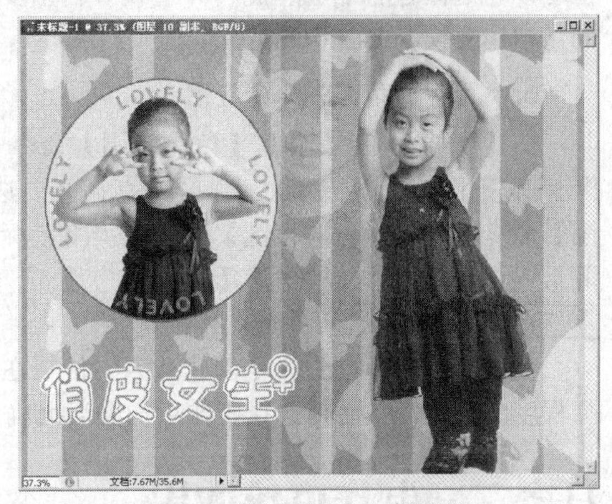

图2-49　制作完成的艺术相册效果

【知识链接】

在图像中创建了选区后，有时为了图像处理的需要，要对已创建的选区进行编辑修改，使之更符合要求。下面来介绍有关对选区的编辑和修改操作。

1.　移动选区

在图像中创建选区后，无论当前使用的是哪一种选区工具，将鼠标指针移动到选区内，此时鼠标指针将变为 形状，按下鼠标左键拖动即可移动选区的位置。按键盘中的→、←、↑或↓任意一个方向键，可以按照 1 个像素单位来移动选区的位置；如果按住 Shift 键再按方向键，可以一次按照 10 个像素单位来移动选区的位置。

2.　显示、隐藏和取消选区

在编辑图像时，合理的隐藏与显示选区可以让用户清楚地看到制作的效果与周围图像的对比。选择【视图】/【显示】/【选区边缘】命令，即可将选区显示或隐藏。一般情况下是选择【视图】/【显示额外内容】命令（快捷键为 Ctrl+H组合键）来隐藏或显示选区，利用此命令的快捷键可以非常方便地隐藏或显示需要的选区。当图像编辑完成，不再需要当前的选区时，可以通过选择【选择】/【取消选择】命令来将选区取消，最常用的还是通过 Ctrl+D组合键来取消选区，此快捷键在处理图像时会经常用到。

3. 修改选区

选择【选择】/【修改】命令，其下拉菜单中包括【边界】、【平滑】、【扩展】、【收缩】和【羽化】等命令，每个命令的具体含义如下。

- 【边界】命令：利用此命令可以将选区向内或向外扩展。
- 【平滑】命令：利用此命令可以将选区平滑处理。
- 【扩展】命令：利用此命令可以将选区扩展。
- 【收缩】命令：利用此命令可以将选区缩小。
- 【羽化】命令：利用此命令可以使选区产生羽化效果，即要处理的图像及填充颜色后的边缘会出现过渡消失的虚化效果。

4. 变换选区

选择【选择】/【变换选区】命令，会在选区的边缘出现自由变换框。利用此自由变换框可以将选区进行缩放、旋转和透视等自由变换操作，其功能及操作方法与【编辑】菜单下的【自由变换】命令相同。

5. 【色彩范围】命令应用

与【魔棒】工具相似，【色彩范围】命令也可以根据容差值与选择的颜色样本来创建选区。其使用方法为：确认工作区中有打开要选择图像的文件，然后选择【选择】/【色彩范围】命令，弹出【色彩范围】对话框，将鼠标指针移动到文件中要选择的图像位置单击，吸取要选择的颜色，再设置【颜色容差】选项，以决定要选择的色彩范围，确定后单击 确定 按钮，即可完成图像的选择。

使用【色彩范围】命令创建选区的优势在于：它可以根据图像中色彩的变化情况设定选择程度的变化，从而使选择操作更加灵活准确。

任务二　制作底纹效果

本任务主要利用【画笔】工具来制作如图 2-50 所示的底纹效果。

图2-50　绘制的图形二

【知识准备】

绘画工具包括【画笔】工具和【铅笔】工具，利用这两种工具可以绘制出想要表现的任意绘画作品和图形。绘画工具的工作原理如同实际绘画中的画笔和铅笔一样，其使用方法如下。

(1) 在工具箱中选择绘画工具。

(2) 设置前景色。

(3) 在画笔工具的属性栏中设置画笔笔尖的大小和形状，或者单击属性栏中的按钮，在弹出的【画笔】面板中编辑、设置画笔。

(4) 在属性栏中设置画笔的绘制属性。

(5) 新建要绘制图形的图层，这样可以方便后期的修改和编辑。

(6) 在图像文件中按下鼠标左键拖动，即可绘制想要表现的画面了，如图 2-51 所示。

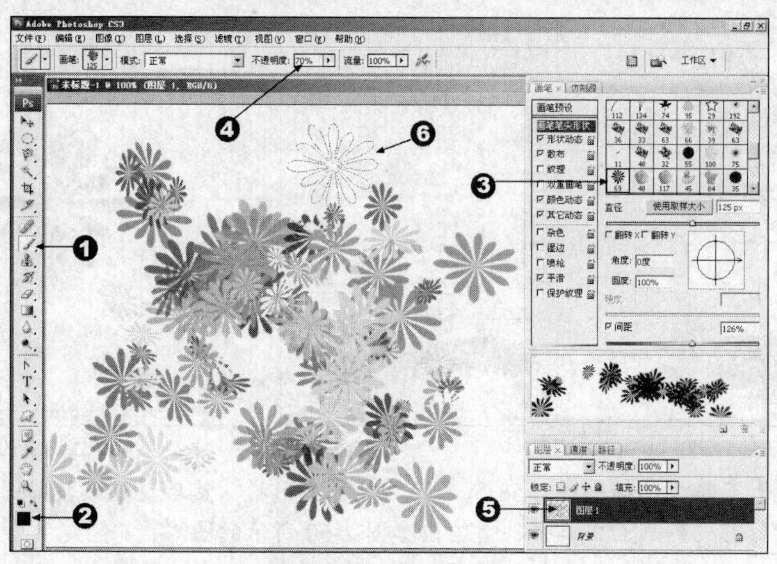

图2-51　绘画工具基本使用方法

【操作步骤】

(1) 按 Ctrl+N组合键，在弹出的【新建】对话框中将【宽度】设置为“12 厘米”，【高度】设置为“10 厘米”，【分辨率】设置为“200 像素/英寸”，【颜色模式】设置为“RGB 颜色”，【背景内容】设置为“白色”。

(2) 单击 确定 按钮，新建一个图形文件。

(3) 选择工具，单击属性栏中【画笔】选项右侧的按钮，弹出【画笔】设置面板，如图 2-52 所示。

(4) 单击右上角的按钮，在弹出的下拉菜单中选择如图 2-53 所示的命令，在再次弹出的【Adobe Photoshop CS3】询问面板中单击 追加(A) 按钮，载入的画笔笔头即显示在下方的预览窗口中。

(5) 向下滑动预览窗口右侧的滑块，在显示的预览窗口中选择如图 2-54 所示的画笔笔头。

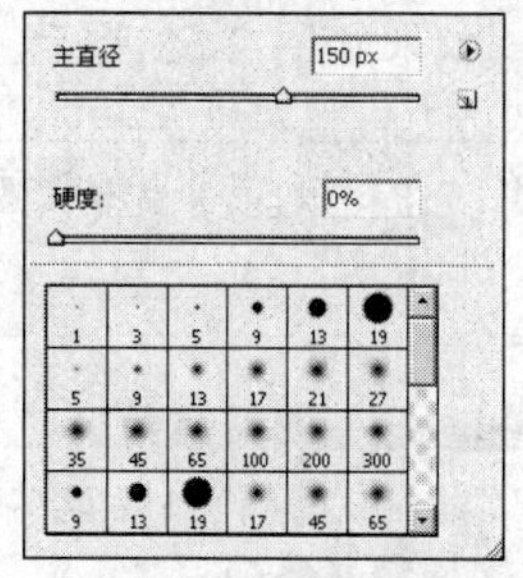

图2-52　【画笔】设置面板

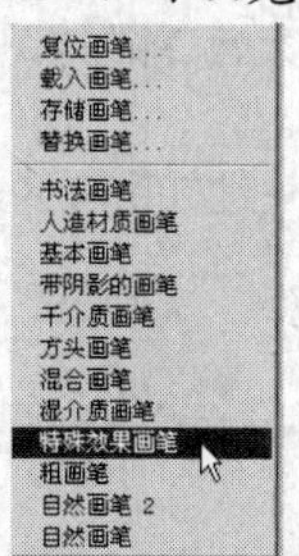

图2-53　选择的命令

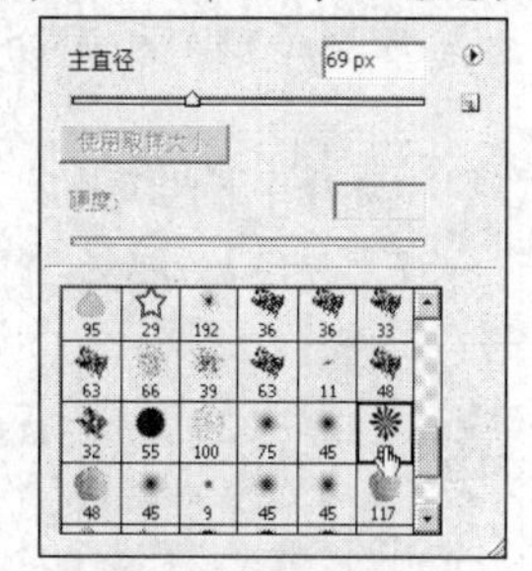

图2-54　选择的画笔笔头一

(6) 在新建文件的标题栏上单击，将【画笔】设置面板隐藏，然后单击属性栏中的按钮，弹出【画笔】面板，如图 2-55 所示。

(7) 在【形状动态】、【散布】、【颜色动态】和【其他动态】选项前面的复选框中单击，取消该参数设置，然后将右侧窗口中【直径】参数设置为“400 px”，如图 2-56 所示。

(8) 将前景色设置为黑色，然后在【图层】面板中新建“图层 1”，再将鼠标指针移动到画面中单击，喷绘出如图 2-57 所示的图形。

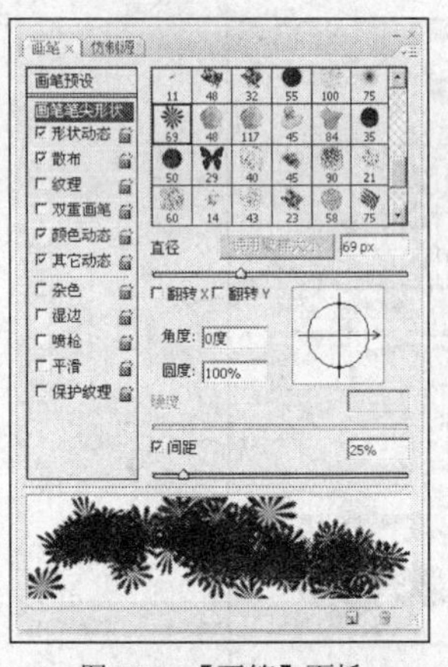
图2-55 【画笔】面板

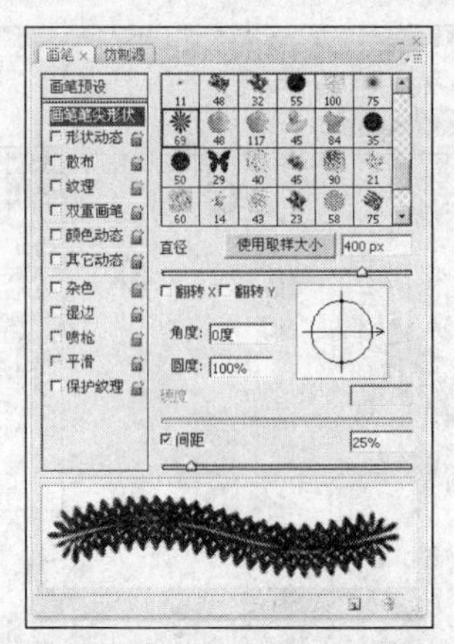
图2-56 设置后的【画笔】面板

图2-57 喷绘的图形一

(9) 在【画笔】面板中选择如图 2-58 所示的画笔笔头形状，然后设置参数如图 2-59 所示。

(10) 将鼠标指针移动到画面中单击，喷绘出如图 2-60 所示的图形。

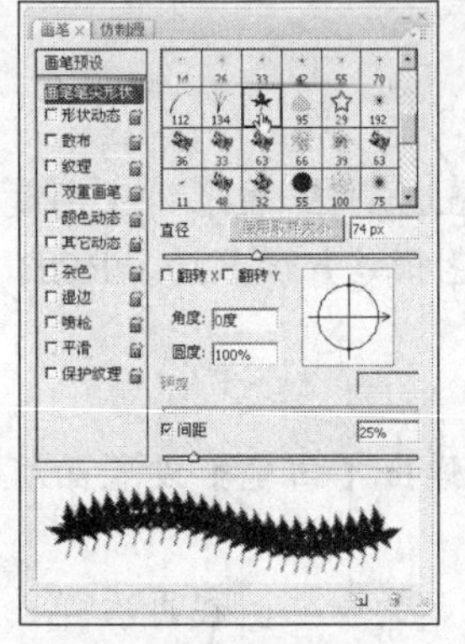
图2-58 选择的画笔笔头二

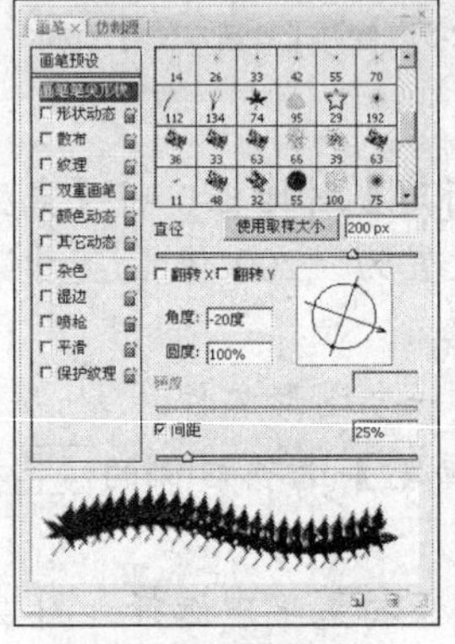
图2-59 设置的参数

图2-60 喷绘的图形二

(11) 重新设置画笔的参数并在画面中单击喷绘图形，设置的参数及喷绘出的图形如图 2-61 所示。

(12) 用与步骤（11）相同的方法，依次更改画笔的参数并进行喷绘，效果如图 2-62 所示。

说明：选择了画笔工具后，直接按键盘中的[键可以减小画笔【主直径】的大小，按]键可以增大画笔【主直径】的大小。

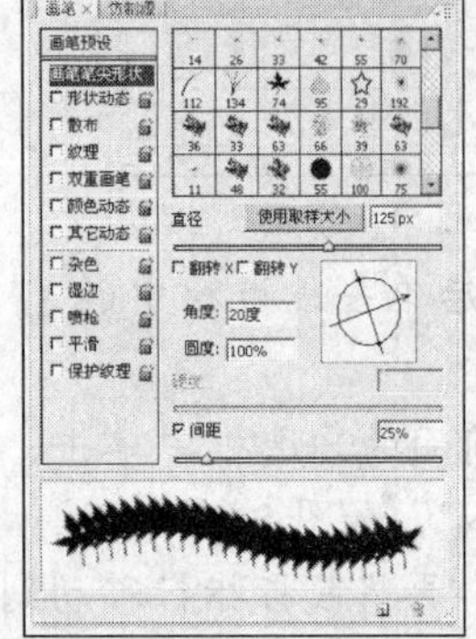
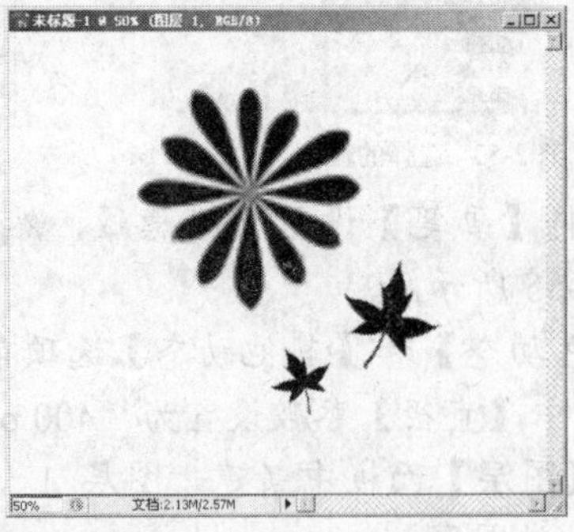
图2-61 设置的参数及喷绘出的图形

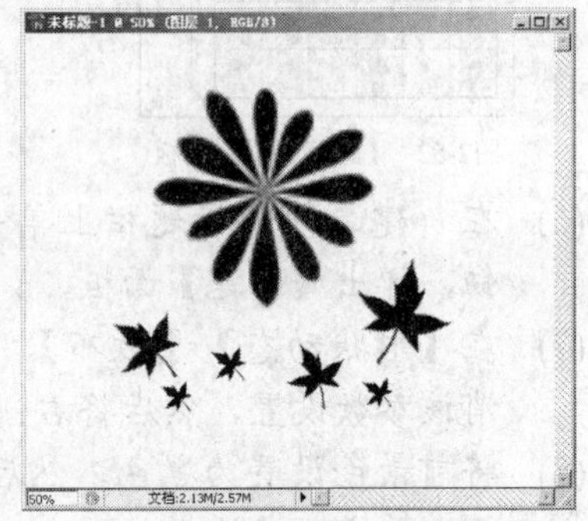
图2-62 喷绘出的图形三

(13) 选择【编辑】/【定义画笔预设】命令，在弹出如图 2-63 所示的【画笔名称】对话框中单击 确定 按钮。

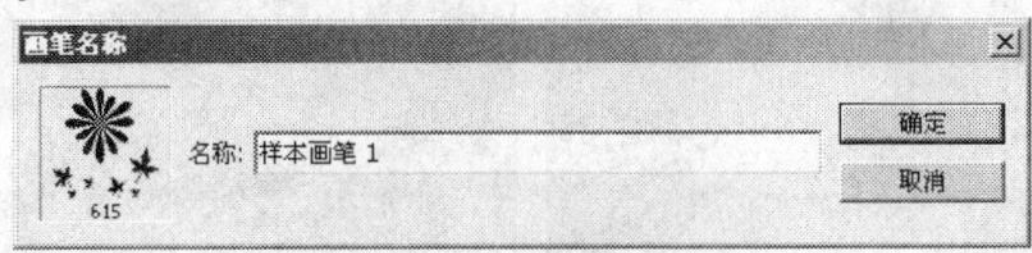

图2-63 【画笔名称】对话框

(14) 选择【选择】/【全部】命令（快捷键为 Ctrl+A组合键），将画面中的图像全部选择，然后按 Delete 键删除，再按 Ctrl+D组合键去除选区。

(15) 在【画笔】面板中依次设置定义画笔的参数如图 2-64 所示。

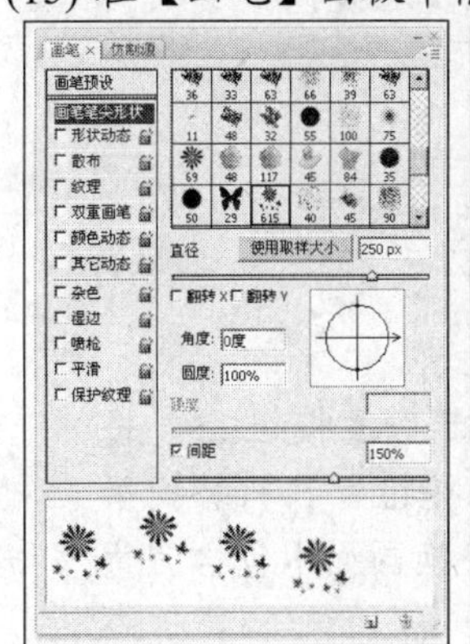
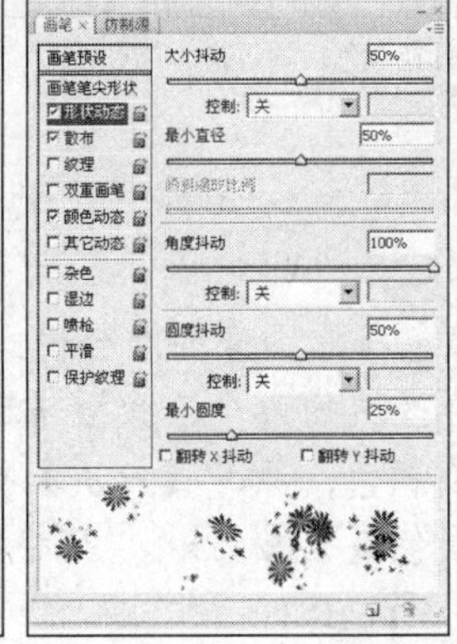
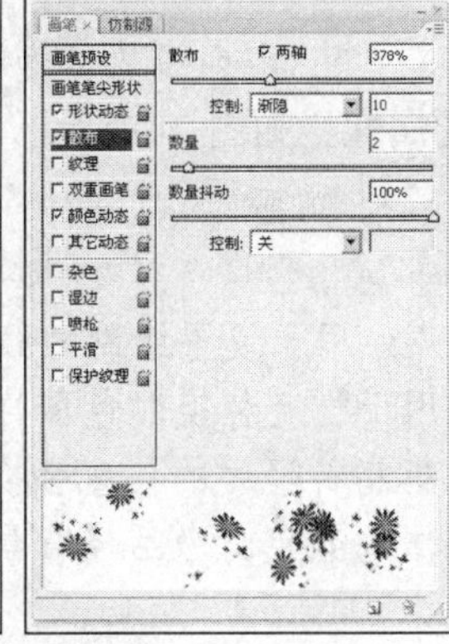
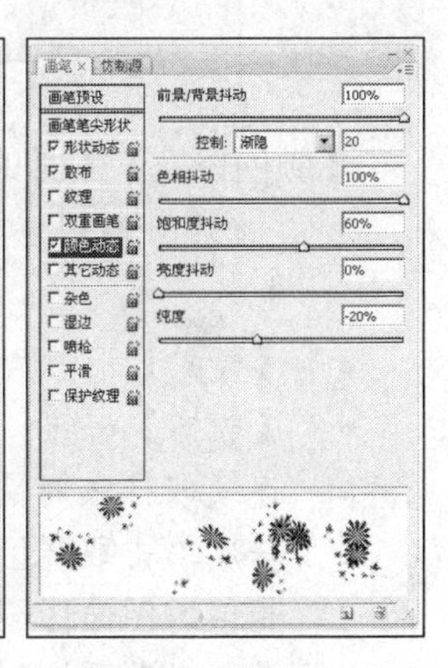

图2-64 设置的画笔参数

(16) 将前景色设置为黄色（#ffff00），背景色设置为蓝色（#0000ff），然后将鼠标指针移动到画面中拖动，即可喷绘出如图 2-65 所示的底纹效果。

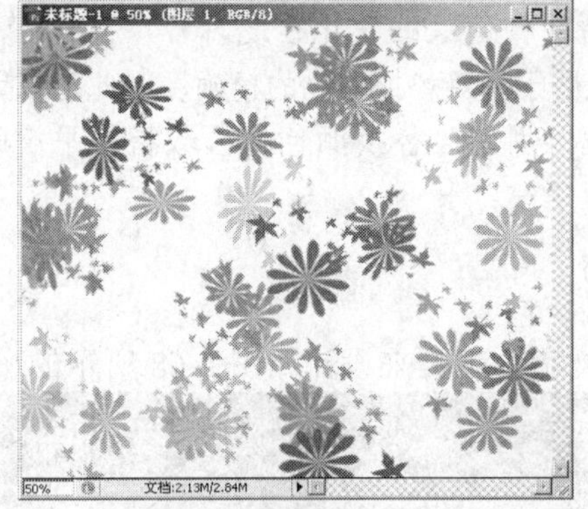

图2-65 喷绘出的底纹效果

(17) 按 Ctrl+S组合键，将此文件命名为“画笔纹理.psd”保存。

【知识链接】

在画笔工具组中，除了【画笔】工具和【铅笔】工具外，还包括【颜色替换】工具，该工具是一个非常不错的对图像颜色进行替换的工具。其使用方法为：选择工具，然后将前景色设置为要替换的颜色，再在属性栏中设置【画笔】笔头、【模式】、【取样】、【限制】以及【容差】等各选项，最后在图像中要替换颜色的位置按住鼠标左键并拖动，即可用设置的前景色替换鼠标指针拖动位置的颜色，图 2-66 所示为照片原图与替换颜色后的效果。

图2-66 图像原图与替换颜色后的效果

【颜色替换】工具的属性栏如图 2-67 所示。

画笔: 13 模式: 颜色 限制: 连续 容差: 30% 消除锯齿

图2-67 【颜色替换】工具的属性栏

- 【模式】下拉列表：用于设置绘制的颜色与原图像的混合模式。
- 【取样】按钮：用于指定替换颜色取样区域的大小。激活【连续】按钮，将连续取样来对鼠标指针经过的位置替换颜色；激活【一次】按钮，只替换第一次单击取样区域的颜色；激活【背景色板】按钮，只替换画面中包含有背景色的图像区域。
- 【限制】下拉列表：用于限制替换颜色的范围。选择【不连续】选项，将替换出现在鼠标指针下任何位置的颜色；选择【连续】选项，将替换与紧挨鼠标指针的颜色邻近的颜色；选择【查找边缘】选项，将替换包含取样颜色的连接区域，同时更好地保留图像边缘的锐化程度。
- 【容差】下拉列表：用于指定替换颜色的精确度，此值越大替换的颜色范围越大。
- 【消除锯齿】复选框：用于为替换颜色的区域指定平滑的边缘。

任务三 设计吊旗

本任务主要灵活运用【文字】工具来设计如图 2-68 所示的吊旗。

图2-68 设计的吊旗

【知识准备】

文字的运用是平面设计中非常重要的一部分。在实际工作中，几乎任意一幅作品的设计都需要有文字内容来说明主题，将文字以更加丰富多彩的形式加以表现，是设计领域非常重要的一个创作主题。

【文字】工具组中共有 4 种文字工具，【横排文字】工具T、【直排文字】工具T、【横排文字蒙版】工具T和【直排文字蒙版】工具T。

- 输入文字的方法为：选择T或T工具，鼠标指针即显示为文字输入指针或符号；在文件中单击，指定输入文字的起点；然后在属性栏或【字符】面板中设置相应的文字选项；再输入需要的文字即可进行文字输入；按 Enter键可使文字切换到下一行，单击属性栏中的✓按钮，即可完成文字的输入。选择T或T工具后在文件中拖动鼠标指针，可在创建的定界框中输入文字。
- 使用【横排文字蒙版】工具T和【直排文字蒙版】工具T可以创建文字选区，文字选区具有与其他选区相同的性质。创建文字选区的操作方法为：选择图层，然后选择T或T工具，并设置文字选项，再在文件中单击，此时会出现一个红色的蒙版，开始输入需要的文字，输入后单击属性栏中的✓按钮，即可完成文字选区的创建。

【操作步骤】

(1) 按 Ctrl+O组合键，打开教学素材“图库\项目 2”目录下名为“喜庆背景.jpg”的图片文件，如图 2-69 所示。

(2) 选择T工具，将鼠标指针移动到画面中单击设置插入点，然后输入“恭贺新春”文字，单击属性栏中的✓按钮，确认文字的输入，输入的文字如图 2-70 所示。

图2-69　打开的图片四

图2-70　输入的文字一

(3) 单击属性栏中的按钮，调出【字符】面板，单击【颜色】选项右侧的色块，在弹出的【选择文本颜色】对话框中将颜色设置为白色，然后分别设置文字的【字体】及【字号】参数如图 2-71 所示。

(4) 将鼠标指针放置到“贺”字的前面，按下鼠标左键并向右拖动，至“贺”字右侧释放鼠标左键，将“贺”字选择，如图 2-72 所示。

(5) 在【字符】面板中重新设置文字的字号，并设置【基线偏移】值，调整后的文字效果如图 2-73 所示。

(6) 用与步骤（4）～（5）相同的方法，将“春”字进行调整，调整后单击属性栏中的✓按钮，最终效果如图 2-74 所示。

图2-71 设置字体及字号后的效果

图2-72 选择的文字二

图2-73 文字调整后的效果

图2-74 调整后的最终效果一

(7) 选择【图层】/【文字】/【转换为形状】命令，将文字转换为形状图形，如图 2-75 所示。

> **说明** 在 Photoshop CS3 中，可以将输入的文字转换成工作路径和形状进行编辑，也可以将它进行栅格化处理。

(8) 选择 ↖ 工具，将鼠标指针移动到“恭”字上单击将其选择，然后将其向右调整至如图 2-76 所示的位置。

图2-75 转换为形状后的效果

图2-76 “恭”字调整后的位置

(9) 用与步骤（8）相同的方法，依次将“新”和“春”字进行调整，然后单击属性栏中的 ✓ 按钮，确认位置的移动，最终效果如图 2-77 所示。

(10) 选择 ↖ 工具，按住 Shift 键依次框选“贺”字上“口”字笔画中的节点，选择的节点将以实心黑点的形式显示，如图 2-78 所示。

图2-77　调整后的最终效果二

图2-78　选择的节点

(11) 按Delete键，将选择的“口”字笔划删除，效果如图 2-79 所示。

(12) 按Ctrl+O组合键，打开教学素材“图库\项目 2”目录下名为“剪纸.jpg”的图片文件，如图 2-80 所示。

(13) 选择工具，并将属性栏中【连续】复选框的勾选取消，然后将鼠标指针移动到画面中的白色区域单击，创建如图 2-81 所示的选区。

图2-79　删除笔画后的效果

图2-80　打开的图片五

图2-81　创建的选区

(14) 按Shift+Ctrl+I组合键，将选区反选，然后选择工具，将鼠标指针移动到选区内按下鼠标左键并向“喜庆背景”文件中拖动，将选择的剪纸图案移动复制到“喜庆背景”文件中。

(15) 在【图层】面板中激活按钮，锁定图像的像素，然后为图像填充白色，将剪纸图案的颜色设置为白色。

(16) 利用【移动】工具属性栏中的【显示变换控件】选项，将剪纸图案调整至合适的大小，然后移动到如图 2-82 所示的位置。

(17) 按Ctrl+O组合键，打开教学素材“图库\项目 2”目录下名为“福字.psd”的文件，如图 2-83 所示。

图2-82　剪纸图案调整后的大小及位置

图2-83　打开的图片六

(18) 利用工具将打开的图片移动复制到“喜庆背景”文件中，调整至如图2-84所示的形态及位置，然后单击属性栏中的按钮，确认图像的调整。

(19) 选择【图层】/【图层样式】/【描边】命令，弹出【图层样式】对话框，设置参数如图2-85所示，其中【颜色】选项右侧的色块为白色。

图2-84 调整后的形态及位置

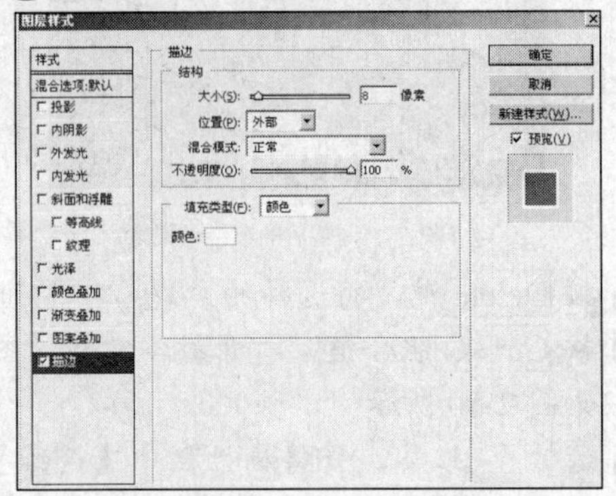

图2-85 【图层样式】对话框

(20) 单击 确定 按钮，图形描边后的效果如图2-86所示。

(21) 按住Shift键，在【图层】面板中单击“恭贺新春”层，将除“背景”层外的图层同时选择，如图2-87所示。

(22) 按Ctrl+Alt+E组合键，复制选择的图层并合并，此时的【图层】面板形态如图2-88所示。

图2-86 描边后的效果

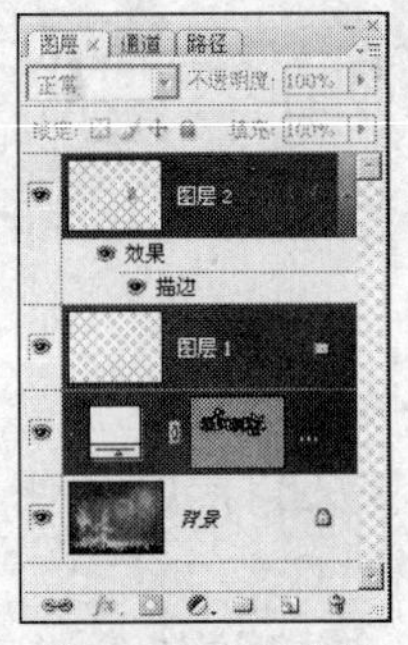

图2-87 选择的图层

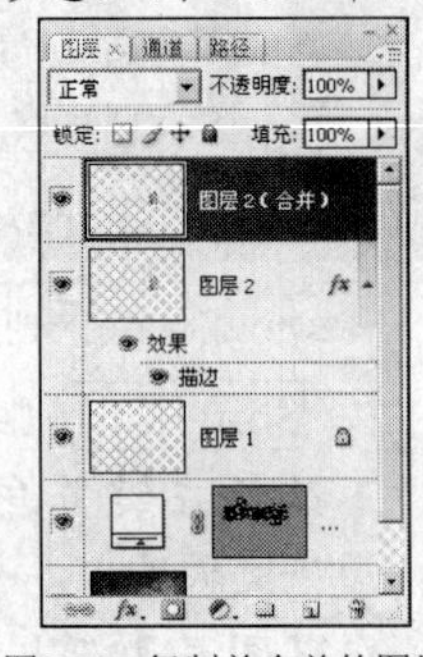

图2-88 复制并合并的图层

(23) 选择【图层】/【图层样式】/【投影】命令，弹出【图层样式】对话框，依次设置【投影】、【渐变叠加】和【描边】选项的参数如图2-89所示，其中【颜色】选项右侧的色块为白色。

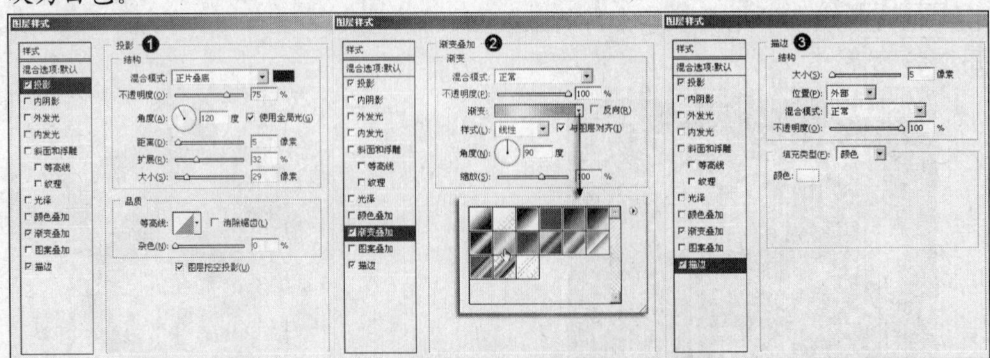

图2-89 设置的【图层样式】参数

(24) 单击 确定 按钮，添加图层样式后的图像效果如图 2-90 所示。

(25) 在【图层】面板中单击"图层 2"，将其设置为工作层，然后选择【图层】/【排列】/【置为顶层】命令，将"图层 2"调整至所有图层的上方，效果如图 2-91 所示。

图2-90 添加图层样式后的效果

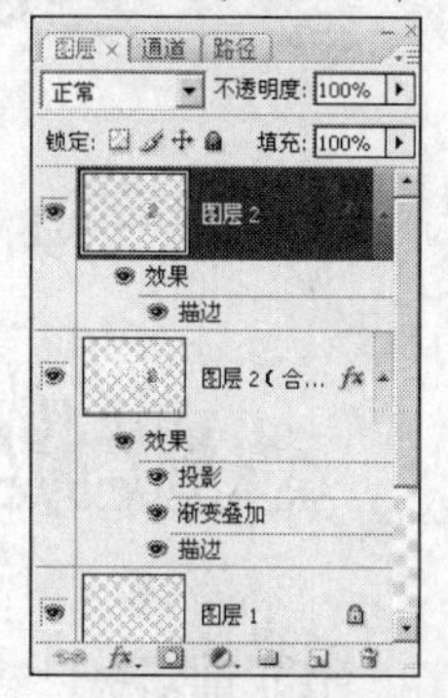

图2-91 调整图层堆叠顺序后的效果

(26) 选择【图层】/【图层样式】/【清除图层样式】命令，将"图层 2"中的"描边"效果清除，如图 2-92 所示。

(27) 至此，吊旗制作完成，整体效果如图 2-93 所示。

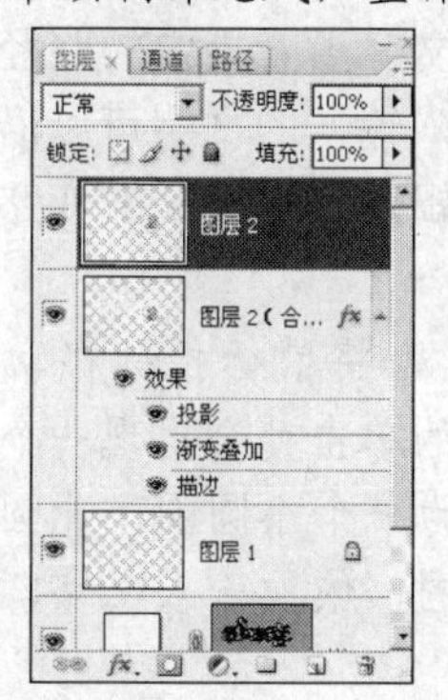

图2-92 去除"描边"后的效果

图2-93 制作的吊旗

(28) 按 Shift+Ctrl+S 组合键，将此文件命名为"吊旗.psd"另存。

【知识链接】

利用文字的变形功能，可以扭曲文字以生成扇形、弧形、拱形和波浪等各种不同形态的特殊文字效果。对文字应用变形后，还可随时更改文字的变形样式以改变文字的变形效果。

单击属性栏中的 按钮，弹出【变形文字】对话框，在此对话框中可以设置输入文字的变形效果。注意，此对话框中的选项默认状态都显示为灰色，只有在【样式】下拉列表中选择除【无】以外的其他选项后才可调整，如图 2-94 所示。

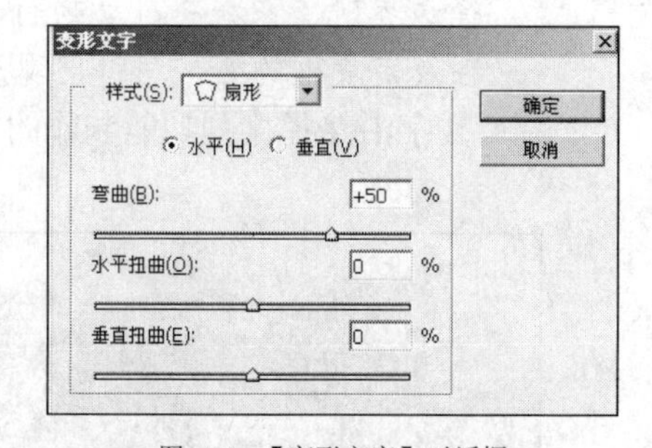

图2-94 【变形文字】对话框

- 【样式】: 此下拉列表中包含 15 种变形样式，选择不同样式产生的文字变形效果如图 2-95 所示。
- 【水平】和【垂直】: 设置文本在水平方向上，还是在垂直方向上变形。

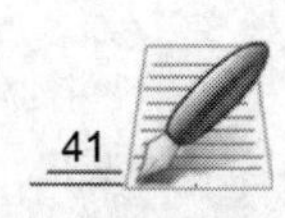

- 【弯曲】：设置文本扭曲的程度。
- 【水平扭曲】和【垂直扭曲】：设置文本在水平或垂直方向上的扭曲程度。

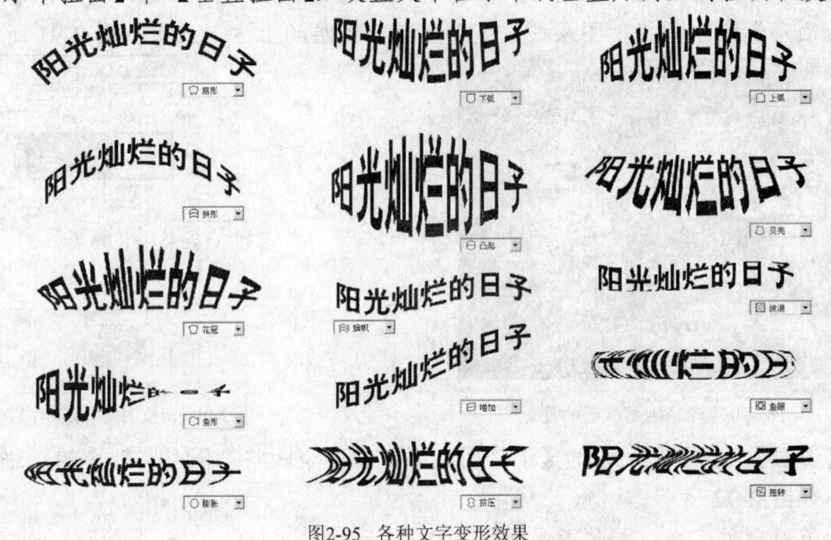

图2-95　各种文字变形效果

文字除能进行变形外，还可沿路径进行输入，即可以将文字沿着指定的路径放置。路径可以是由【钢笔】工具或【形状】工具绘制的任意工作路径，输入的文字可以沿着路径边缘排列，也可以在路径内部排列，并且可以通过移动路径或编辑路径形状来改变路径文字的位置和形状。

- 沿路径边缘输入文字的方法为：选择 T 或 IT 工具，将鼠标指针移动到路径上，当鼠标指针显示为 形状时单击，此时在路径的单击处会出现一个闪烁的插入点指针，此处为文字的起点，路径的终点会变为一个小圆圈，此圆圈表示文字的终点，从起点到终点就是路径文字的显示范围，依次输入文字，即可按照路径的走向排列。
- 在闭合路径内输入文字的方法为：选择 T 或 IT 工具，将鼠标指针移动到闭合路径内，当鼠标指针显示为 形状时单击指定插入点，此时在路径内会出现闪烁的指针，且路径外出现文字定界框，此时即可输入文字。当输入的文字至路径边界时，系统将自动换行，如果输入的文字超出了路径所能容纳的范围，路径及定界框的右下角将出现溢出图标。

利用文字沿路径排列功能制作的文字效果如图 2-96、图 2-97 所示。

图2-96　沿路径边缘输入的文字

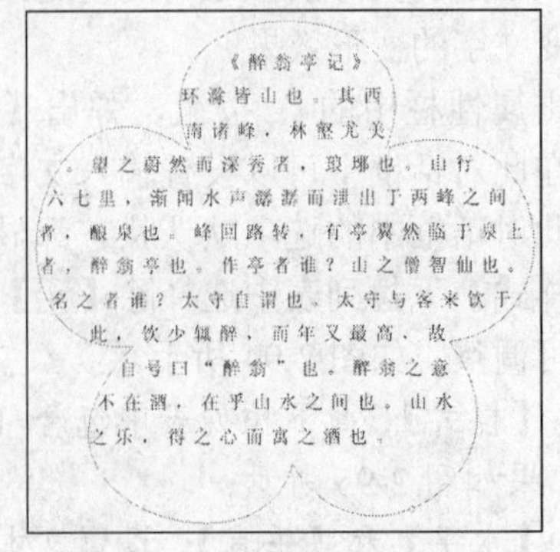

图2-97　在闭合路径内输入的文字

项目实训——设计手机广告

参考本项目范例的操作过程，灵活运用各选区工具、画笔工具及文字工具，读者自己动手设计出如图 2-98 所示的手机广告。

图2-98　设计的手机宣传广告

【步骤提示】

(1) 新建文件后，利用 工具为背景自上向下填充由红色（#ff0000）到深黄色（#ffc600）的渐变色。

(2) 打开教学素材“图库\项目 2”目录下名为“礼花.jpg”的图片文件。

(3) 选择【选择】/【色彩范围】命令，弹出【色彩范围】对话框，将鼠标指针移动到画面中的黄色礼花上单击拾取黄色，然后设置【颜色容差】选项的值如图 2-99 所示。

(4) 单击 确定 按钮，创建的选区形态如图 2-100 所示。

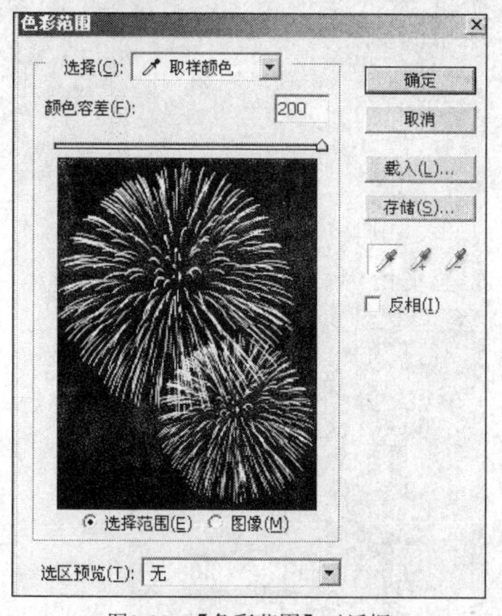

图2-99　【色彩范围】对话框

图2-100　创建的选区形态

(5) 利用 工具将选择的礼花移动复制到新建的文件中，效果如图 2-101 所示，然后选择【图层】/【修边】/【移去黑色杂边】命令，将图像边缘的黑色杂边去除，效果如图 2-102 所示。

图2-101 移动到新文件中的效果

图2-102 去除黑色杂边后的效果

(6) 打开教学素材“图库\项目 2”目录下名为“福.jpg”的图片文件，然后利用 工具将“福”字选择并移动复制到新建的文件中。

(7) 利用 T 工具输入文字，然后将其与“福”字图像组合，制作出如图 2-103 所示的“2009”效果。

(8) 打开教学素材“图库\项目 2”目录下名为“贺岁.jpg”的图片文件，然后利用 工具将“贺岁”文字选择并移动复制到新建的文件中。

(9) 利用【图层样式】命令为文字添加阴影效果，如图 2-104 所示。

图2-103 制作的文字效果

图2-104 制作的阴影效果

(10) 灵活运用 工具喷绘出如图 2-105 所示的星光及星星图形。

图2-105 喷绘的星光及星星图形

(11) 依次输入文字并进行编排，效果如图 2-106 所示。

图2-106　输入的文字二

(12) 灵活运用选区工具选择各手机图片，然后移动复制到新建的文件中进行排列，效果如图 2-107 所示。

图2-107　手机图片调整后的大小及位置

(13) 利用 工具绘制选区并填充红色，然后依次移动复制，效果如图 2-108 所示。

图2-108　绘制的图形三

(14) 灵活运用 T 工具及复制图层并修改文字操作，依次为手机添加相应的文字，最终效果如图 2-109 所示。

图2-109　输入的文字三

习题

1. 灵活运用选区工具及文字工具，设计出如图 2-110 所示的汽车报纸广告。作品参见教学素材“作品\项目 2”目录下名为“操作题 02-1.psd”的文件。

图2-110 设计的汽车报纸广告

2. 灵活运用选区工具将需要的图像选出，然后利用文字工具依次输入文字，设计出如图 2-111 所示商场开业的挂旗。作品参见教学素材“作品\项目 2”目录下名为“操作题 02-2.psd”的文件。

图2-111 制作的挂旗

项目三 图像编辑处理

本项目主要介绍有关编辑和处理图像的工具和菜单命令。在图像处理过程中，将工具和菜单命令配合使用，可以大大提高工作效率。熟练掌握相关命令也是进行图像特殊艺术效果处理的关键。

学习目标

- ❖ 学习图像的复制与粘贴命令。
- ❖ 学习【裁剪】工具的使用方法。
- ❖ 学习【移动】工具的使用方法。
- ❖ 学习图像的变形变换操作。
- ❖ 学习图像的修饰和修复操作。
- ❖ 学习“大头贴”的制作方法。
- ❖ 学习易拉宝广告的设计方法。
- ❖ 学习艺术照的合成及处理方法。

任务一　制作“大头贴”

本任务主要利用【拷贝】和【贴入】命令来制作如图 3-1 所示的大头贴效果。

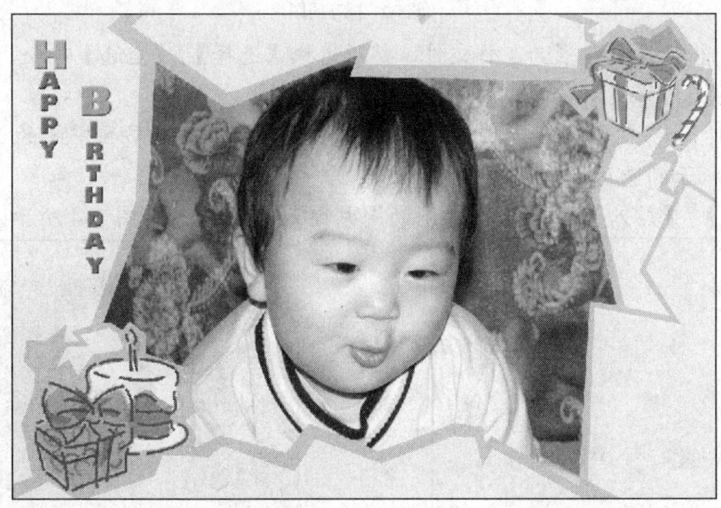

图3-1　大头贴效果

【知识准备】

图像的复制和粘贴主要包括【剪切】、【复制】、【粘贴】和【贴入】等命令，它们在实际工作中被频繁使用。在使用时要注意配合使用，如果要复制图像，就必须先将复制的图像通过【剪切】或【拷贝】命令保存到剪贴板上，然后再通过【粘贴】或【贴入】命令将剪贴板上的图像粘贴到指定的位置。

- 【剪切】命令：将图像中被选择的区域保存至剪贴板上，并删除原图像中被选择的图像，此命令适用于任何图形图像设计软件。
- 【拷贝】命令：将图像中被选择的区域保存至剪贴板上，原图像保留，此命令适用于任何图形图像设计软件。
- 【合并拷贝】命令：此命令主要用于图层文件。将选区中所有图层的内容复制到剪贴板中，在粘贴时，将其合并为一个图层进行粘贴。
- 【粘贴】命令：将剪贴板中的内容作为一个新图层粘贴到当前图像文件中。
- 【贴入】命令：使用此命令时，当前图像文件中必须有选区。将剪贴板中的内容粘贴到当前图像文件中，并将选区设置为图层蒙版。
- 【清除】命令：将选区中的图像删除。

【操作步骤】

(1) 打开教学素材“图库\项目 3”目录下名为“相册 01.jpg”和“照片 01.jpg”的文件，如图 3-2 所示。

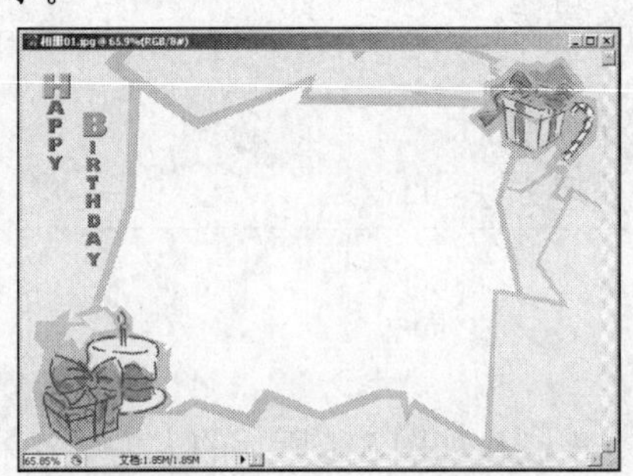

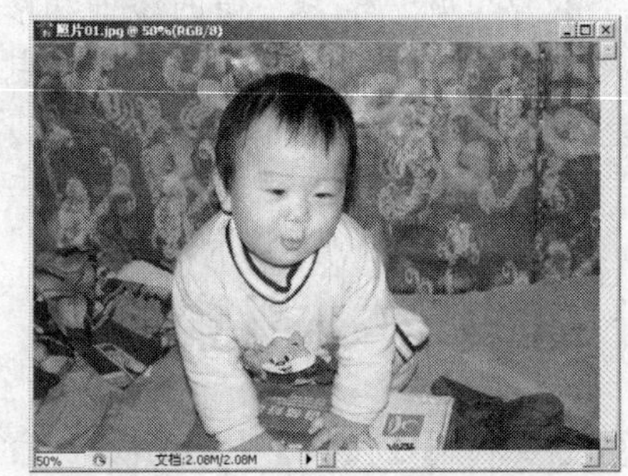

图3-2 打开的图片一

(2) 将“照片 01.jpg”文件设置为工作文件，然后选择【选择】/【全选】命令，将图片全选。

(3) 选择【编辑】/【拷贝】命令，将选择的图片复制。

(4) 将“相册 01.jpg”文件设置为工作文件，选择 工具，在画面中间的白色区域单击添加如图 3-3 所示的选区。

(5) 选择【编辑】/【贴入】命令，将复制的图片贴入选区内，如图 3-4 所示。

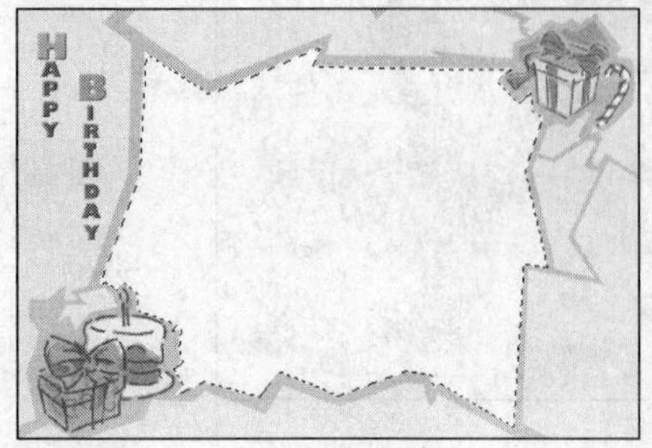

图3-3 添加的选区一

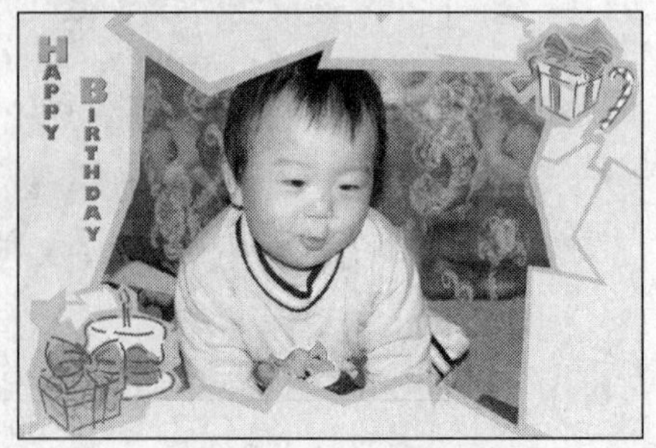

图3-4 贴入的图片

(6) 选择【编辑】/【自由变换】命令，给图片添加变换框，按住 Shift+Alt 组合键，将鼠标指针移动到变换框右上角的控制点上，按下鼠标左键向右上方拖动鼠标指针，将图片变大，如图 3-5 所示。

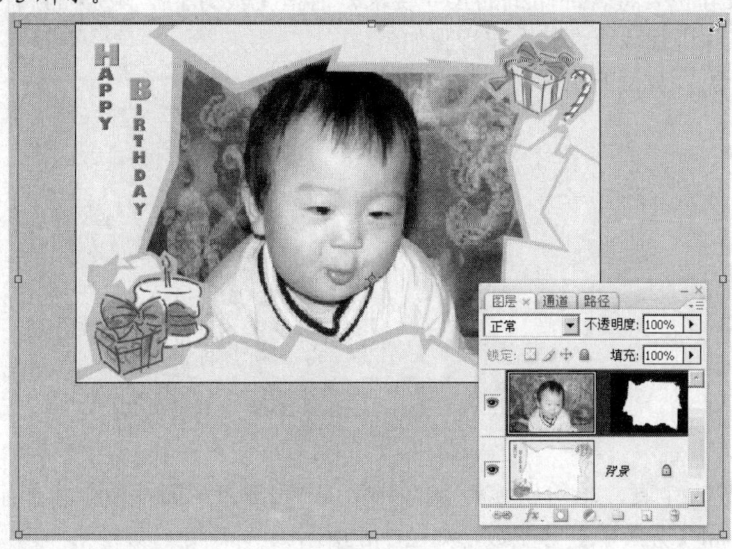

图3-5　将图片拖大

(7) 单击属性栏中的✓按钮，确定图片大小调整操作。

(8) 按 Shift+Ctrl+S组合键，将此文件命名为“大头贴 01.psd”另存。

【知识链接】

在作品绘制及照片处理中，【裁剪】工具是调整图像大小必不可少的工具。使用此工具可以对图像进行重新构图裁剪、按照固定的大小比例裁剪、旋转裁剪及透视裁剪等操作。

1. 重新构图裁剪照片

在照片处理过程中，当遇到主要景物太小，而周围的多余空间较大的照片时，就可以利用【裁剪】工具对其进行裁剪处理，使照片的主要内容更为突出，如图 3-6 所示。

图3-6　裁剪照片过程图

单击属性栏中的✓按钮可以确认对图像的裁剪，将鼠标指针移动到裁剪框内双击或按 Enter 键同样也可以完成裁剪操作。

2. 固定比例裁剪照片

照相机及照片冲印机都是按照固定的尺寸来拍摄和冲印的，所以当对照片进行后期处理时其照片的尺寸也要符合冲印机的尺寸要求，而在【裁剪】工具的属性栏中可以按照固定的比例对照片进行裁剪，其操作步骤如下。

(1) 打开需要裁剪的照片，如图 3-7 所示。

图3-7 打开的照片一

(2) 选择工具，单击属性栏中的 前面的图像 按钮，属性栏中将显示当前图像的【宽度】、【高度】和【分辨率】等参数，如图 3-8 所示。

宽度: 32.187 厘 ⇄ 高度: 21.458 厘 分辨率: 250 像素/英寸 前面的图像 清除

图3-8 【裁剪】工具的属性栏一

(3) 根据照片输出的需要可以设置属性栏中【分辨率】的参数，单击按钮，将【宽度】和【高度】参数相互交换，如图 3-9 所示。

宽度: 21.458 厘 ⇄ 高度: 32.187 厘 分辨率: 250 像素/英寸 前面的图像 清除

图3-9 【裁剪】工具的属性栏二

> 说明：属性栏中的【宽度】、【高度】和【分辨率】3 个选项可以全部设置，也可以全不设置或者只设置其中的一个或两个。如果【宽度】和【高度】选项没有设置，系统会按裁剪框与原图的比例自动设置其像素数；如果【分辨率】选项没有设置，裁剪后的图像会使用默认的分辨率。

(4) 将鼠标指针移动到画面中，按下鼠标左键并拖动，则按照设置的比例大小绘制裁剪框，如图 3-10 所示。单击属性栏中的按钮，确认图片裁剪操作，裁剪后的画面如图 3-11 所示。

图3-10 绘制出的裁剪框

图3-11 裁剪后的画面

3. 旋转裁剪倾斜的图像

在拍摄或扫描照片时，可能会由于某种失误而导致画面中的主体物出现倾斜的现象，此时可以利用【裁剪】工具 来进行旋转裁剪修整，其操作如下。

在画面中绘制一个裁剪框，先指定裁剪的大体位置，然后将鼠标指针移动到裁剪框外，当鼠标指针显示为旋转符号时按住鼠标左键并拖动，将裁剪框旋转到与画面中的地平线位置平行状态，如图 3-12 所示。单击属性栏中的✓按钮，确认图片的裁剪操作，矫正倾斜后的画面效果如图 3-13 所示。

图3-12　旋转后的裁剪框形态

图3-13　矫正倾斜后的画面效果

4. 透视裁剪倾斜的照片

在拍摄照片时，由于拍摄者所站的位置或角度不合适而经常会拍摄出具有严重透视的照片，对于此类照片也可以通过【裁剪】工具进行透视矫正，其操作如下。

(1) 打开需要裁剪的照片，如图 3-14 所示，在画面中绘制一个裁剪框，如图 3-15 所示。

图3-14　打开的照片二

图3-15　调整透视裁剪框

(2) 将属性栏中的 ☑透视 复选框勾选，然后依次调整裁剪框的控制点，使裁剪框与建筑物楼体垂直方向的边缘线平行，如图 3-16 所示。

(3) 按 Enter 键确认图片的裁剪操作，裁剪后的画面效果如图 3-17 所示。

图3-16　透视调整后的裁剪框

图3-17　裁剪后的图片

任务二　设计易拉宝广告

本任务主要利用【画笔】工具、【钢笔】工具、【转换点】工具和【文本】工具，并结合【编辑】/【自由变换】命令来设计如图 3-18 所示的易拉宝广告。

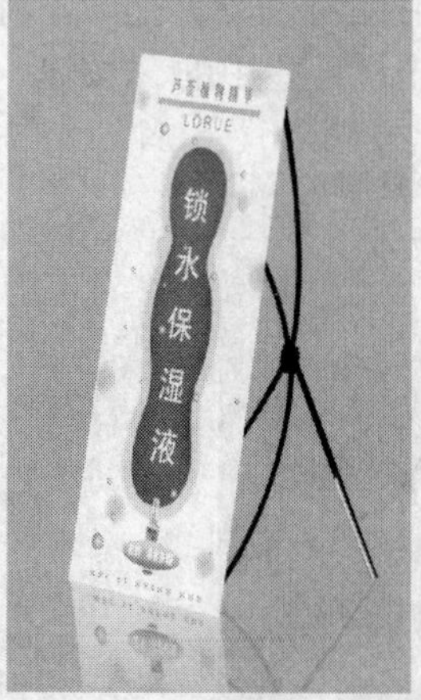

图3-18　设计的易拉宝立体效果

（一）　设计广告画面

【操作步骤】

(1) 新建一个【宽度】为“60 厘米”，【高度】为“150 厘米”，【分辨率】为“72 像素/英寸”，【颜色模式】为“RGB 颜色”，【背景内容】为“白色”的文件。

(2) 新建“图层 1”，再将前景色设置为黄绿色（#b2dab2），然后利用 工具，通过设置不同的笔头大小，依次喷绘出如图 3-19 所示的图形。

(3) 利用 和 工具，绘制并调整出如图 3-20 所示的路径，然后按 Ctrl+Enter 组合键，将路径转换为选区。

(4) 新建“图层 2”，为选区填充上绿色（#009c79），然后按 Ctrl+D 组合键，将选区去除，填充颜色后的效果如图 3-21 所示。

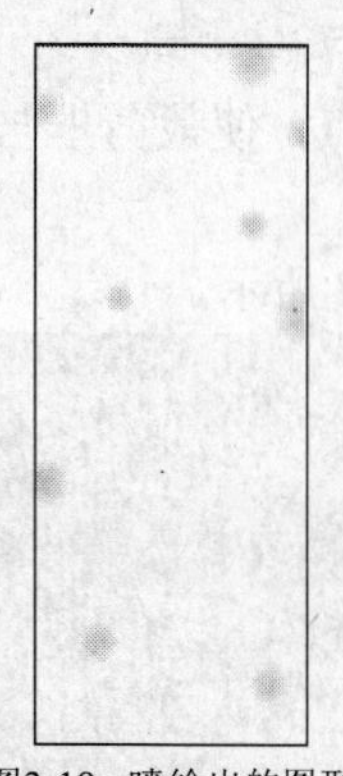

图3-19　喷绘出的图形

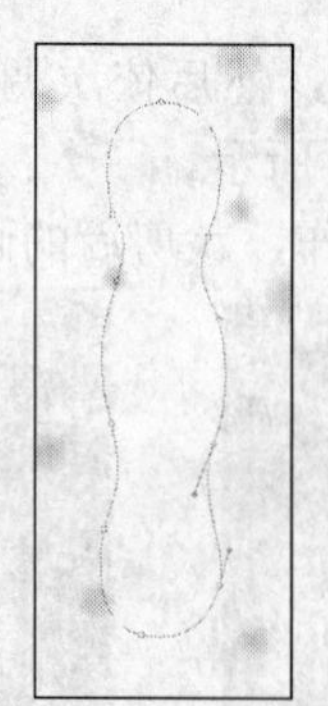

图3-20　绘制出的路径

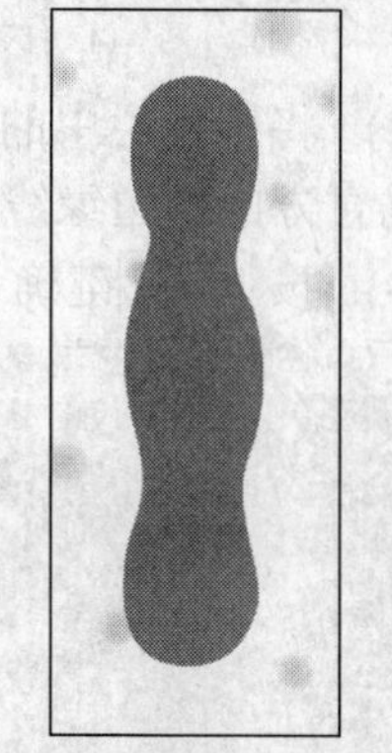

图3-21　填充颜色后的效果

(5) 选择【图层】/【图层样式】/【外发光】命令，弹出【图层样式】对话框，设置各选项及参数如图 3-22 所示。

(6) 单击[确定]按钮，添加图层样式后的图像效果如图 3-23 所示。

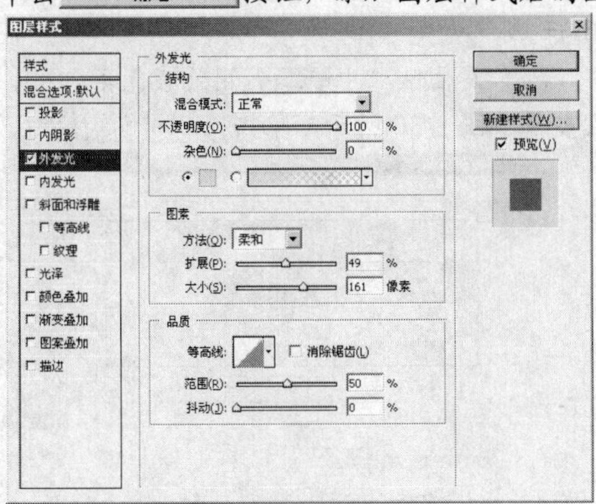

图3-22　【图层样式】对话框

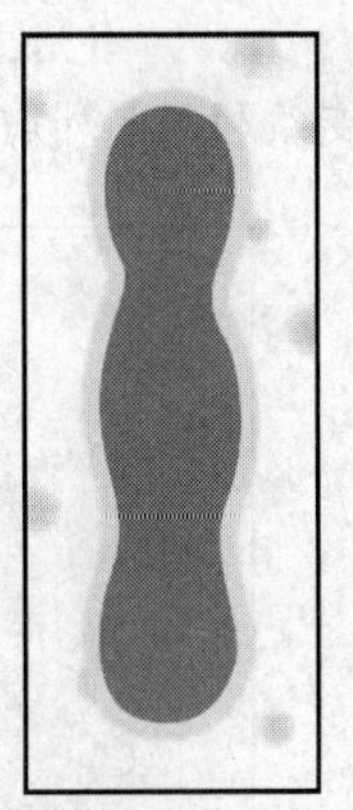

图3-23　添加图层样式后的图像效果

(7) 选择工具，设置属性栏中的各选项及参数如图 3-24 所示，然后在“图层 2”中的图像上按住鼠标左键并拖动，涂抹出图像的暗部区域，效果如图 3-25 所示。

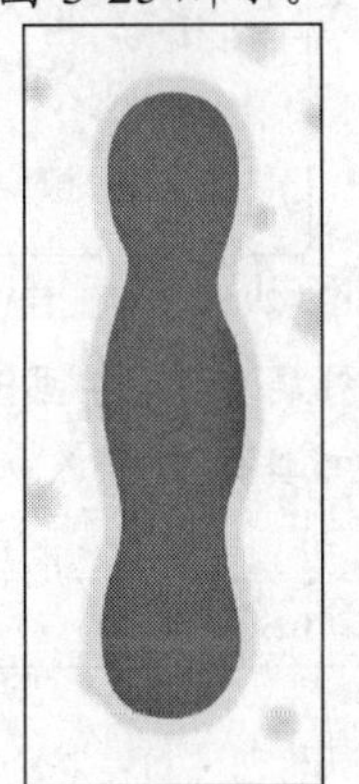

图3-25　涂抹后的图像效果

范围: 中间调　曝光度: 30%

图3-24　【加深】工具的属性栏

(8) 按 Ctrl+T 组合键，为“图层 2”中的图像添加自由变换框，并将其调整至如图 3-26 所示的形态，然后按 Enter 键确认图像的缩小变换操作。

(9) 新建“图层 3”，然后利用工具绘制出如图 3-27 所示的浅绿色（#6fde81）矩形。

(10) 新建“图层 4”，然后利用工具绘制出如图 3-28 所示的椭圆形选区。

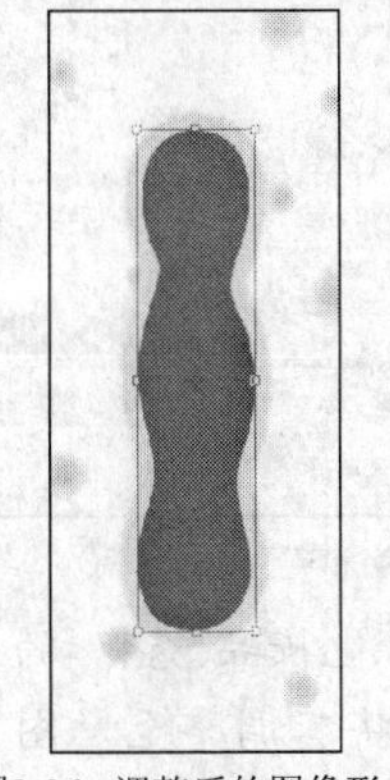

图3-26　调整后的图像形态

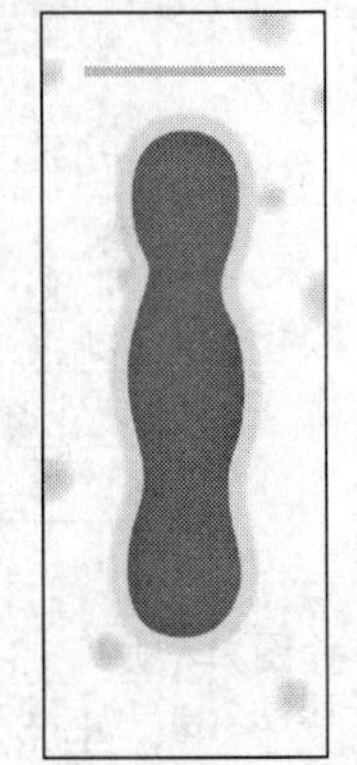

图3-27　绘制出的图形

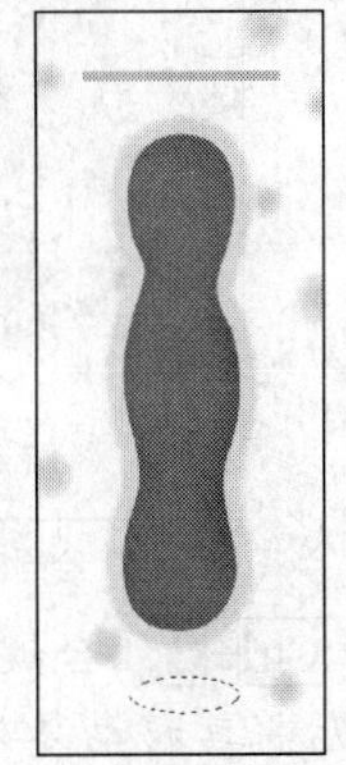

图3-28　绘制出的选区

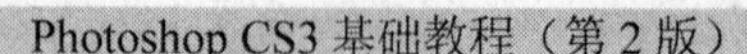

(11) 利用 工具，为选区由下至上填充从黄绿色（#cde4c6）到绿色（#009c79）的线性渐变色，然后将选区去除，效果如图 3-29 所示。

(12) 选择 工具，激活属性栏中的 按钮，再单击属性栏中 的颜色条部分，弹出【渐变编辑器】对话框，设置各选项及参数如图 3-30 所示，单击 确定 按钮。

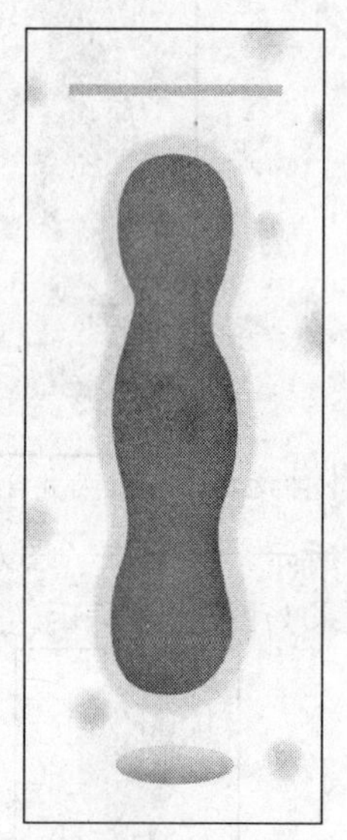

图3-29 填充渐变色后的效果

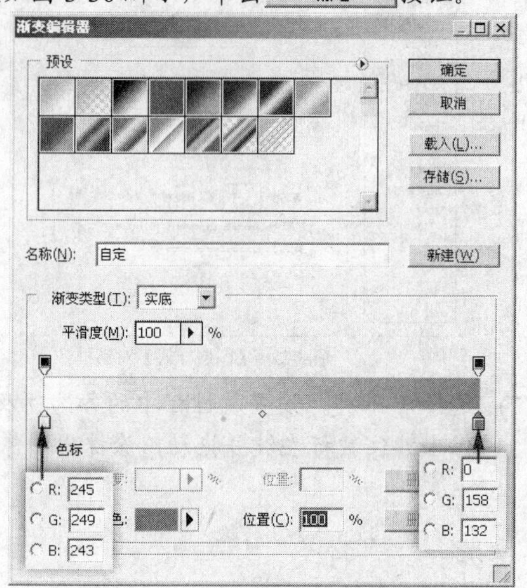

图3-30 【渐变编辑器】对话框

(13) 新建"图层 5"，在画面中按住鼠标左键并拖动，依次绘制出如图 3-31 所示的圆形。

(14) 利用 T 工具依次输入如图 3-32 所示的汉字和英文字母。

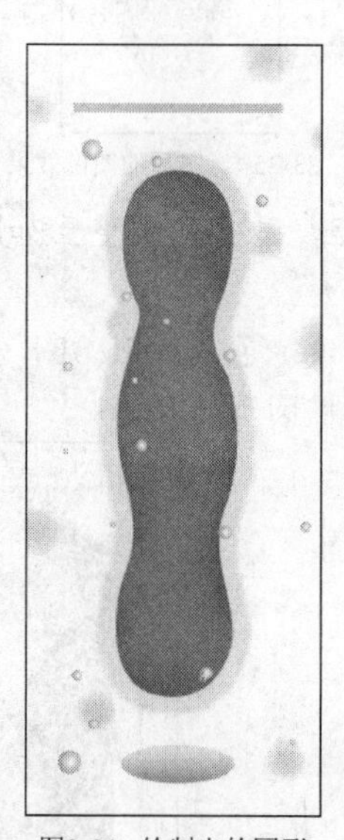

图3-31 绘制出的圆形

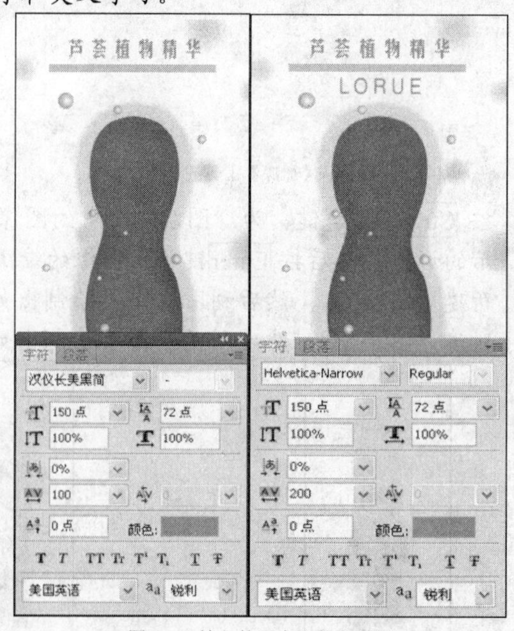

图3-32 输入的汉字和英文字母

(15) 按 Ctrl+O 组合键，打开教学素材"图库\项目 3"目录下名为"化妆品.psd"的文件，然后将其移动复制到"未标题-1"文件中，生成"图层 6"，并将其调整至"图层 3"的下方。

(16) 按 Ctrl+T 组合键，为移动复制入的图片添加自由变换框，再按住 Shift 键，将其调整至如图 3-33 所示的大小，按 Enter 键，确认图像的缩小操作。

图3-33 调整后的图像形态一

(17) 利用 T 工具依次输入如图 3-34 所示的英文字母。

(18) 利用 IT 工具输入如图 3-35 所示的垂直排列的白色文字。

(19) 至此，易拉宝广告画面已设计完成，按 Ctrl+S 组合键，将此文件命名为“易拉宝画面.psd”保存。

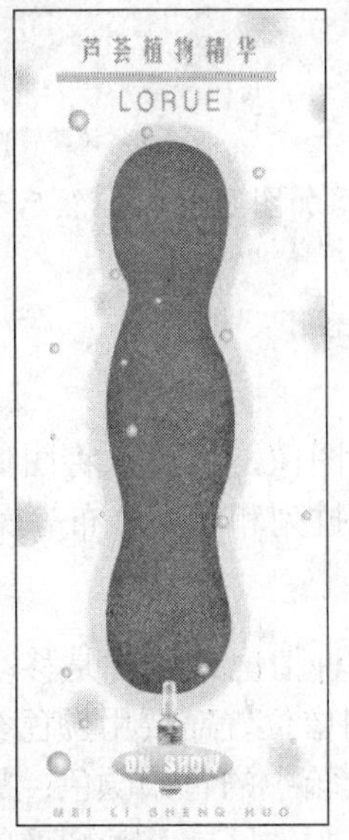

图3-34 输入的英文字母

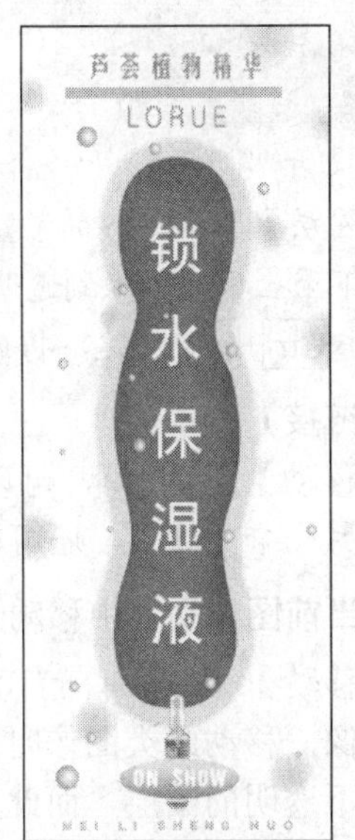

图3-35 输入的文字

（二） 制作易拉宝

下面来制作易拉宝广告的立体效果。

【操作步骤】

(1) 接上例。按 Ctrl+O 组合键，打开教学素材“图库\项目 3”目录下名为“展架 001.jpg”的图片文件，如图 3-36 所示。

(2) 将“易拉宝画面.psd”文件设置为工作状态，按 Shift+Ctrl+E 组合键，将其所有图层合并为“背景”层，然后将其移动复制到“展架”文件中生成“图层 1”。

(3) 按 Ctrl+T 组合键，为移动复制入的图像添加自由变换框，再按住 Ctrl 键将其调整至如图 3-37 所示的形态，然后按 Enter 键确认图像的透视变换操作。

(4) 将“图层 1”复制生成为“图层 1”副本，然后选择【编辑】/【变换】/【垂直翻转】命令，将复制出的图像垂直翻转。

(5) 按 Ctrl+T 组合键，为翻转后的图像添加自由变换框，再按住 Ctrl 键将其调整至如图 3-38 所示的形态，然后按 Enter 键确认图像的透视变换操作。

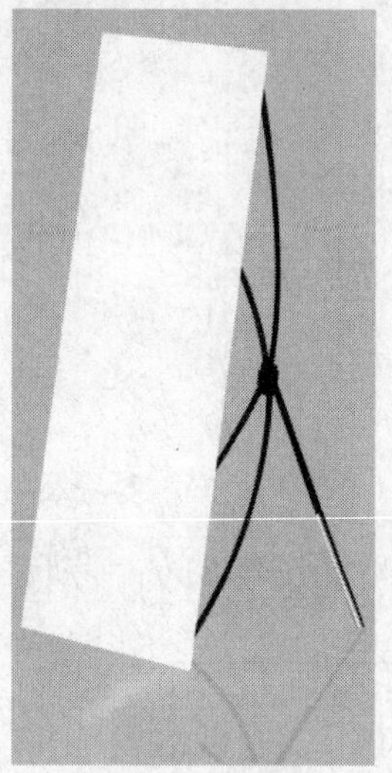

图3-36 打开的图片二

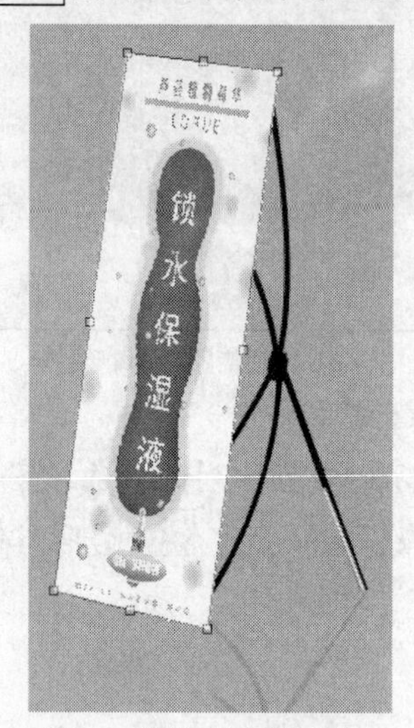

图3-37 调整后的图像形态二

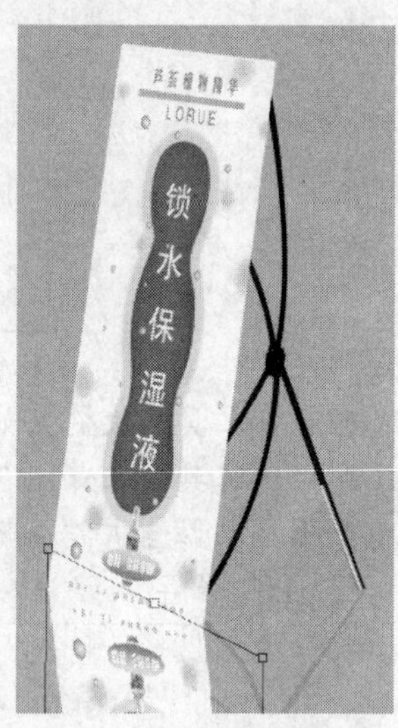

图3-38 调整后的图像形态三

(6) 单击【图层】面板下方的按钮，为“图层 1 副本”添加图层蒙版，然后利用工具为蒙版由下至上填充从黑到透明的线性渐变色。

(7) 按 Shift+Ctrl+S 组合键，将此文件命名为“易拉宝立体.psd”另存。

【知识链接】

利用【移动】工具，可以在当前文件中移动或复制图像，也可以将图像由一个文件移动复制到另一个文件中，还可以对选择的图像进行变换、排列和对齐分布等操作。

1. 在当前图像文件中移动选择的图像

利用【移动】工具在当前图像文件中移动图像分两种情况：一种是移动“背景”层选区内的图像，移动此类图像时，图像被移动位置后，原图像位置需要用颜色补充出来，因为背景层是不透明的图层，而此处所补充显示的颜色为工具箱中的背景颜色；另一种情况是移动“图层”中的图像，当移动此类图像时，可以不需要添加选区就移动图像的位置，但移动“图层”中图像的局部位置时，也是需要添加选区才能够移动的。

2. 在两个文件之间移动复制图像

利用【移动】工具可以把图层或选择的图像移动到指定的图像文件中，其操作方法

非常简单，选择图像后在图像上按下鼠标左键直接向另一个文件中拖动，释放鼠标左键后即可完成图像在两个文件之间的移动复制操作。

3. 【移动】工具的属性栏

【移动】工具的属性栏如图 3-39 所示。

☐自动选择: 组 ☐显示变换控件

图3-39 【移动】工具的属性栏

在默认状态下，【移动】工具属性栏中只有【自动选择】和【显示变换控件】两个复选框可用，右侧的对齐和分布按钮只有在打开具有 3 个图层（含 3 个）以上的文件，且在【图层】面板中同时选择了这些图层之后才可用。

- 【自动选择】：用于设置自动选择组或图层。在图像文件中移动图像时，可以自动将图像所在的组或图层设置为工作组或图层。
- 【显示变换控件】：选择此复选框，将根据工作层（背景层除外）图像或选区大小出现虚线变换框。变换框的四周有 8 个小矩形，称为调节点；中间的 ✧ 符号为调节中心。在变换框的调节点上拖动鼠标指针，可以对变换框内的图像进行变换调节。

说明　在使用工具箱中的其他工具时（除【切片】工具、【抓手】工具、【路径】工具和【形状】工具外），按住 Ctrl 键可以暂时切换为【移动】工具。

4. 图像的变换

在绘图过程中经常需要对图像进行变换操作，从而使图像的大小、方向、形状或透视符合作图要求。在 Photoshop CS3 中，变换图像的方法有两种，一是直接利用【移动】工具变换图像；另一种是利用菜单命令变换图像。无论使用哪种方法，都可以得到相同的变换效果。

- 在使用【移动】工具变换图像时，若勾选属性栏中的 ☑显示变换控件 复选框，图像文件中将根据工作层（背景层除外）或选区内的图像显示变换框。在变换框的调节点上按住鼠标左键，变换框将由虚线变为实线，此时拖动变换框周围的调节点就可以对变换框内的图像进行变换。
- 选择【编辑】/【自由变换】命令，或选择【编辑】/【变换】命令中的【缩放】、【旋转】或【斜切】等子命令，也可以对图像进行相应类型的变换操作。

5. 图像变换命令

选择【编辑】/【自由变换】命令或将图像的虚线变换框转换为实线变换框之后，可以直接利用鼠标对图像进行变换操作，各种变换形态的具体操作如下。

(1) 缩放图像。

将鼠标指针放置到变换框各边中间的调节点上，待指针显示为 ↔ 或 ↕ 形状时，按下鼠标左键左右或上下拖动鼠标指针，可以水平或垂直缩放图像。将鼠标指针放置到变换框 4 个角的调节点上，待指针显示为 ⤡ 或 ⤢ 形状时，按下左键拖动鼠标指针，可以任意缩放图像；此时，按住 Shift 键可以等比例缩放图像；按住 Alt+Shift 组合键可以以变换框的调节中心为基准等比例缩放图像。

(2) 旋转图像。

将鼠标指针移动到变换框的外部，待指针显示为 ↱ 或 ↶ 形状时拖动鼠标指针，可以围

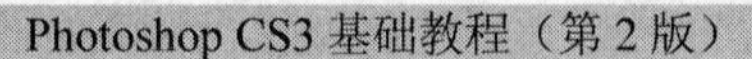

绕调节中心旋转图像。若按住 Shift 键旋转图像，可以使图像按 15° 角的倍数旋转。

在【编辑】/【变换】命令的子菜单中选择【旋转 180 度】、【旋转 90 度（顺时针）】、【旋转 90 度（逆时针）】、【水平翻转】或【垂直翻转】等命令，可以将图像旋转 180°、顺时针旋转 90°、逆时针旋转 90°、水平翻转或垂直翻转。

(3) 斜切图像。

选择【编辑】/【变换】/【斜切】命令，或按住 Ctrl+Shift 组合键调整变换框的调节点，可以将图像斜切变换；按住 Ctrl+Alt 组合键调整调节点，可以对图像进行对称的斜切变换。

(4) 扭曲图像。

选择【编辑】/【变换】/【扭曲】命令，或按住 Ctrl 键调整变换框的调节点，可以对图像进行扭曲变形。

(5) 透视图像。

选择【编辑】/【变换】/【透视】命令，或按住 Ctrl+Alt+Shift 组合键调整变换框的调节点，可以使图像产生透视变换效果。

(6) 变形图像。

选择【编辑】/【变换】/【变形】命令，或激活属性栏中的【在自由变换和变形模式之间切换】按钮，变换框将转换为变形框，通过调整变形框 4 个角上的调节点的位置以及控制柄的长度和方向，可以使图像产生各种变形效果。

另外，在属性栏中的 自定 下拉列表中选择一种变形样式，还可以使图像产生相应的更多变形效果。

(7) 变换命令属性栏。

选择【编辑】/【自由变换】命令，属性栏如图 3-40 所示。

X: 250.0 px　Y: 215.5 px　W: 100.0%　H: 100.0%　0.0 度　H: 0.0 度　V: 0.0 度

图3-40 【自由变换】命令属性栏

- 【参考点位置】图标：中间的黑点表示调节中心在变换框中的位置，在任意白色小点上单击，可以定位调节中心的位置。另外，将鼠标指针移动至变换框中间的调节中心上，待鼠标指针显示为形状时拖动，可以在图像中任意移动调节中心的位置。
- 【X】、【Y】：用于精确定位调节中心的坐标。
- 【W】、【H】：分别控制变换框中的图像在水平方向和垂直方向缩放的百分比。激活【保持长宽比】按钮，可以保持图像的长宽比例来缩放。
- 【旋转】按钮：用于设置图像的旋转角度。
- 【H】、【V】：分别控制图像的倾斜角度，【H】表示水平方向，【V】表示垂直方向。
- 【在自由变换和变形之间切换】按钮：激活此按钮，可以由自由变换模式切换为变形模式；取消其激活状态，可再次切换到自由变换模式。

任务三　设计艺术照

本任务主要利用【污点修复画笔】工具、【减淡】工具、【移动】工具及一些图像编辑命令来设计如图 3-41 所示的艺术照。

图3-41　设计的艺术照

【知识准备】

在工具箱中有一部分工具是编辑和修饰图像的工具，这些工具的主要功能是对有缺陷的图像进行修复、修饰或进一步编辑，可以使原图像得到更理想的效果或处理成更加漂亮的艺术效果。下面先介绍一下本任务设计所用到的两个编辑图像的工具。

- 【修复画笔】工具：使用此工具，可以用复制的图像或已经定义的图案对图像进行修复处理。
- 【减淡】工具：使用此工具在图像文件中单击并拖动，可以对鼠标指针经过的区域进行提亮加光处理，从而使图像变亮。

【操作步骤】

(1) 打开教学素材“图库\项目 3”目录下名为“照片 06.jpg”的文件。

(2) 利用工具将人物照片的面部放大显示，来观察一下是否有瑕疵，如图 3-42 所示。

(3) 通过观察发现，在新郎的面部皮肤上有一些雀斑，选择【污点修复画笔】工具，在面部的雀斑位置单击，即可把雀斑去除，使用相同的操作，把面部所有的雀斑全部去除，如图 3-43 所示。

图3-42　放大观察面部

图3-43　去除雀斑后的效果

(4) 选择【减淡】工具，设置属性栏中的【画笔】大小为“80 px”，【范围】选项为“中间调”，【不透明度】参数为“30%”。

(5) 按下鼠标左键在人物面部皮肤的受光部位拖动，增加亮度，增加前后的对比效果如图 3-44 所示。

图3-44　增加亮度后的对比效果

(6) 选择【滤镜】/【锐化】/【USM 锐化】命令，弹出【USM 锐化】对话框，设置参数如图 3-45 所示。

(7) 单击 确定 按钮，锐化前后的对比效果如图 3-46 所示。

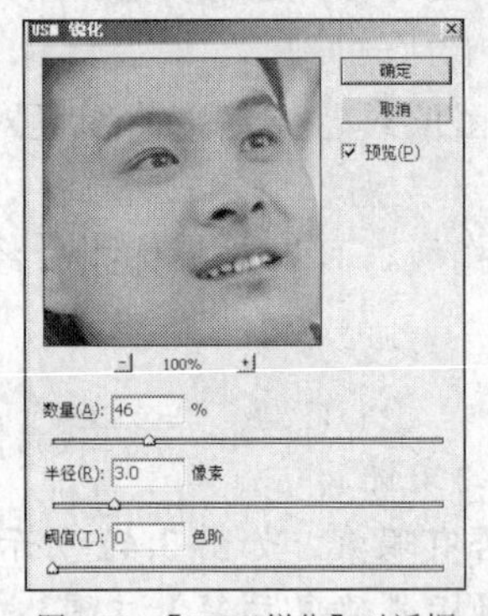

图3-45　【USM 锐化】对话框

图3-46　锐化前后的对比效果

(8) 选择【选择】/【全选】命令，然后再选择【编辑】/【拷贝】命令。

(9) 打开教学素材“图库\项目 3”目录下名为“相册 02.psd”的文件，如图 3-47 所示。

(10) 选择工具，在画面左边的边框里面单击添加选区，如图 3-48 所示。

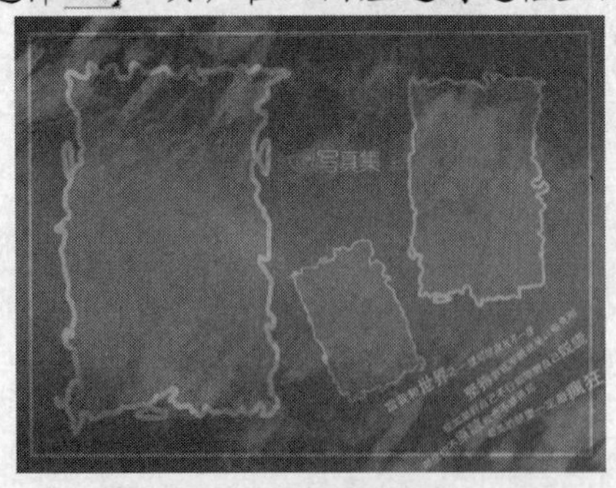

图3-47　打开的图片三

图3-48　添加的选区二

(11) 选择【编辑】/【贴入】命令，将复制的照片贴入到如图 3-49 所示的位置。

(12) 选择工具，勾选属性栏中的 ☑显示变换控件 复选框，在图片的周围出现虚线形态的变换框，将鼠标指针放置在变换框的右上角的控制点上按下鼠标左键向左下方拖动，将图片缩小，如图 3-50 所示。

图3-49　贴入的照片

图3-50　缩小图片

(13) 打开教学素材“图库\项目 3”目录下名为“照片 07.jpg”和“照片 08.jpg”的文件。

(14) 使用相同的操作方法，将照片合成到“相册 02.psd”文件中，如图 3-51 所示。

图3-51　艺术相册

(15) 按 Shift+Ctrl+S 组合键，将此文件命名为“艺术相册.psd”另存。

【知识链接】

1.　【污点修复画笔】工具

【污点修复画笔】工具的使用方法非常简单，选择该工具直接在有污点的图像位置单击即可把污点去除，该工具的属性栏如图 3-52 所示。

图3-52　【污点修复画笔】工具的属性栏

- 【类型】：点选【近似匹配】单选钮，将自动选择相匹配的颜色来修复图像中的缺陷；点选【创建纹理】单选钮，在修复图像缺陷后会自动生成一层纹理。
- 【对所有图层取样】：勾选此复选框，可以在所有可见图层中取样；不勾选此复选框，则只能在当前图层中取样。

2.　【修复画笔】工具

【修复画笔】工具与【污点修复画笔】工具的修复原理基本相似，都是将目标位置的图像与修复位置的图像进行融合后得到理想的匹配效果。但使用【修复画笔】工具时需要先设置取样点，即按住 Alt 键，用鼠标指针在取样点位置单击（鼠标单击处的位置为复制图像的取样点），松开 Alt 键，然后在需要修复的图像位置按住鼠标左键拖动，即可对图像中的缺陷进行修复，并使修复后的图像与取样点位置图像的纹理、光照、阴影和透明度相匹配，从而使修复后的图像不留痕迹地融入图像中。此工具对于较大面积的图像缺陷修复

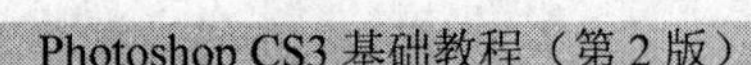

也非常有效。【修复画笔】工具的属性栏如图 3-53 所示。

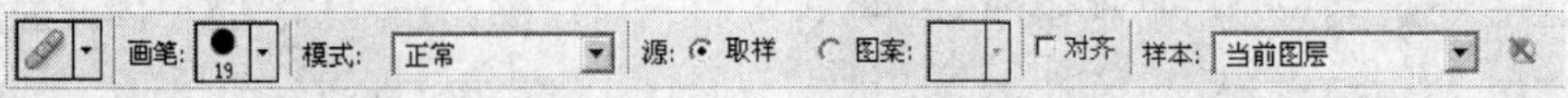

图3-53 【修复画笔】工具的属性栏

- 【源】：点选【取样】单选钮，然后按住 Alt 键在适当位置单击，可以将该位置的图像定义为取样点，以便用定义的样本来修复图像；点选【图案】单选钮，可以在其右侧的图案窗口中选择一种图案来与图像混合得到图案混合的修复效果。
- 【对齐】：勾选此复选框，将进行规则图像的复制，即多次单击或拖动鼠标指针，最终将复制出一个完整的图像，若想再复制一个相同的图像，必须重新取样；若不勾选此复选框，则进行不规则复制，即多次单击或拖动鼠标指针，每次都会在相应位置复制一个新图像。

3. 【红眼】工具

在夜晚或光线较暗的房间里拍摄人像照片时，由于视网膜的反光作用，往往会出现红眼效果，而利用【红眼】工具可以迅速地修复这种红眼效果。其使用方法非常简单，在工具箱中选择工具，在属性栏中设置合适的【瞳孔大小】和【变暗量】选项后，在人物的红眼位置单击一下即可校正红眼。【红眼】工具的属性栏如图 3-54 所示。

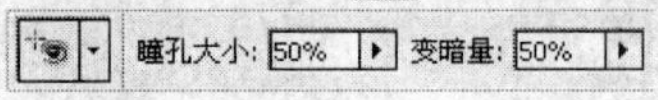

图3-54 【红眼】工具的属性栏

- 【瞳孔大小】：用于设置增大或减小受红眼工具影响的区域。
- 【变暗量】：用于设置校正的暗度。

4. 【修补】工具

利用【修补】工具可以用图像中相似的区域或图案来修复有缺陷的部位或制作合成效果，与【修复画笔】工具一样，【修补】工具会将设定的样本纹理、光照和阴影与源图像区域进行混合后得到理想的效果，【修补】工具的属性栏如图 3-55 所示。

图3-55 【修补】工具的属性栏

- 【修补】：点选【源】单选钮，将用图像文件中指定位置的图像来修复选区内的图像，即将鼠标指针放置在选区内，按住鼠标左键将其拖动到用来修复图像的指定区域，释放鼠标左键后会自动用指定区域的图像来修复选区内的图像；点选【目标】单选钮，将用选区内的图像修复图像文件中的其他区域，即将鼠标指针放置在选区内，按住鼠标左键将其拖动到需要修补的位置，释放鼠标左键后会自动用选区内的图像来修复鼠标释放处的图像。
- 【透明】：勾选此复选框，在复制图像时，复制的图像将产生透明效果；若不勾选此项，复制的图像将覆盖原来的图像。
- 使用图案 按钮：创建选区后，在右侧的图案面板中选择一种图案类型，然后单击此按钮，可以用指定的图案修补源图像。

5. 【颜色替换】工具

【颜色替换】工具可以对图像中的特定颜色进行替换。其使用方法是，在工具箱中

选择工具，设置为图像要替换的颜色，在属性栏中设置【画笔】笔头、【模式】、【取样】、【限制】、【容差】等各选项，在图像中要替换颜色的位置按住鼠标左键并拖动，即可用设置的前景色替换鼠标指针拖动位置的颜色。【颜色替换】工具的属性栏如图 3-56 所示。

图3-56　【颜色替换】工具的属性栏

- 【取样】按钮：用于指定替换颜色取样区域的大小。激活【连续】按钮，将连续取样来对鼠标拖动经过的位置替换颜色；激活【一次】按钮，只替换第一次单击取样区域的颜色；激活【背景色板】按钮，只替换画面中包含有背景色的图像区域。
- 【限制】：用于限制替换颜色的范围。选择【不连续】选项，将替换出现在鼠标指针下任何位置的颜色；选择【连续】选项，将替换与紧挨鼠标指针下的颜色邻近的颜色；选择【查找边缘】选项，将替换包含取样颜色的连接区域，同时更好地保留图像边缘的锐化程度。
- 【容差】：指定替换颜色的精确度，此值越大替换的颜色范围越大。
- 【消除锯齿】：可以为替换颜色的区域指定平滑的边缘。

6.　【历史记录画笔】工具

对于做画册或数码设计工作的人员，修复人物皮肤是经常要做的工作，如果用【图章】或【修复画笔】工具一点点修，不仅会花很多时间，而且最后出来的效果还不一定好，如果工具使用不灵活，还会导致脸上一大块一大块的色斑。那么有没有办法一次就能把雀斑全部清除掉并仍然完整保持脸部皮肤上光滑细腻的感觉呢？当然有，那就是利用【历史记录画笔】工具和【历史记录】面板相结合，就能一次全部清除人物脸上的痘痘或者其他的雀斑。

7.　【历史记录艺术画笔】工具

利用【历史记录艺术画笔】工具可以给图像加入绘画风格的艺术效果，表现出一种画笔的笔触质感。选用此工具，只需在图像上拖动鼠标指针即可完成非常漂亮的艺术图像制作。【历史记录艺术画笔】工具的属性栏如图 3-57 所示。

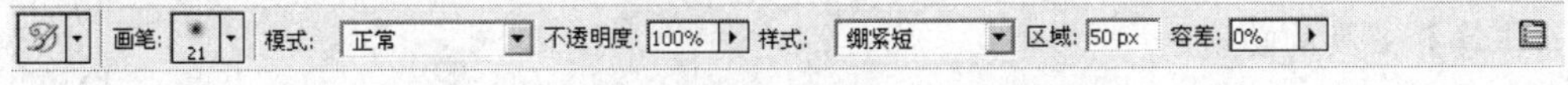

图3-57　【历史记录艺术画笔】工具的属性栏

- 【样式】：设置【历史记录艺术画笔】工具的艺术风格。
- 【区域】：指【历史记录艺术画笔】工具所产生艺术效果的感应区域，数值越大，产生艺术效果的区域越大，反之越小。
- 【容差】：限定原图像色彩的保留程度，数值越大与原图像越接近。

8.　【仿制图章】工具

【仿制图章】工具的功能是复制和修复图像，它通过在图像中按照设定的取样点来覆盖原图像或应用到其他图像中来完成图像的复制操作。【仿制图章】工具的属性栏如图 3-58 所示。

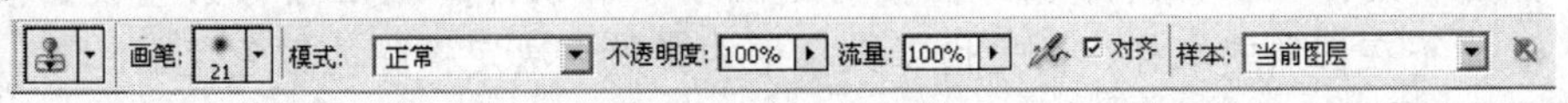

图3-58　【仿制图章】工具的属性栏

- 【对齐】：勾选此复选框，复制出的图像是规则的，即多次单击或拖动鼠标指

针，最终只能按照一个指定的位置复制出一个完整的图像，若想再复制一个相同的图像，必须重新取样；不勾选此复选框，复制的图像则是不规则的，即多次单击或拖动鼠标时，每次都会在相应位置复制一个新图像。

- 【样本】：设置从指定的图层中取样。选择【当前图层】选项时，是在当前图层中取样；选择【当前和下方图层】选项时，是从当前图层及其下方图层中的所有可见图层中取样；选择【所有图层】选项时，是从所有可见图层中取样；如激活右侧的【忽略调整图层】按钮，将从调整图层以外的可见图层中取样，选择【当前图层】选项时此按钮不可用。

9. 【图案图章】工具

利用【图案图章】工具可以快速地复制图案，使用的图案可以从属性栏中的【图案】面板中选择，也可以将自己喜欢的图像定义为图案后使用。【图案图章】工具的属性栏如图 3-59 所示。

画笔: 21 模式: 正常 不透明度: 100% 流量: 100% ☑ 对齐 ☐ 印象派效果

图3-59 【图案图章】工具的属性栏

- 【图案】按钮：单击此按钮，弹出【图案】选择面板。
- 【印象派效果】：勾选此复选框，可以绘制随机产生的印象色块效果。

10. 【橡皮擦】工具

利用【橡皮擦】工具擦除图像时，当在背景层或被锁定透明的普通层中擦除时，被擦除的部分将更改为工具箱中显示的背景色；当在普通层擦除时，被擦除的部分将显示为透明色。【橡皮擦】工具的属性栏如图 3-60 所示。

画笔: 100 模式: 画笔 不透明度: 100% 流量: 100% ☐ 抹到历史记录

图3-60 【橡皮擦】工具的属性栏

- 【模式】：用于设置橡皮擦擦除图像的方式，包括【画笔】、【铅笔】和【块】3个选项。
- 【抹到历史记录】：勾选了此复选框，【橡皮擦】工具就具有了【历史记录画笔】工具的功能。

11. 【背景橡皮擦】工具

利用【背景橡皮擦】工具擦除图像时，无论是在背景层还是普通层上，都可以将图像中的特定颜色擦除为透明色，并且将背景层自动转换为普通层。【背景橡皮擦】工具的属性栏如图 3-61 所示。

图3-61 【背景橡皮擦】工具的属性栏

- 【取样】：用于控制背景橡皮擦的取样方式。激活【连续】按钮，拖动鼠标擦除图像时，将随着指针的移动随时取样；激活【一次】按钮，只替换第一次按下鼠标时取样的颜色，在拖动过程中不再取样；激活【背景色板】按钮，不在图像中取样，而是由工具箱中的背景色决定擦除的颜色范围。
- 【限制】：用于控制背景橡皮擦擦除颜色的范围。选择【不连续】选项，可以擦除图像中所有包含取样的颜色；选择【连续】选项，只能擦除所有包含取样

颜色且与取样点相连的颜色；选择【查找边缘】选项，在擦除图像时将自动查找与取样点相连的颜色边缘，以便更好地保持颜色边界。

- 【保护前景色】：勾选此复选框，将无法擦除图像中与前景色相同的颜色。

12. 【魔术橡皮擦】工具

【魔术橡皮擦】工具具有【魔棒】工具的特征。当图像中含有大片相同或相近的颜色时，利用【魔术橡皮擦】工具在要擦除的颜色区域内单击，可以一次性擦除图像中所有与其相同或相近的颜色，并可以通过【容差】值来控制擦除颜色的范围。

13. 【模糊】、【锐化】和【涂抹】工具

利用【模糊】工具可以降低图像色彩反差来对图像进行模糊处理，从而使图像边缘变得模糊；【锐化】工具恰好相反，它是通过增大图像色彩反差来锐化图像，从而使图像色彩对比更强烈；【涂抹】工具主要用于涂抹图像，使图像产生类似于在未干的画面上用手指涂抹的效果。这 3 个工具的属性栏基本相同，只是【涂抹】工具的属性栏多了一个【手指绘画】选项，如图 3-62 所示。

图3-62　【涂抹】工具的属性栏

- 【模式】：用于设置色彩的混合方式。
- 【强度】：此选项中的参数用于调节对图像进行涂抹的程度。
- 【对所有图层取样】：若不勾选此复选框，只能对当前图层起作用；若勾选此选项，则可以对所有图层起作用。
- 【手指绘画】：不勾选此复选框，对图像进行涂抹只是使图像中的像素和色彩进行移动；勾选此选项，则相当于用手指蘸着前景色在图像中进行涂抹。

这几个工具的使用方法都非常简单，选择相应工具，在属性栏中选择适当的笔头大小及形状，然后将鼠标指针移动到图像文件中按下鼠标左键并拖动，即可处理图像。

14. 【减淡】和【加深】工具

利用【减淡】工具可以对图像的阴影、中间色和高光部分进行提亮和加光处理，从而使图像变亮；【加深】工具则可以对图像的阴影、中间色和高光部分进行遮光变暗处理。这两个工具的属性栏完全相同，如图 3-63 所示。

图3-63　【减淡】和【加深】工具的属性栏

- 【范围】：包括【阴影】、【中间调】和【高光】3 个选项。选择【阴影】选项时，主要对图像暗部区域减淡或加深；选择【高光】选项，主要对图像亮部区域减淡或加深；选择【中间调】选项，主要对图像中间的灰色调区域减淡或加深。
- 【曝光度】：设置对图像减淡或加深处理时的曝光强度，数值越大，减淡或加深效果越明显。

15. 【海绵】工具

【海绵】工具可以对图像进行变灰或提纯处理，从而改变图像的饱和度，该工具的属性栏如图 3-64 所示。

图3-64 【海绵】工具的属性栏

- 【模式】：主要用于控制【海绵】工具的作用模式，包括【去色】和【加色】两个选项。选择【去色】选项，【海绵】工具将对图像进行变灰处理以降低图像的饱和度；选择【加色】选项，【海绵】工具将对图像进行加色以增加图像的饱和度。
- 【流量】：控制去色或加色处理时的强度，数值越大，效果越明显。

项目实训一——制作大头贴

根据对任务一内容的学习，读者自己动手制作出如图 3-65 所示的大头贴效果。图库素材为教学素材“图库\项目 3”目录下名为“相框 02.jpg”和“照片 02.jpg”的文件。作品参见教学素材“作品\项目 3”目录下名为“项目实训 01.psd”的文件。

图3-65 制作的大头帖效果

项目实训二——制作景深效果

利用【模糊】工具给照片制作如图 3-66 所示的景深效果。图库素材为教学素材“图库\项目 3”目录下名为“照片 11.jpg”的文件。作品参见教学素材“作品\项目 3”目录下名为“项目实训 02.jpg”的文件。

图3-66 照片素材及景深效果

习题

1. 根据对任务二内容的学习，读者自己动手设计出如图 3-67 所示的咖啡豆易拉宝。图库素材为教学素材“图库\项目 3”目录下名为“咖啡豆.jpg”和“咖啡杯.psd”的文件。作品参见教学素材“作品\项目 3”目录下名为“操作题 03-1(a).psd”和“操作题 03-1(b).psd”的文件。

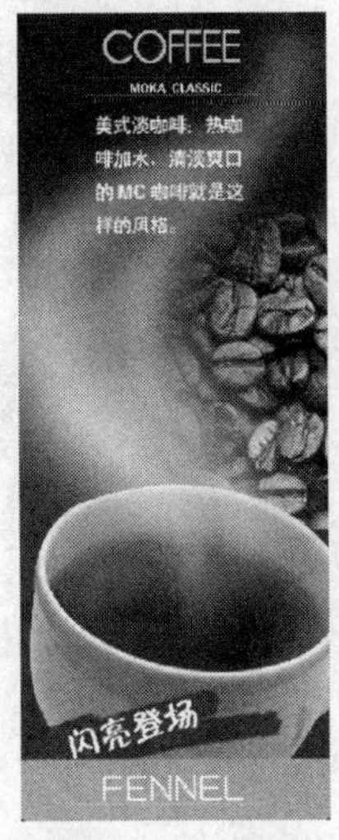

图3-67　设计的咖啡豆易拉宝

2. 根据对任务三内容的学习，读者自己动手设计出如图 3-68 所示的艺术相册效果。图库素材为教学素材“图库\项目 3”目录下名为“相册 03.psd”、“照片 09.jpg”和“照片 10.jpg”的文件。作品参见教学素材“作品\项目 3”目录下名为“操作题 03-2.psd”的文件。

图3-68　制作的艺术相册效果

【步骤提示】

(1) 将“照片 09.jpg”移动复制到“相册 03.psd”文件中，调整大小并放置在如图 3-69 所示的位置。

(2) 利用 工具把照片的边缘擦除，得到照片与背景合成的效果，如图 3-70 所示。

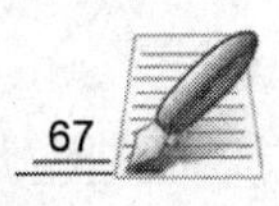

图3-69　移动复制的照片

图3-70　擦除照片并与背景合成

(3) 选择【图像】/【调整】/【曲线】命令，调整曲线形态如图 3-71 所示，调整亮度后的效果如图 3-72 所示。

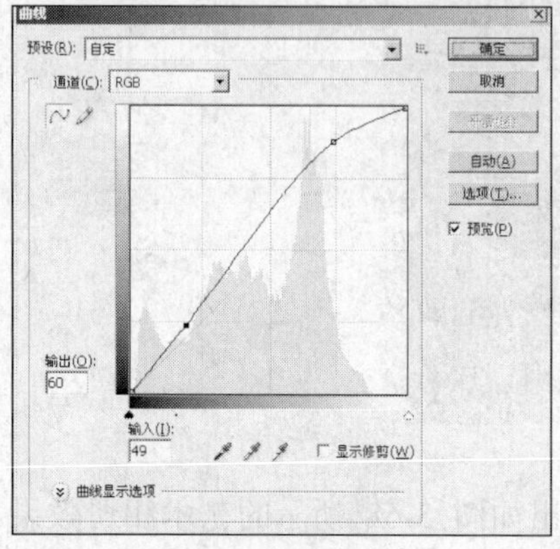

图3-71　【曲线】调整对话框

图3-72　调整亮度后的效果

(4) 利用工具绘制出如图 3-73 所示的选区，将“照片 10.jpg”文件复制后贴入到选区之内，然后调整大小和角度，如图 3-74 所示。

(5) 将工具箱中的前景色设置为黑色，选择工具，通过编辑图层蒙版得到如图 3-75 所示图像边缘虚化的效果。

图3-73　绘制的选区

图3-74　调整大小和角度

图3-75　制作的合成效果

项目四 图层和蒙版应用

图层是利用 Photoshop 进行图形绘制和图像处理最基础和最重要的命令，可以说每一幅图像的处理都离不开图层的应用。灵活地运用图层不但可以提高作图速度和效率，还可以制作出很多意想不到的特殊艺术效果。蒙版在图像合成中起着非常重要的作用，利用蒙版可以把两幅或多幅图像非常巧妙地合成为一幅图像，能达到以假乱真的效果。

- ❖ 了解图层概念。
- ❖ 熟练掌握图层面板。
- ❖ 掌握编辑和调整图层的方法。
- ❖ 掌握并应用图层样式。
- ❖ 了解图层蒙版概念。
- ❖ 掌握图层蒙版的应用方法。
- ❖ 学会编辑图层蒙版。

任务一　为女裙换颜色

本任务通过一个为裙子换颜色的简单案例，来学习图层的基本应用方法。本任务案例原图及效果如图 4-1 所示。

图4-1　图片素材及效果

【知识准备】

1. 图层概念

图层就像一张透明的纸，透过图层透明区域可以清晰地看到下面图层中的图像。下面以一个简单的比喻来具体说明，这样对读者深入理解图层的概念会有帮助。比如要在纸上绘制一幅卡通太阳，首先要有画板（这个画板也就是 Photoshop 里面新建的文件，画板是不透明的），在画板上添加一张完全透明的纸绘制草地及背景颜色，绘制完成后，在画板上再添加透明纸分别来绘制小太阳的各个部分，在绘制每一部分之前，都要在画板上添加透明纸，然后在透明纸上绘制新图形。绘制完成后，通过纸的透明区域可以看到下面的图形，从而得到一幅完整的作品。在这个绘制过程中，添加的每一张纸就是一个图层。图层原理说明图如图 4-2 所示。

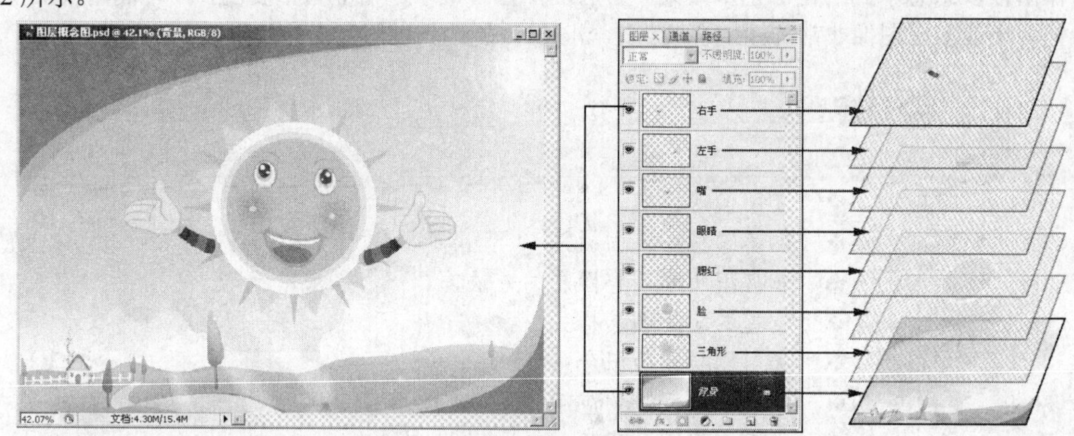

图4-2 图层原理说明图

上面介绍了图层的概念，那么在绘制图形时为什么要建立图层呢？仍以上面的例子来说明。如果在一张纸上绘制整幅画面，当全部绘制完成后，突然发现图形的形象不好，这时候只能选择重新绘制这幅作品，因为对在一张纸上绘制的画面进行修改非常麻烦。而如果是分层绘制的，遇到这种情况就不必重新绘制了，只需找到图形所在的透明纸（图层），将其删除，然后重新添加一张新纸（图层），将绘制图形放到刚才删除的纸（图层）的位置即可，这样可以节省绘图时间。另外，除了易修改的优点外，还可以在一个图层中随意拖动、复制和粘贴图形，并能对图层中的图形制作各种特效，而这些操作都不会影响其他图层中的图形。

2. 【图层】面板

【图层】面板主要用来管理图像文件中的图层、图层组和图层效果，以方便用户对图像进行处理操作。利用【图层】面板可以显示或隐藏当前文件中的图像，还可以进行图像不透明度、模式设置以及图层创建、锁定、复制和删除等操作。灵活掌握【图层】面板的使用方法，就可以非常容易地编辑和修改图像。

打开教学素材"图库\项目 4"目录下名为"图层面板说明图.psd"的文件，其画面效果及【图层】面板如图 4-3 所示。

【图层】面板中的选项及按钮功能如下。

- 【图层面板菜单】按钮：单击此按钮，可弹出【图层】面板的下拉菜单。
- 【图层混合模式】正常：用于设置当前图层中的图像与下面图层中的图像以何种模式进行混合。

- 【不透明度】：用于设置当前图层中图像的不透明程度。数值越小，图像越透明；数值越大，图像越不透明。

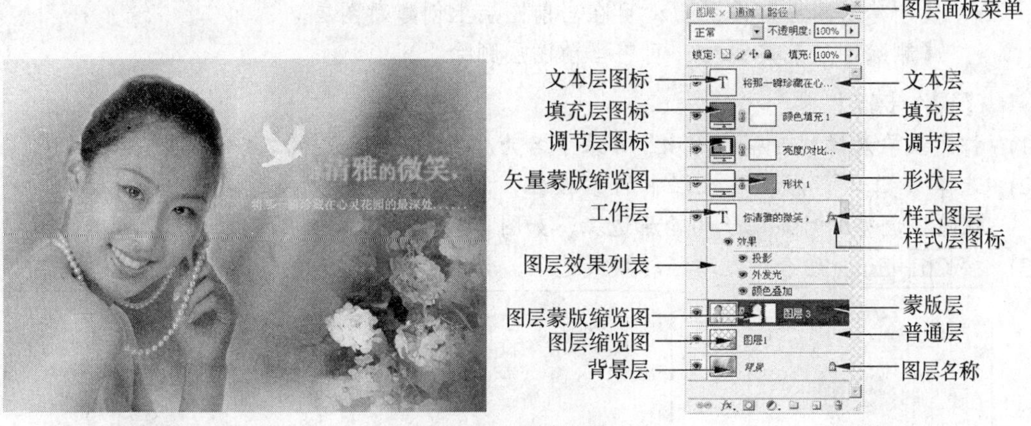

图4-3　【图层】面板形态

- 【锁定透明像素】按钮：单击此按钮，可以使当前图层中的透明区域保持透明。
- 【锁定图像像素】按钮：单击此按钮，在当前图层中不能进行图形绘制以及其他命令操作。
- 【锁定位置】按钮：单击此按钮，可以将当前图层中的图像锁定不被移动。
- 【锁定全部】按钮：单击此按钮，在当前图层中不能进行任何编辑修改操作。
- 【填充】：用于设置图层中图形填充颜色的不透明度。
- 【指示图层可见性】图标：表示此图层处于可见状态，单击此图标，图标中的眼睛将被隐藏，表示此图层处于不可见状态。
- 图层缩览图：用于显示本图层的缩略图，它随着该图层中图像的变化而随时更新，以便用户在进行图像处理时参考。
- 图层名称：显示各图层的名称。
- 图层组：图层组是图层的组合，它的作用相当于 Windows 系统管理器中的文件夹，主要用于组织和管理图层。移动或复制图层时，图层组里面的内容可以同时被移动或复制。单击面板底部的按钮或选择【图层】/【新建】/【图层组】命令，即可在【图层】面板中创建序列图层组。
- 【剪贴蒙版】图标：选择【图层】/【创建剪贴蒙版】命令，当前图层将与它下面的图层相结合建立剪贴蒙版，当前图层的左侧将生成剪贴蒙版图标，其下的图层即为剪贴蒙版图层。

在【图层】面板底部有 7 个按钮，下面分别进行介绍。

- 【链接图层】按钮：通过链接两个或多个图层，可以一起移动链接图层中的内容，也可以对链接图层选择对齐与分布以及合并图层等操作。
- 【添加图层样式】按钮 fx.：可以对当前图层中的图像添加各种样式效果。
- 【添加图层蒙版】按钮：可以给当前图层添加蒙版。如果先在图像中创建适当的选区，再单击此按钮，可以根据选区范围在当前图层上建立适当的图层蒙版。
- 【创建新的填充或调整图层】按钮：可在当前图层上添加一个调整图层，对当前图层下边的图层进行色调、明暗等颜色效果调整。

- 【创建新组】按钮：可以在【图层】面板中创建一个新的序列。序列类似于文件夹，以便图层的管理和查询。
- 【创建新图层】按钮：可在当前图层上创建新图层。
- 【删除图层】按钮：可将当前图层删除。

【操作步骤】

(1) 打开教学素材“图库\项目 4”目录下名为“照片 01.jpg”的文件，如图 4-4 所示。

(2) 选择工具，激活属性栏中的按钮，沿着美女的裙子绘制路径，然后利用工具把路径调整到对齐裙子的轮廓边缘，如图 4-5 所示。

(3) 按 Ctrl+Enter 组合键把路径转换成选区，如图 4-6 所示。

图4-4 打开的图片

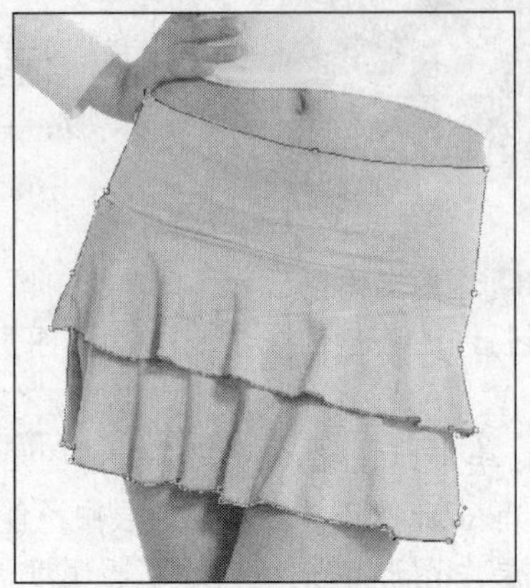

图4-5 绘制调整的路径

图4-6 路径转换成选区

(4) 选择【图层】/【新建填充图层】/【纯色】命令，弹出如图 4-7 所示的【新建图层】对话框。

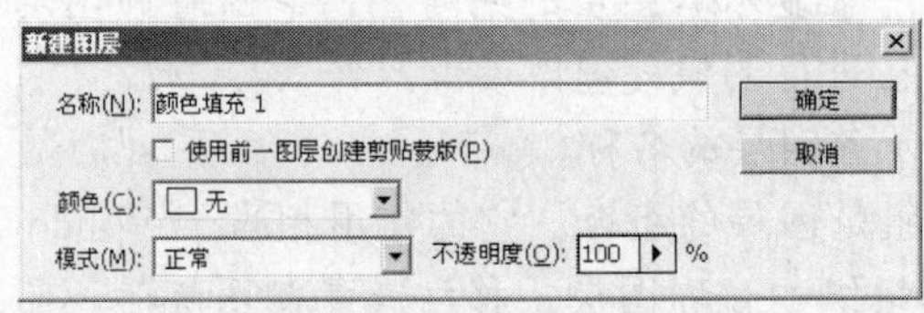

图4-7 【新建图层】对话框

(5) 单击 确定 按钮，弹出【拾取实色】对话框，颜色设置如图 4-8 所示。

(6) 单击 确定 按钮，填充的颜色及【图层】面板如图 4-9 所示。

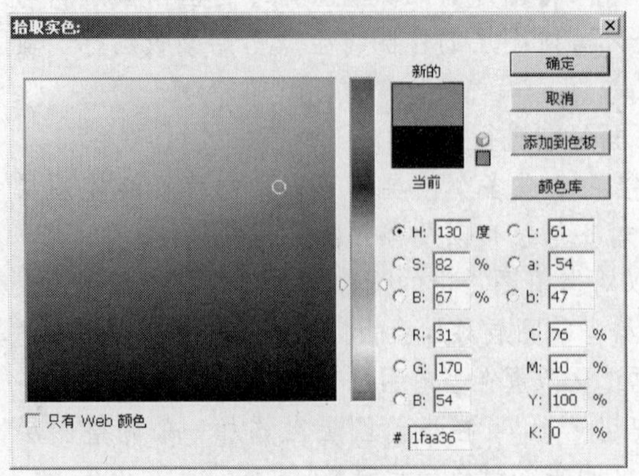

图4-8 【拾取实色】对话框

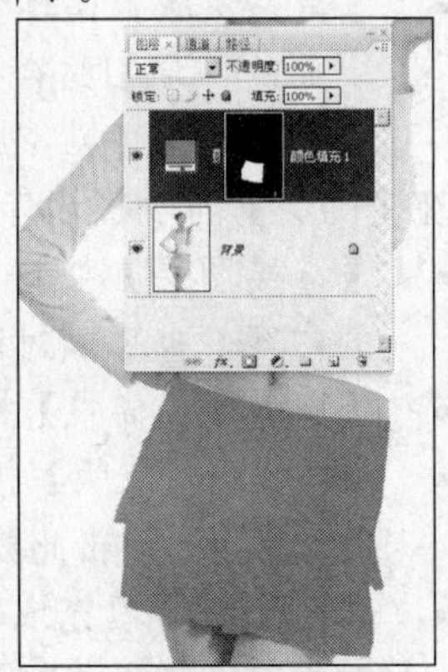

图4-9 填充的颜色

(7) 在【图层】面板中将图层混合模式设置为“色相”，效果如图 4-10 所示。

(8) 单击“背景”层，将其设置为工作层，然后按住 Ctrl 键单击如图 4-11 所示的图层蒙版添加选区。

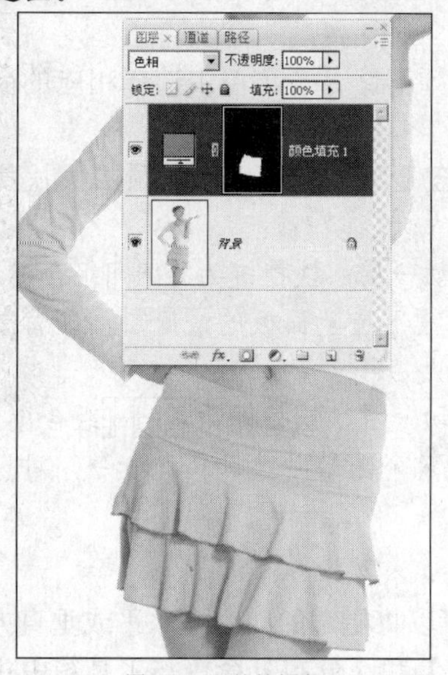

图4-10 调整的颜色

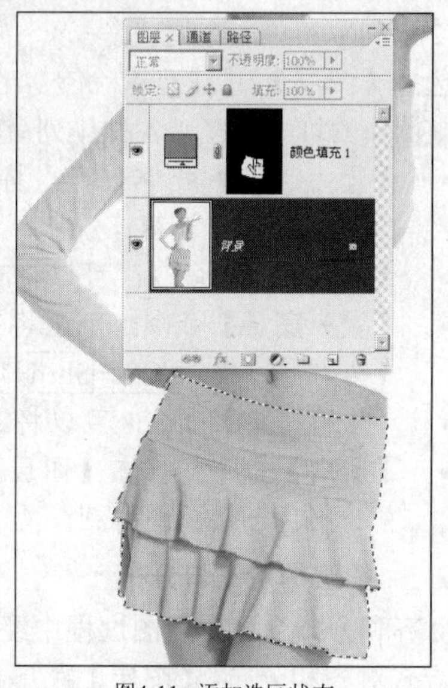

图4-11 添加选区状态

(9) 选择【图层】/【新建调整图层】/【色阶】命令，在弹出的【色阶】对话框设置参数如图 4-12 所示。

(10) 单击 确定 按钮，添加的色阶调整层及增强裙子绿色对比度后的效果如图 4-13 所示。

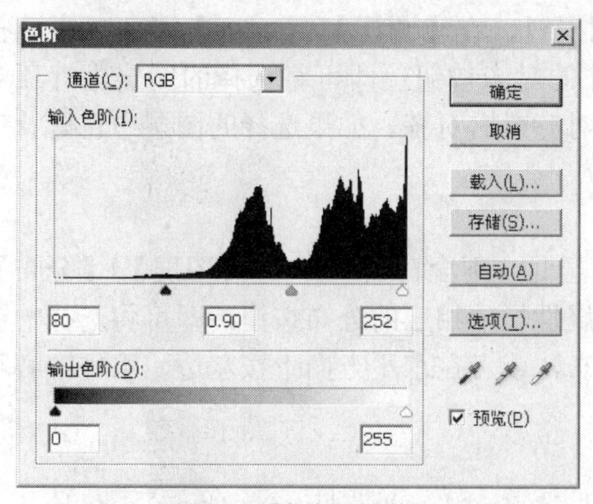

图4-12 【色阶】对话框

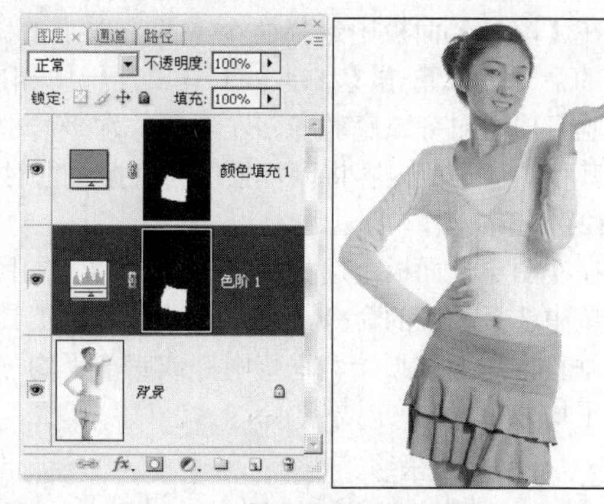

图4-13 调整的裙子颜色

(11) 按 Shift+Ctrl+S 组合键，将此文件命名为“调整裙子颜色.psd”另存。

【知识链接】

1. 图层堆叠顺序的调整

图层的堆叠顺序决定图层内容在画面中的前后位置，即图层中的图像是出现在其他图层的前面还是后面。图层的堆叠顺序不同，产生的图像合成效果也不相同。调整图层堆叠顺序的方法主要有以下两种。

(1) 拖动鼠标调整。

在【图层】面板中要调整堆叠顺序的图层上按下鼠标左键向上或向下拖动，将出现一个矩形框跟随指针移动，当拖动到适当位置后，释放鼠标左键，即可将工作层调整至相应的位置。

(2) 利用菜单命令调整。

选择【图层】/【排列】命令，在弹出的【排列】命令子菜单中选择相应的命令，也可以调整图层的堆叠顺序，各种排列命令的功能如下。

- 【置为顶层】命令：可以将工作层移动至【图层】面板的最顶层，快捷键为 Ctrl+Shift+] 组合键。
- 【前移一层】命令：可以将工作层向前移动一层，快捷键为 Ctrl+] 组合键。
- 【置为底层】命令：可以将工作层移动至【图层】面板的最底层，即背景层的上方，快捷键为 Ctrl+Shift+[组合键。
- 【后移一层】命令：可以将工作层向后移动一层，快捷键为 Ctrl+[组合键。
- 【反向】命令：当在【图层】面板中选择多个图层时，选择此命令，可以将当前选择的图层反向排列。

2. 图层的对齐与分布

对齐和分布命令在绘图过程中经常用到，它可以将指定的内容在水平或垂直方向上按设置的方式对齐和分布。【图层】菜单栏中的【对齐】和【分布】命令与工具箱中【移动】工具属性栏中的对齐与分布按钮的作用相同。【移动】工具的属性栏如图 4-14 所示。

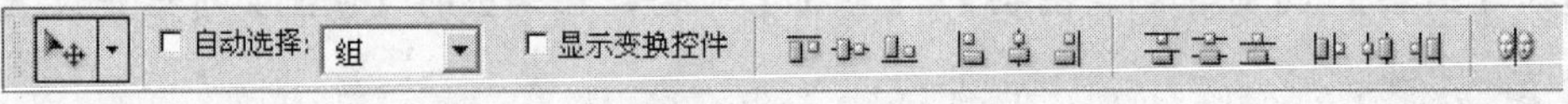

图4-14 【移动】工具属性栏

(1) 对齐操作。

在【图层】面板中选择两个或两个以上的图层时，在【图层】/【对齐】子菜单中选择相应的命令，或单击【移动】工具属性栏中相应的对齐按钮，即可将选择的图层进行顶对齐、垂直居中对齐、底对齐、左对齐、水平居中对齐或右对齐。如果选择的图层中包含背景层，其他图层中的内容将以背景层为依据进行对齐。

(2) 分布操作。

在【图层】面板中选择 3 个或 3 个以上的图层时（不含背景层），在【图层】/【分布】子菜单中选择相应的命令，或单击【移动】工具属性栏中相应的分布按钮，即可将选择的图层在垂直方向上按顶端、垂直中心或底部平均分布，或者在水平方向上按左边、水平中心和右边平均分布。

3. 常用图层类型

- 背景图层：背景图层相当于绘画中最下方不透明的纸。在 Photoshop 中，一个图像文件中只有一个背景图层，它可以与普通图层进行相互转换，但无法交换堆叠次序。如果当前图层为背景图层，选择【图层】/【新建】/【背景图层】命令，或在【图层】面板的背景图层上双击，便可以将背景图层转换为普通图层。
- 普通图层：普通图层相当于一张完全透明的纸，是 Photoshop 中最基本的图层类型。单击【图层】面板底部的 按钮，或选择【图层】/【新建】/【图层】命令，即可在【图层】面板中新建一个普通图层。
- 填充图层和调整图层：用来控制图像颜色、色调、亮度及饱和度等的辅助图

层。单击【图层】面板底部的 ◎.按钮，在弹出的菜单中选择任意一个命令，即可创建填充或调整图层。

- 效果图层：【图层】面板中的图层应用图层效果（如阴影、投影、发光、斜面和浮雕以及描边等）后，右侧会出现一个 fx（效果层）图标，此时，这一图层就是效果图层。注意，背景图层不能转换为效果图层。单击【图层】面板底部的 fx.按钮，在弹出的菜单中选择任意一个命令，即可创建效果图层。
- 形状图层：使用工具箱中的矢量图形工具在文件中创建图形后，【图层】面板会自动生成形状图层。选择【图层】/【栅格化】/【形状】命令后，形状图层将被转换为普通图层。
- 蒙版图层：在图像中，图层蒙版中颜色的变化使其所在图层的相应位置产生透明效果。其中，该图层中与蒙版的白色部分相对应的图像不产生透明效果，与蒙版的黑色部分相对应的图像完全透明，与蒙版的灰色部分相对应的图像根据其灰度产生相应程度的透明。
- 文本图层：在文件中创建文字后，【图层】面板会自动生成文本层，其缩览图显示为 T 。当对输入的文字进行变形后，文本图层将显示为变形文本图层，其缩览图显示为 工。

任务二　绘制按钮

Photoshop 中提供了多种图层样式，利用这些样式可以为图形、图像或文字添加投影、发光、渐变颜色、描边等各种类型的效果。本任务通过绘制如图 4-15 所示的按钮来学习有关图层样式的知识内容。

【知识准备】

Photoshop CS3 中预先设置了一些样式，可以方便设计者随时应用。选择【窗口】/【样式】命令，即可在绘图窗口中弹出预设样式面板，如图 4-16 所示。单击【样式】面板右上角的 ▾≡ 按钮，在弹出的菜单中可以加载其他样式。

图4-15　绘制的按钮

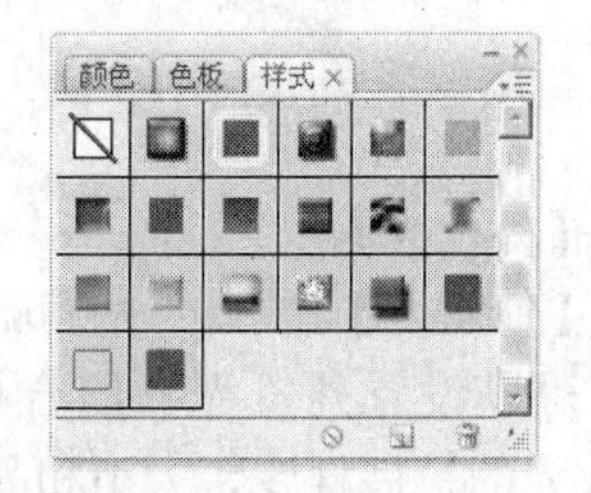

图4-16　【样式】面板

- 【取消】按钮 ⊘ ：单击此按钮，取消设置的样式。
- 【新建】按钮 ◫ ：单击此按钮，可以新建样式。
- 【删除】按钮 🗑 ：单击此按钮，可删除选择的样式。

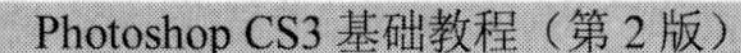

选择【图层】/【图层样式】/【混合选项】命令，弹出【图层样式】对话框，如图 4-17 所示。在此对话框中可为图形或文字添加需要的样式。

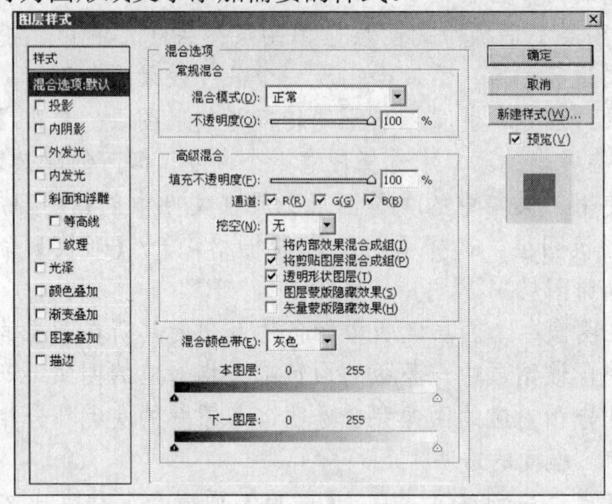

图4-17 【图层样式】对话框

【图层样式】对话框的左侧是【样式】选项区，用于选择要添加的样式类型；右侧是参数设置区，用于设置各种样式的参数及选项。

(1) 【投影】。

通过【投影】选项的设置可以为工作层中的图像添加投影效果，并可以在右侧的参数设置区中设置投影的颜色、与下层图像的混合模式、不透明度、是否使用全局光、光线的投射角度、投影与图像的距离、投影的扩散程度和投影大小等，还可以设置投影的等高线样式和杂色数量。利用此选项添加的投影效果如图 4-18 所示。

(2) 【内阴影】。

通过【内阴影】选项的设置可以在工作层中的图像边缘向内添加阴影，从而使图像产生凹陷效果。在右侧的参数设置区中可以设置阴影的颜色、混合模式、不透明度、光源照射的角度、阴影的距离和大小等参数。利用此选项添加的内阴影效果如图 4-19 所示。

图4-18 投影效果

图4-19 内阴影效果

(3) 【外发光】。

通过【外发光】选项的设置可以在工作层中图像的外边缘添加发光效果。在右侧的参数设置区中可以设置外发光的混合模式、不透明度、添加的杂色数量、发光颜色（或渐变色）、外发光的扩展程度、大小和品质等。利用此选项添加的外发光效果如图 4-20 所示。

(4) 【内发光】。

此选项的功能与【外发光】选项相似，只是此选项可以在图像边缘的内部产生发光效果。利用此选项添加的内发光效果如图 4-21 所示。

图4-20 外发光效果

图4-21 内发光效果

(5) 【斜面和浮雕】。

通过【斜面和浮雕】选项的设置可以使工作层中的图像或文字产生各种样式的斜面浮雕效果。同时选择【纹理】选项，然后在【图案】选项面板中选择应用于浮雕效果的图案，还可以使图形产生各种纹理效果。利用此选项添加的斜面和浮雕效果如图 4-22 所示。

(6) 【光泽】。

通过【光泽】选项的设置可以根据工作层中图像的形状应用各种光影效果，从而使图像产生平滑过渡的光泽效果。选择此项后，可以在右侧的参数设置区中设置光泽的颜色、混合模式、不透明度、光线角度、距离和大小等参数。利用此选项添加的光泽效果如图 4-23 所示。

图4-22 斜面和浮雕效果

图4-23 光泽效果

(7) 【颜色叠加】。

【颜色叠加】样式可以在工作层上方覆盖一种颜色，并通过设置不同的混合模式和不透明度使图像产生类似于纯色填充层的特殊效果。

(8) 【渐变叠加】。

【渐变叠加】样式可以在工作层的上方覆盖一种渐变叠加颜色，使图像产生渐变填充层的效果。

(9) 【图案叠加】。

【图案叠加】样式可以在工作层的上方覆盖不同的图案效果，从而使工作层中的图像产生图案填充层的特殊效果。为白色图形叠加图案后的效果如图 4-24 所示。

(10) 【描边】。

通过【描边】选项的设置可以为工作层中的内容添加描边效果，描绘的边缘可以是一种颜色、一种渐变色或者图案。为图形描绘紫色的边缘效果如图 4-25 所示。

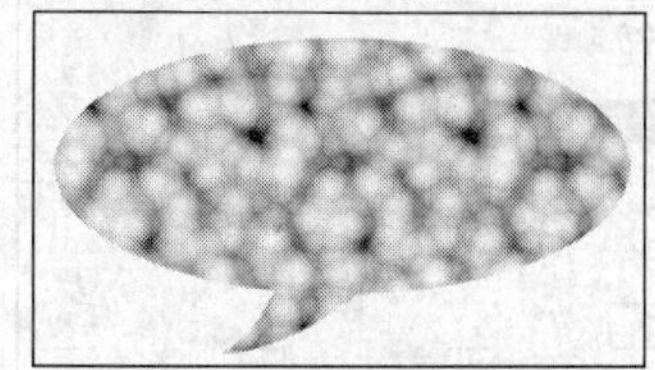

图4-24 图案叠加效果

图4-25 描边效果

【操作步骤】

(1) 新建一个【宽度】为“20 厘米”，【高度】为“20 厘米”，【分辨率】为“120 像素/英寸”，【颜色模式】为“RGB 颜色”，【背景内容】为“白色”的文件。

(2) 给“背景”层填充黑色，然后利用 ◯ 工具绘制一个圆形选区，如图 4-26 所示。

(3) 单击图层面板中的 ◻ 按钮，新建“图层 1”，然后给选区填充白色，如图 4-27 所示。

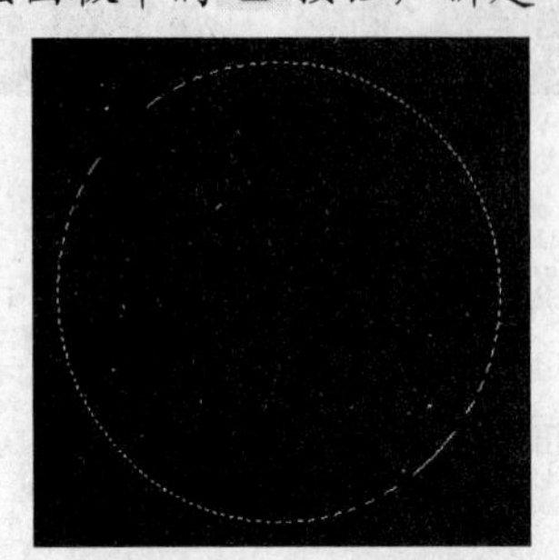

图4-26 绘制的选区

图4-27 填充的白色

(4) 选择【图层】/【图层样式】/【混合选项】命令，在弹出的【图层样式】对话框中分别设置选项和参数如图 4-28 所示。

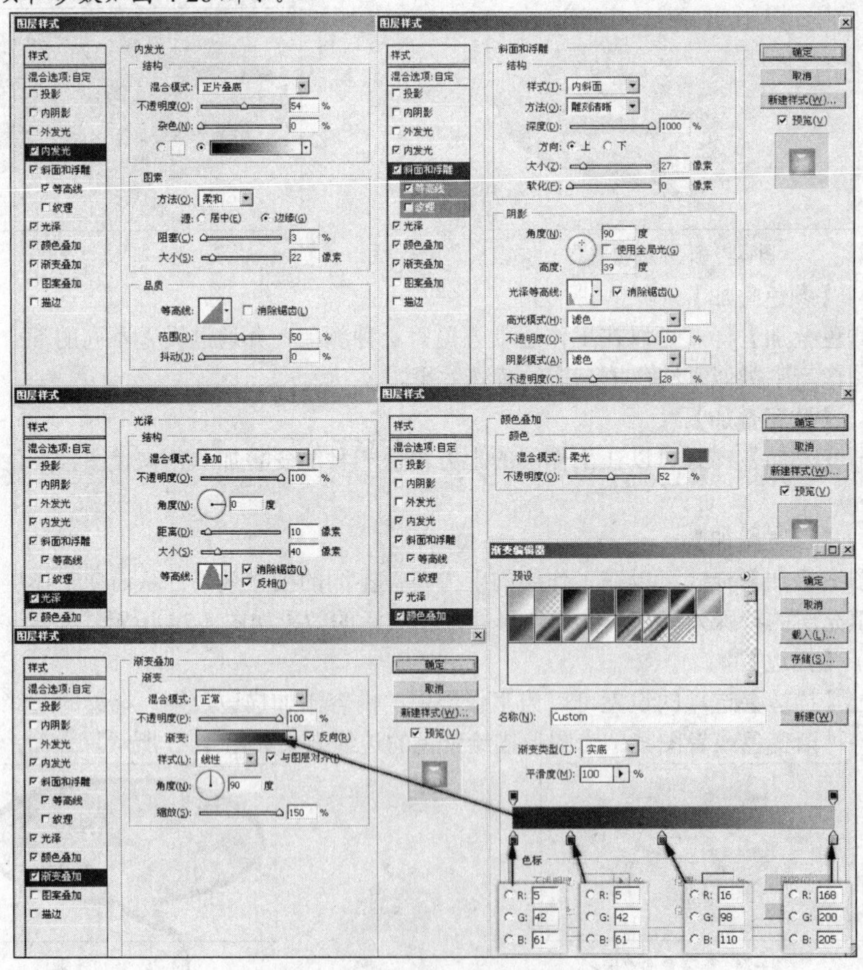

图4-28 【图层样式】对话框中的参数设置

(5) 单击 确定 按钮，图形添加样式后的效果如图 4-29 所示。

(6) 选择工具，激活属性栏中的按钮，再单击按钮，弹出如图 4-30 所示的形状面板。

图4-29　样式效果

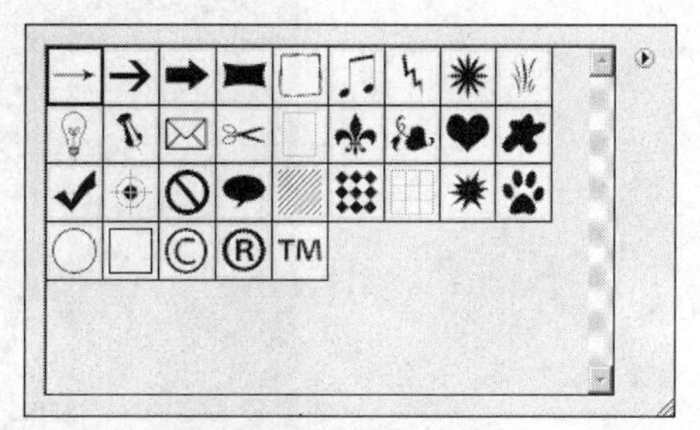

图4-30　形状面板

(7) 单击右上角的按钮，在弹出的菜单中选择【全部】命令，即可弹出【Adobe Photoshop】提示对话框，单击 追加(A) 按钮，在形状面板中即可添加上很多形状图形。

(8) 选择如图 4-31 所示的形状，然后新建“图层 2”，并绘制出如图 4-32 所示的白色图形。

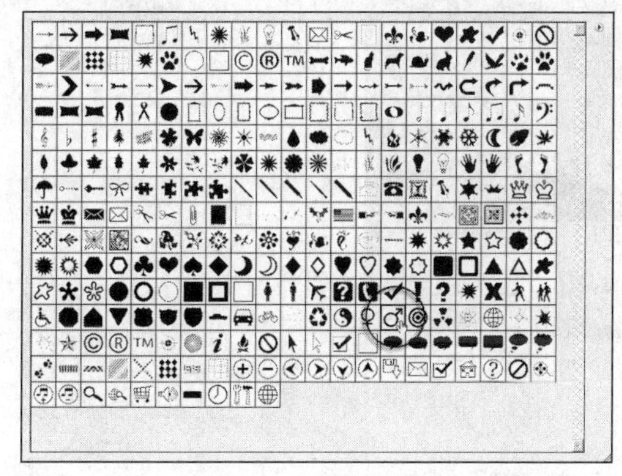

图4-31　选择形状图形

图4-32　绘制的白色图形

(9) 利用 T 工具在白色图形的下面输入如图 4-33 所示的文字，完成按钮的绘制。

图4-33　绘制完成的按钮

(10) 按 Ctrl+S 组合键，将此文件命名为“按钮.psd”保存。

任务三 设计房地产广告

本任务通过设计如图 4-34 所示的房地产广告，来学习利用蒙版合成图像的基本操作。

图4-34 房地产广告

【知识准备】

1. 蒙版概念

蒙板是将不同灰度色值转化为不同的透明度，并作用到它所在的图层中，使图层不同部位透明度产生相应的变化。黑色为完全透明，白色为完全不透明。蒙版还具有保护和隐藏图像的功能，当对图像的某一部分进行特殊处理时，利用蒙版可以隔离并保护其余的图像部分不被修改和破坏。蒙版概念示意图如图 4-35 所示。

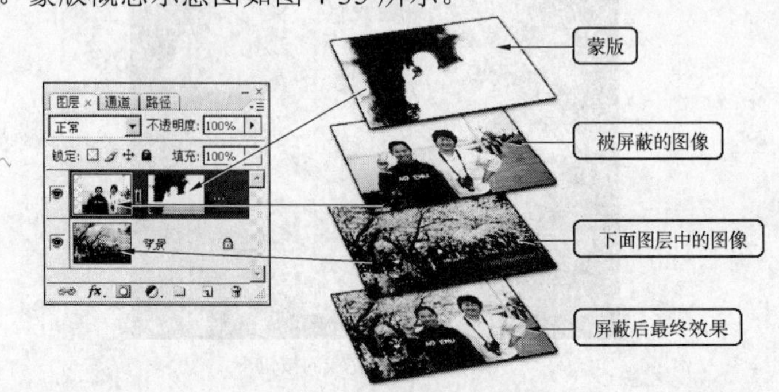

图4-35 蒙版概念示意图

根据创建方式不同，蒙版可分为两种类型：图层蒙版和矢量蒙版。图层蒙版是位图图像，与分辨率相关，它是由绘图或选框工具创建的；矢量蒙版与分辨率无关，是由钢笔工具或形状工具创建的。

在【图层】面板中，图层蒙版和矢量蒙版都显示图层缩览图和附加缩览图。对于图层蒙版，此缩览图代表添加图层蒙版时创建的灰度通道；对于矢量蒙版，此缩览图代表从图层内容中剪下来的路径。图层蒙版和矢量蒙版说明图如图 4-36 所示。

图4-36　图层蒙版和矢量蒙版说明图

2.　创建图层蒙版

在【图层】面板中选择要添加图层蒙版的图层或图层组，然后选择下列任一操作。

- 在【图层】面板中单击 按钮，或选择【图层】/【图层蒙版】/【显示全部】命令，即可创建出显示整个图层的蒙版。如当前图像文件中有选区，可以创建出显示选区内图像的蒙版。
- 按住 Alt 键单击【图层】面板中的 按钮，或选择【图层】/【图层蒙版】/【隐藏全部】命令，即可创建出隐藏整个图层的蒙版。如当前图像文件中有选区，可以创建出隐藏选区内图像的蒙版。

在【图层】面板中单击蒙版缩览图，使之成为当前状态。然后在工具箱中选择任一绘画工具，选择下列操作之一可以编辑图层蒙版。

- 在蒙版图像中绘制黑色，可增加蒙版被屏蔽的区域，并显示更多的图像。
- 在蒙版图像中绘制白色，可减少蒙版被屏蔽的区域，并显示更少的图像。
- 在蒙版图像中绘制灰色，可创建半透明效果的屏蔽区域。

3.　创建矢量蒙版

矢量蒙版可在图层上创建锐边形状的图像，若需要添加边缘清晰分明的图像可以使用矢量蒙版。在【图层】面板中选择要添加矢量蒙版的图层或图层组，然后选择下列任一操作即可创建矢量蒙版。

- 选择【图层】/【矢量蒙版】/【显示全部】命令，可创建显示整个图层中图像的矢量蒙版。
- 选择【图层】/【矢量蒙版】/【隐藏全部】命令，可创建隐藏整个图层中图像的矢量蒙版。

- 当图像文件中有路径存在且处于显示状态时，选择【图层】/【矢量蒙版】/【当前路径】命令，可创建显示形状内容的矢量蒙版。

在【图层】或【路径】面板中单击矢量蒙版缩览图，将其设置为当前状态，然后利用钢笔工具或路径编辑工具更改路径的形状，即可编辑矢量蒙版。

在【图层】面板中选择要编辑的矢量蒙版层，然后选择【图层】/【栅格化】/【矢量蒙版】命令，可将矢量蒙版转换为图层蒙版。

4. 停用或启用蒙版

添加蒙版后，选择【图层】/【图层蒙版】/【停用】或【图层】/【矢量蒙版】/【停用】命令，可将蒙版停用，此时【图层】面板中蒙版缩览图上会出现一个红色的交叉符号，且图像文件中会显示不带蒙版效果的图层内容。

完成图层蒙版的创建后，既可以应用蒙版使其更改永久化，也可以扔掉蒙版而不应用更改。

- 选择【图层】/【图层蒙版】/【应用】命令，或单击【图层】面板下方的 按钮，在弹出的询问面板中单击 应用 按钮，即可在当前层中应用图层蒙版。
- 选择【图层】/【图层蒙版】/【删除】命令，或单击【图层】面板下方的 按钮，在弹出的询问面板中单击 删除 按钮，即可在当前层中取消图层蒙版。

5. 删除矢量蒙版

删除矢量蒙版有以下几种方法。

- 将矢量蒙版缩览图拖动到【图层】面板下方的 按钮上。
- 选择矢量蒙版，选择【图层】/【矢量蒙版】/【删除】命令。
- 在【图层】面板中，当矢量蒙版层为工作层时，按 Delete 键可删除该图层。

6. 取消图层与蒙版的链接

默认情况下，图层和蒙版处于链接状态，当使用【移动】工具移动图层或蒙版时，该图层及其蒙版会在图像文件中一起移动，取消它们的链接后可以进行单独移动。

- 选择【图层】/【图层蒙版】/【取消链接】或【图层】/【矢量蒙版】/【取消链接】命令，即可将图层与蒙版之间取消链接。
- 在【图层】面板中单击图层缩览图与蒙版缩览图之间的图标，链接图标消失，表明图层与蒙版之间已取消链接；当在此处再次单击，链接图标出现时，表明图层与蒙版之间又重建链接。

【操作步骤】

(1) 新建一个【宽度】为“20 厘米”，【高度】为“30 厘米”，【分辨率】为“120 像素/英寸”，【颜色模式】为“RGB 颜色”，【背景内容】为“白色”的文件。

(2) 将工具箱中的前景色设置为蓝色(#5b47c6)，背景色设置为紫色(#edd4f1)。

(3) 选择 工具，单击属性栏中 的颜色条部分，在弹出的【渐变编辑器】对话框中选择如图 4-37 所示的渐变色样式。

(4) 单击 确定 按钮，然后给新建文件从左上角到右下角填充如图 4-38 所示的渐变色。

(5) 打开教学素材“图库\项目 4”目录下名为“大海.jpg”的文件，将其移动复制到新建文件中，调整大小后放置在如图 4-39 所示的位置。

(6) 单击【图层】面板底部的 按钮，给“图层 1”添加蒙版，如图 4-40 所示。

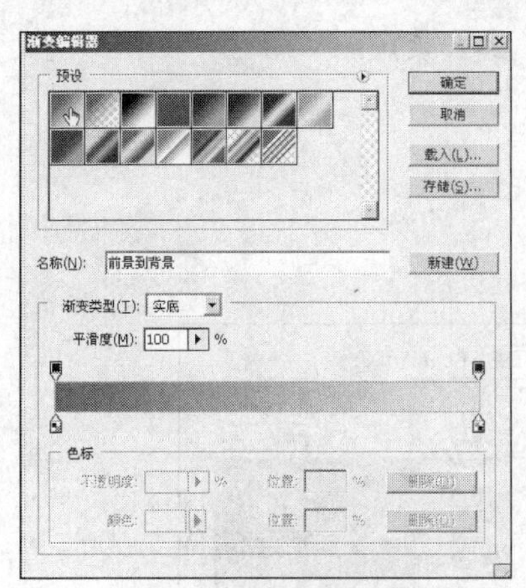

图4-37　【渐变编辑器】对话框

图4-38　填充的渐变颜色

图4-39　图片放置的位置

图4-40　添加的蒙版

(7) 按D键，将工具箱中的前景色和背景色分别设置为默认的黑色和白色。

(8) 选择工具，在画面中从上到下填充渐变色，通过蒙版把“图层 1”中的图像与“背景”层中的图像合成，效果如图 4-41 所示。

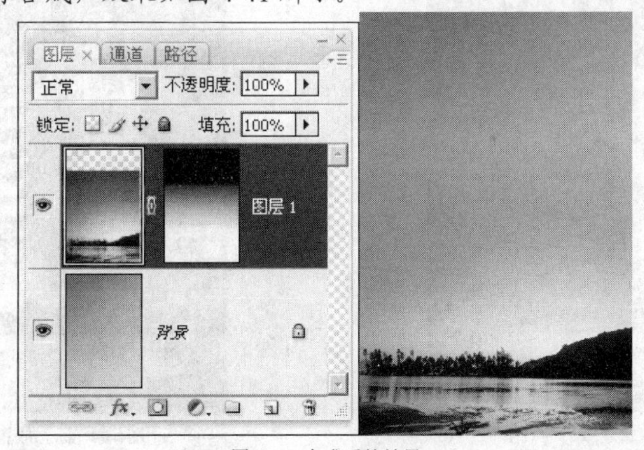

图4-41　合成后的效果

(9) 打开教学素材“图库\项目 4”目录下名为“效果图.jpg”的文件，将其移动复制到新建文件中，调整大小后放置在如图 4-42 所示的位置。

(10) 单击【图层】面板底部的 按钮，给“图层 2”添加蒙版。

图4-42　添加的效果图

(11) 选择 工具，在属性栏中设置【不透明度】参数为“50%”，利用黑色来编辑蒙版，得到如图 4-43 所示的效果。

(12) 打开教学素材“图库\项目 4”目录下名为“标志.psd”的文件，将其移动复制到新建文件中，调整大小后放置在如图 4-44 所示的位置。

图4-43　编辑蒙版后的效果

图4-44　标志放置的位置

(13) 选择【图层】/【图层样式】/【描边】命令，在弹出的【图层样式】对话框中设置选项和参数如图 4-45 所示，单击 确定 按钮，标志描边效果如图 4-46 所示。

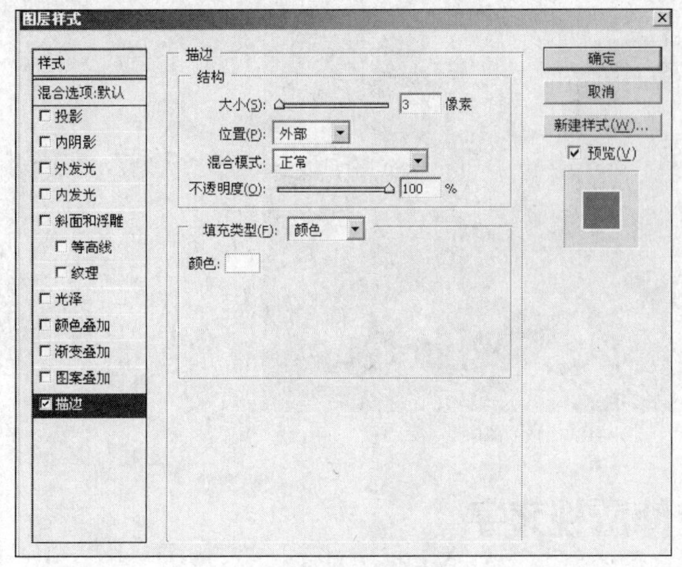

图4-45 描边参数设置

图4-46 标志描边效果

(14) 利用 T 工具在画面中输入如图 4-47 所示的文字，完成房地产广告设计。

图4-47 输入的文字

(15) 按 Ctrl+S 组合键，将此文件命名为“房地产广告.psd”保存。

项目实训——合成图像

根据对本项目内容的学习，读者自已动手合成图像，得到如图 4-48 所示的效果。图库素材为教学素材“图库\项目 4”目录下名为“绿色背景.psd”和“人物 02.jpg”的文件。作品参见教学素材“作品\项目 4”目录下名为“项目实训 01.psd”的文件。

图4-48　合成的图像一

项目实训二——制作立体透视文字

根据对本项目内容的学习，读者自己动手制作出如图 4-49 所示的立体透视文字效果。作品参见教学素材“作品\项目 4”目录下名为“项目实训 02.psd”的文件。

图4-49　立体透视文字

【步骤提示】

(1) 新建文件利用【渐变】工具填充渐变色，如图 4-50 所示。

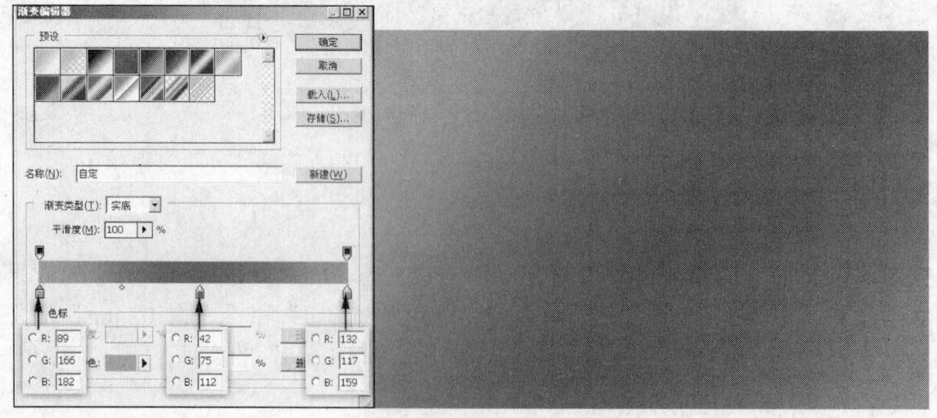

图4-50　填充渐变颜色

(2) 输入白色文字，选择【图层】/【栅格化】/【文字】命令，把文字层转换成普通层。

(3) 利用【自由变换】命令，把文字调整成如图 4-51 所示的透视形态。

(4) 按住 Ctrl 键，单击【图层】面板中文字的缩览图，给文字添加选区，然后按住 Alt 键并连续按键盘中向右的方向键，移动复制文字，如图 4-52 所示。

图4-51 文字透视

图4-52 移动复制文字

(5) 选择【图层】/【新建填充图层】/【渐变】命令，设置渐变颜色如图 4-53 所示，填充渐变颜色后的效果如图 4-54 所示。

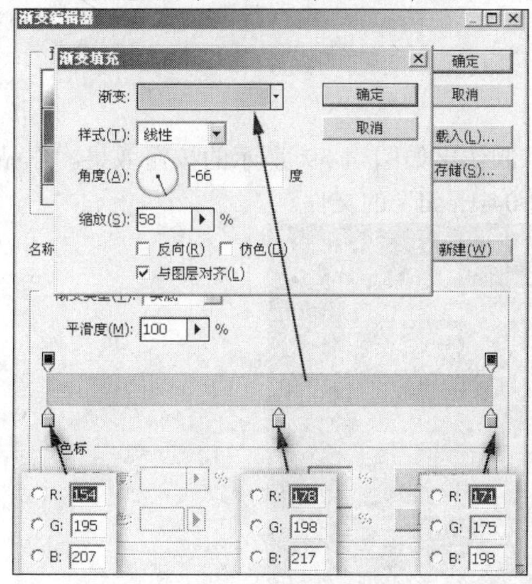

图4-53 渐变颜色设置

图4-54 填充的渐变颜色效果

(6) 给文字层添加【投影】和【渐变叠加】图层样式，效果如图 4-55 所示。

(7) 按住 Ctrl 键，在【图层】面板中将文字层和填充渐变的图层同时选中。

(8) 按住 Ctrl 和 Alt 键，再按 E 键，通过合并图层盖印复制得到“渐变填充 1（合并）”层，然后将该图层垂直翻转后调整成如图 4-56 所示的形态。

图4-55 添加图层样式效果

图4-56 垂直翻转效果

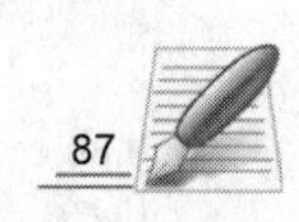

(9) 降低图层不透明度并添加蒙版，得到如图 4-57 所示效果，然后利用【画笔】工具绘制一些如图 4-58 所示的白色点。

图4-57 降低不透明效果

图4-58 绘制的色点

习题

1. 根据对任务二内容的学习，读者自己动手制作出如图 4-59 所示的按钮效果。作品参见教学素材“作品\项目 4”目录下名为“操作题 04-1.psd”的文件。

图4-59 制作的按钮

2. 根据对图层样式的学习和理解，读者自己动手制作出如图 4-60 所示的“蓝色水珠效果字.psd”。图库素材为教学素材“图库\项目 4”目录下名为“水滴.jpg”的文件。作品参见教学素材“作品\项目 4”目录下名为“操作题 04-2.psd”的文件。

图4-60 蓝色水珠效果字

3. 根据对图层蒙版的学习和理解，读者自己动手合成得到如图 4-61 所示的效果。图库素材为教学素材“图库\项目 4”目录下名为“家居.jpg”、“熊猫 01.jpg”和“熊猫 02.jpg”的文件。作品参见教学素材“作品\项目 4”目录下名为“操作题 04-3.psd”的文件。

图4-61　合成的图像二

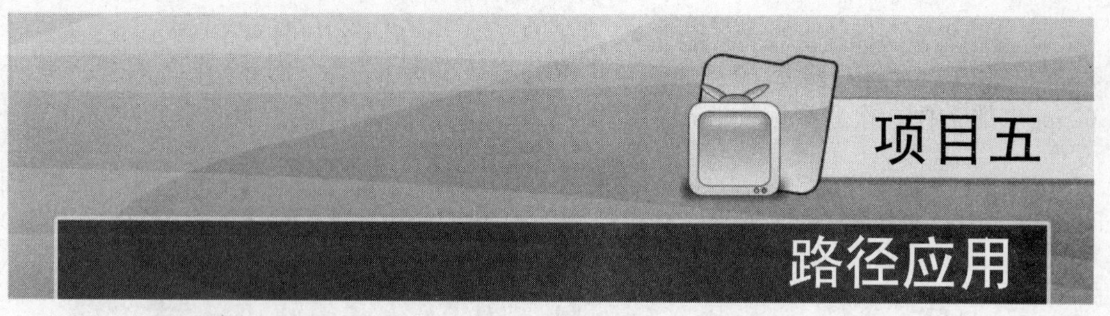

路径工具除能绘制图形外，还可以精确地选择图像，因此在实际工作中占有非常重要的地位。创建和编辑路径的工具包括【钢笔】工具、【自由钢笔】工具、【添加锚点】工具、【删除锚点】工具、【转换点】工具、【路径选择】工具、【直接选择】工具以及各种矢量形状工具，本项目来学习这些工具的使用方法。

- ❖ 认识路径的构成。
- ❖ 掌握路径及形状工具按钮。
- ❖ 掌握路径工具的属性栏。
- ❖ 掌握路径面板。
- ❖ 熟练掌握路径选择图像操作。
- ❖ 熟练掌握路径描绘功能。

任务一　绘制卡通图形

本例主要利用【多边形】工具、【椭圆】工具、【钢笔】工具和【转换点】工具，绘制出如图 5-1 所示的卡通图形。

图5-1　卡通图形

【知识准备】

1. 路径构成

路径是由一条或多条线段或曲线组成的，每一段都有锚点标记，通过编辑路径的锚点，可以很方便地改变路径的形状。在曲线上，每个选中的锚点显示一条或两条调节柄，调节柄以控制点结束。调节柄和控制点的位置决定曲线的大小和形状。移动这些元素将改变路径中曲线的形状。图 5-2 所示为路径构成说明图，其中角点和平滑点都属于路径的锚点，选中的锚点显示为实心方形，而未选中的锚点显示为空心方形。

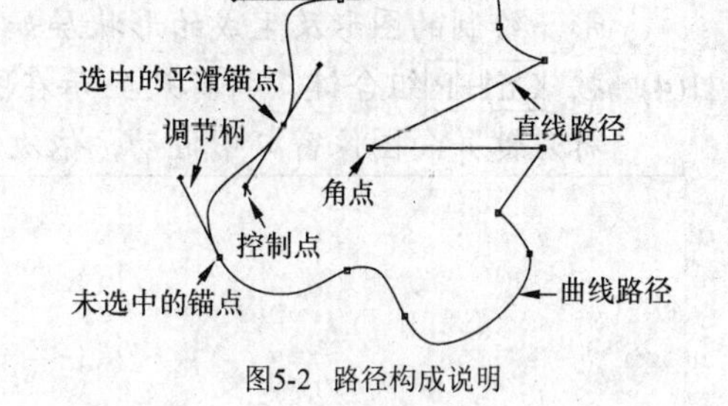

图5-2　路径构成说明

2. 路径及形状工具按钮

- 闭合路径：创建的路径其起点与终点重合为一点的路径为闭合路径。
- 开放路径：创建的路径其起点与终点没有重合的路径为开放路径。
- 工作路径：创建完成的路径为工作路径，它可以包括一个或多个子路径。
- 子路径：利用【钢笔】或【自由钢笔】工具创建的每一个路径都是子路径。
- 【钢笔】工具：利用此工具，可以创建工作路径或形状图形。
- 【自由钢笔】工具：利用此工具，可以自由绘制工作路径或形状图形。
- 【添加锚点】工具：利用此工具，可以在工作路径上添加锚点。
- 【删除锚点】工具：利用此工具，可以删除工作路径上的锚点。
- 【转换点】工具：使用此工具，可以调整工作路径中的锚点。单击路径上的平滑点，可以将其转换为角点；拖动路径上的角点，可以将其转换为平滑点。
- 【路径选择】工具：使用此工具，可以对子路径进行选择、移动和复制。当子路径上的锚点全部显示为黑色时，表示该子路径被选择。
- 【直接选择】工具：使用此工具，可以选择或移动子路径上的锚点，还可以移动或调整平滑点两侧的方向点。
- 【矩形】工具：使用此工具，可以在图像文件中绘制矩形。按住 Shift 键可以绘制正方形。
- 【圆角矩形】工具：使用此工具，可以在图像文件中绘制具有圆角的矩形。当属性栏中的【半径】值为“0”时，绘制出的图形为矩形。
- 【椭圆】工具：使用此工具，可以在图像文件中绘制椭圆图形。按住 Shift 键，可以绘制圆形。
- 【多边形】工具：使用此工具，可以在图像文件中绘制正多边形或星形。在其属性栏中可以设置多边形或星形的边数。
- 【直线】工具：使用此工具，可以绘制直线或带有箭头的线段。在其属性栏中可以设置直线或箭头的粗细及样式。按住 Shift 键，可以绘制方向为 45°倍数的直线或箭头。
- 【自定形状】工具：使用此工具，可以在图像文件中绘制出各类不规则的图形和自定义图案。

【操作步骤】

(1) 新建一个【宽度】为“18 厘米”，【高度】为“12 厘米”，【分辨率】为“200 像素/英寸”，【颜色模】式为“RGB 颜色”，【背景内容】为“白色”的文件。

(2) 将前景色设置为浅黄色（#f0ee3f），然后选择工具，激活属性栏中的按钮，并将属性栏中边:3的参数设置为“3”。

(3) 将鼠标指针移动到画面的左上角位置，按下鼠标左键并向右下方拖动，绘制形状图形。绘制的图形及生成的形状层如图 5-3 所示。

(4) 按 Ctrl+R组合键，将标尺显示在图像窗口中，然后将鼠标指针移动到标尺上，按住鼠标左键并向图像窗口中拖动，依次添加出如图 5-4 所示的参考线。

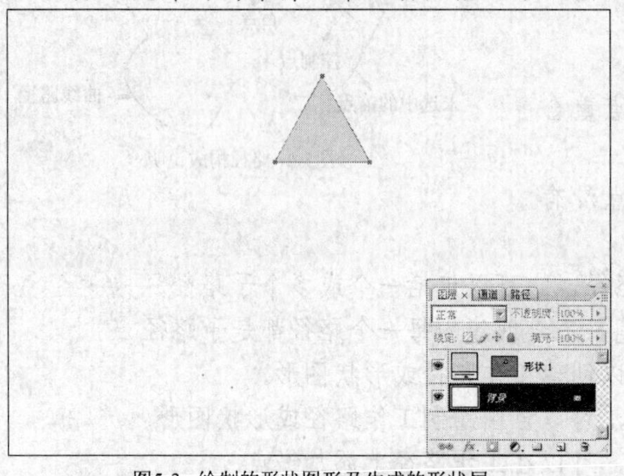

图5-3 绘制的形状图形及生成的形状层

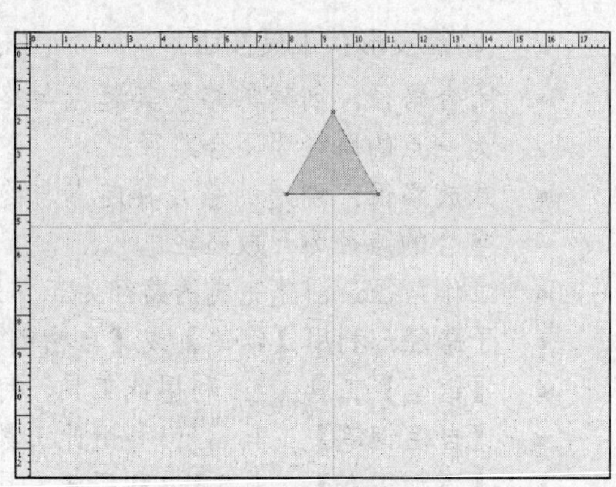

图5-4 添加的参考线

(5) 按 Alt+Ctrl+T组合键，将三角形图形复制后添加自由变换框，然后将其旋转中心移动至两条参考线的交点位置，如图 5-5 所示。

(6) 按住 Shift键，将鼠标指针移动至变换框的外部，待指针显示为弧形双向箭头时按下鼠标左键拖动，当图形跳跃两次时，释放鼠标左键，将复制出的图形旋转，其形态如图 5-6 所示。

(7) 按Enter键确认图形的旋转操作，然后按住 Shift+Ctrl+Alt组合键并依次按 T键，重复旋转复制出如图 5-7 所示的图形。

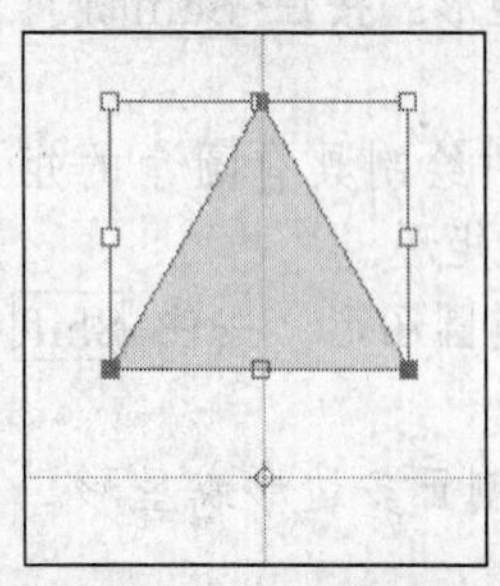

图5-5 旋转中心放置的位置

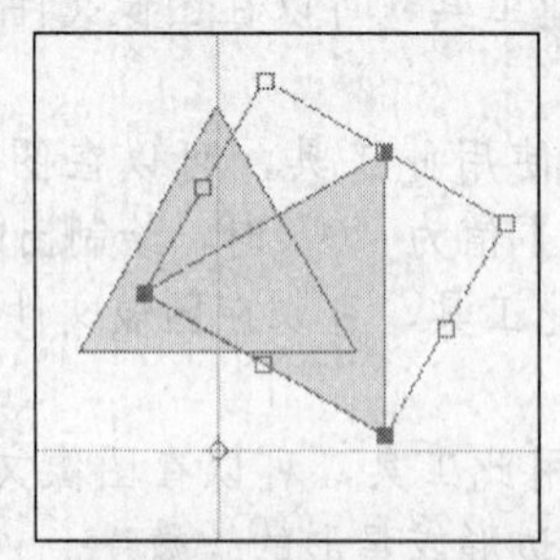

图5-6 旋转后的图形形态一

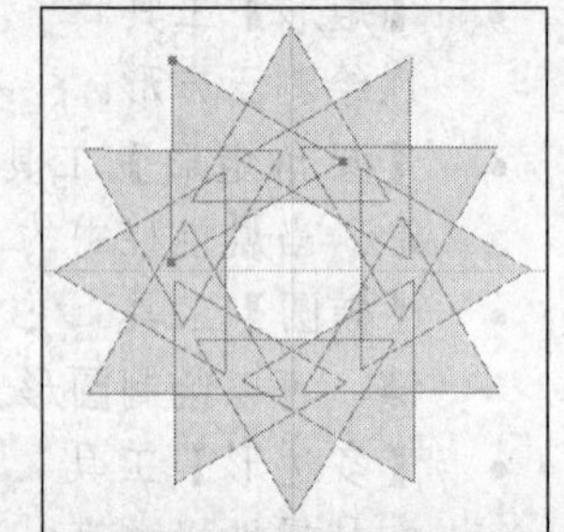

图5-7 重复复制出的图形

(8) 利用工具将复制出的形状图形全部选择，再按 Ctrl+T组合键，为其添加自由变换框，然后将属性栏中 -12.5 的参数设置为“-12.5”。

(9) 按Enter键，确认图形的旋转变换操作，旋转后的图形形态如图 5-8 所示。

(10) 用与步骤（2）～（7）相同的方法，在画面中依次绘制并复制出如图 5-9 所示的图形。

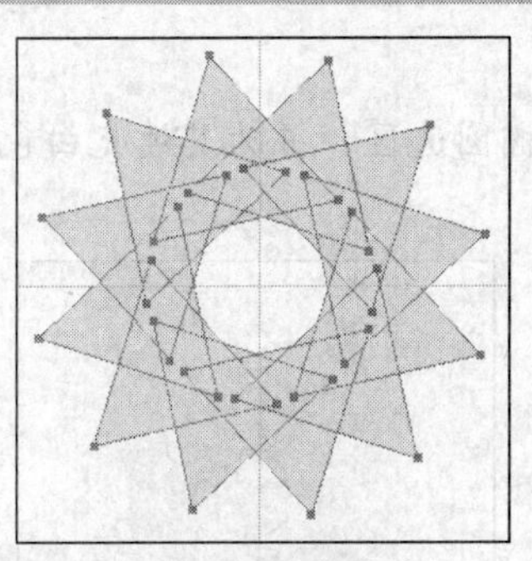

图5-8 旋转后的图形形态二

图5-9 绘制并复制出的图形

(11) 将前景色设置为浅黄色（#f5eba5），选择工具，按住 Shift+Alt组合键，将鼠标指针移动至两条参考线的交点位置，按住鼠标左键拖动，绘制出如图 5-10 所示的圆形。

(12) 选择【图层】/【图层样式】/【描边】命令，弹出【图层样式】对话框，设置各选项及参数如图 5-11 所示。

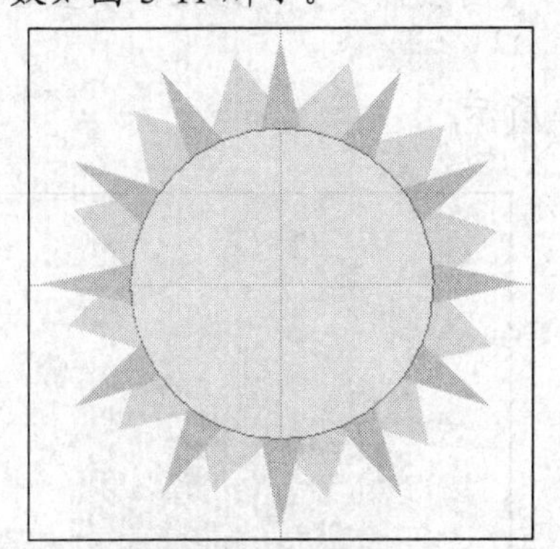

图5-10 绘制的图形一

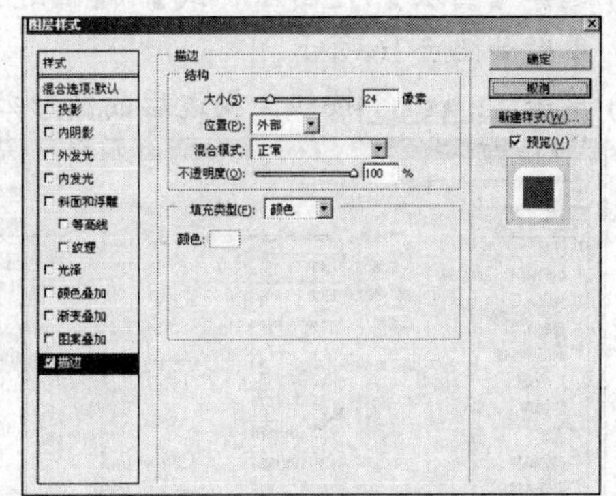

图5-11 【图层样式】对话框一

(13) 单击 确定 按钮，描边后的图形效果如图 5-12 所示。

(14) 将“形状 3”层复制生成为“形状 3 副本”层，再选择【图层】/【图层样式】/【清除图层样式】命令，将复制出图层中的图层样式取消。

(15) 按 Ctrl+T组合键，为复制出的图形添加自由变换框，然后按住 Shift+Alt组合键，将图形以中心等比例缩小至如图 5-13 所示的形态。

图5-12 描边后的图形效果一

图5-13 缩小后的图形形态

(16) 按 Enter键确认图形的缩小变换操作，然后双击“形状 3 副本”层左侧的图层缩览图，在弹出的【拾取颜色】对话框中将颜色设置为深黄色（#f3c634）。

(17) 单击 确定 按钮，修改颜色后的图形效果如图 5-14 所示。

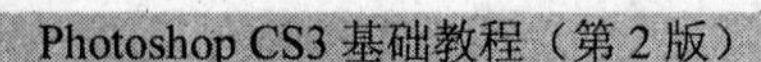

下面来绘制卡通的眼睛图形。

(18) 新建“图层 1”，选择◯工具，在画面中绘制一个椭圆选区，并为其填充白色，效果如图 5-15 所示，然后按Ctrl+D组合键，将选区去除。

图5-14 修改颜色后的图形效果

图5-15 绘制的图形二

(19) 选择【图层】/【图层样式】/【描边】命令，弹出【图层样式】对话框，设置各选项及参数如图 5-16 所示。

(20) 单击 确定 按钮，描边后的图形效果如图 5-17 所示。

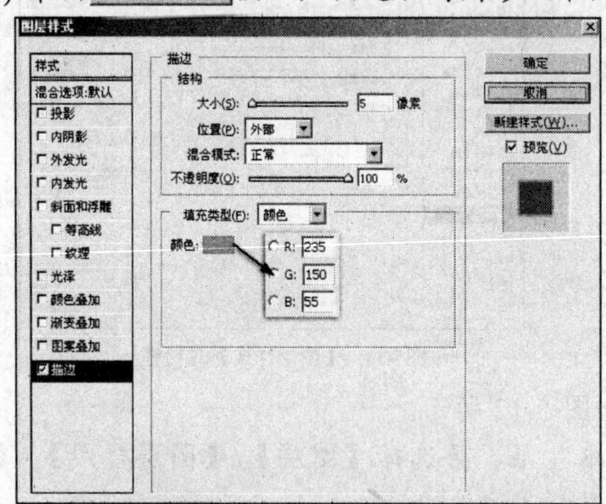

图5-16 【图层样式】对话框二

图5-17 描边后的图形效果二

(21) 新建“图层 2”，选择◯工具，在画面中绘制一个椭圆选区，并为其填充浅蓝色（#9be1ff），效果如图 5-18 所示，然后按Ctrl+D组合键，将选区去除。

(22) 用与步骤（21）相同的方法，依次新建图层后绘制椭圆选区，并为选区填充颜色，完成眼睛图形的绘制，效果如图 5-19 所示。

图5-18 绘制的图形三

图5-19 绘制完成的眼睛图形

(23) 将绘制眼睛生成的“图层 1”～“图层 4”同时选择，然后按 Ctrl+Alt+E 组合键，将选择的图层合并后复制生成为“图层 4（合并）层”。

(24) 选择【编辑】/【变换】/【水平翻转】命令，将复制出的眼睛图形水平翻转，然后将其移动至如图 5-20 所示的位置。

(25) 将前景色设置为粉红色（#eb9996），然后选择工具，激活属性栏中的按钮，在画面中依次单击，绘制出如图 5-21 所示的形状图形。

图5-20　图形放置的位置

图5-21　绘制的形状图形

(26) 选择工具，将鼠标指针移动到路径的锚点上，按住鼠标左键拖动，将图形调整至如图 5-22 所示的形态。

(27) 用与步骤（25）～（26）相同的方法，依次绘制出如图 5-23 所示的图形，完成嘴图形的绘制。

图5-22　调整后的图形形态

图5-23　绘制的嘴图形

(28) 新建“图层 5”，然后将前景色设置为深黄色（#eb9637）。

(29) 选择工具，并单击属性栏中【画笔】选项右侧的按钮，在弹出的【笔头设置】面板中设置选项及参数如图 5-24 所示。

(30) 在画面中依次单击，喷绘出如图 5-25 所示的腮红效果。

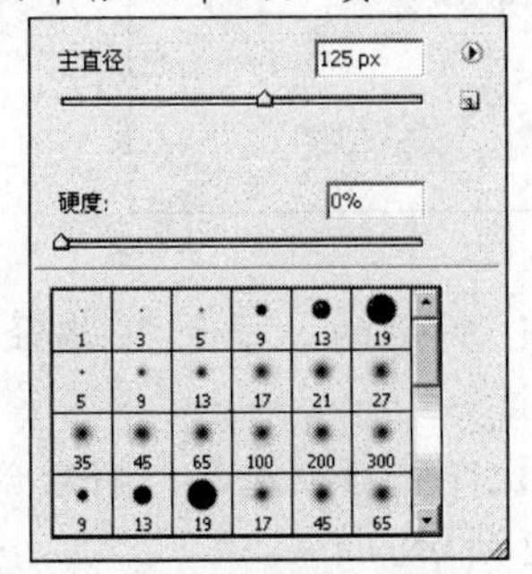

图5-24　【笔头设置】面板一

图5-25　喷绘出的腮红效果

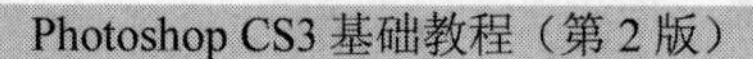

(31) 选择工具，并单击属性栏中【画笔】选项右侧的按钮，在弹出的【笔头设置】面板中设置参数如图 5-26 所示，然后将属性栏中 不透明度: 70% 的参数设置为“70”。

(32) 将前景色设置为白色，然后在画面中依次单击，喷绘出如图 5-27 所示的白色图形。

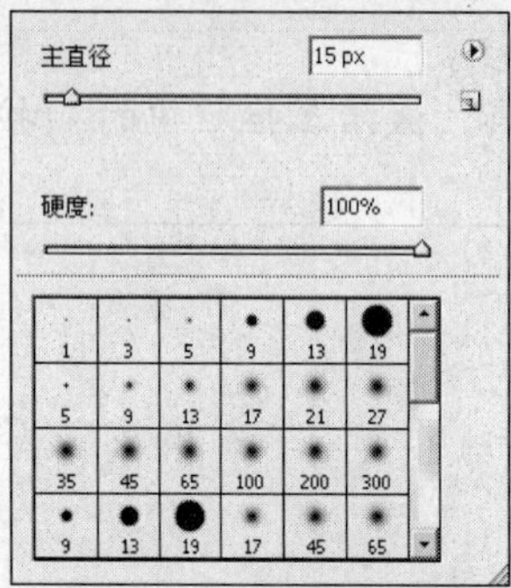

图5-26 【笔头设置】面板二

图5-27 喷绘出的图形

(33) 将前景色设置为深黄色（#eb9637），然后利用和工具，绘制并调整出如图 5-28 所示的形状图形。

(34) 将形状图形依次复制，然后将复制出的图形旋转至合适的角度后分别放置到如图 5-29 所示的位置。

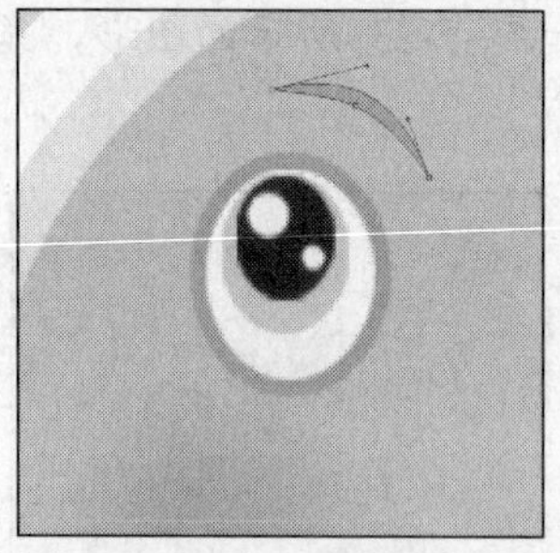

图5-28 绘制的深黄色形状图形

图5-29 复制出的图形放置的位置

(35) 用与步骤（33）相同的方法，绘制出卡通的胳膊图形，其绘制过程如图 5-30 所示。

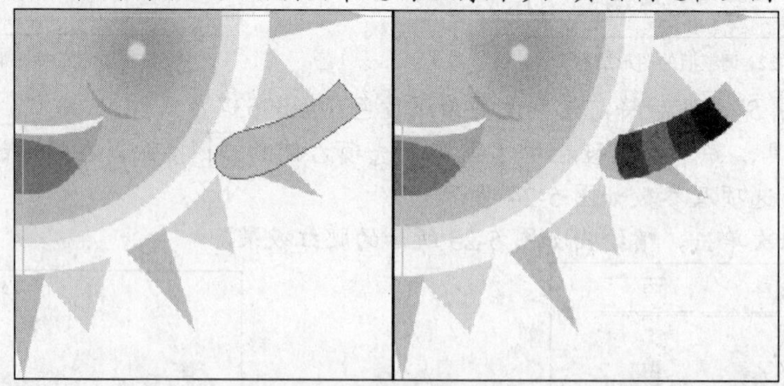

图5-30 绘制的胳膊图形

(36) 利用和工具，依次绘制并调整出如图 5-31 所示的“手形”路径，然后按 Ctrl+Enter 组合键，将路径转换为选区。

(37) 选择工具，激活属性栏中的按钮，在选区中依次单击绘制选区，将后创建的选区与先创建的选区合并成为新的选区，其状态如图 5-32 所示。

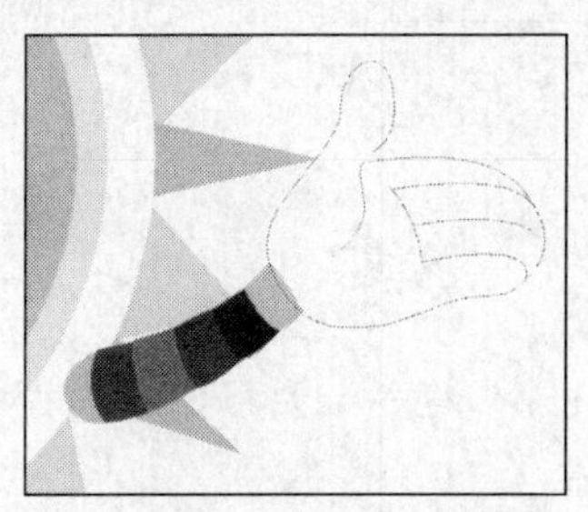

图5-31　绘制的“手形”路径

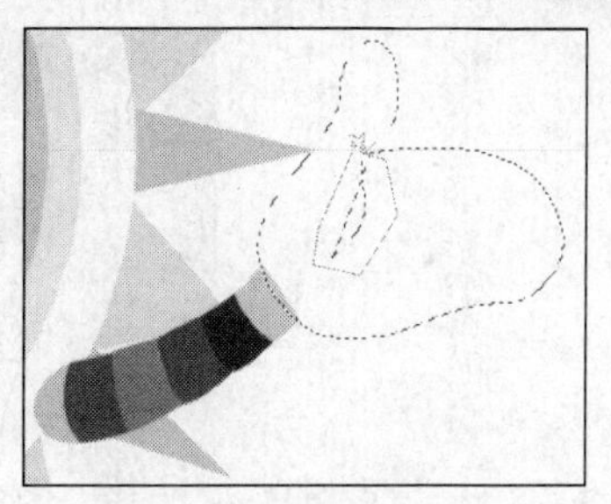

图5-32　添加到选区时的状态

(38) 新建“图层 6”，为选区填充上浅黄色（#f5eba5），效果如图 5-33 所示，然后按 Ctrl+D 组合键，将选区去除。

(39) 新建“图层 7”，然后将前景色设置为深黄色（#f3c634）。

(40) 选择工具，并单击属性栏中【画笔】选项右侧的按钮，在弹出的【笔头设置】面板中设置参数如图 5-34 所示，然后将属性栏中不透明度: 100% 的参数设置为“70”。

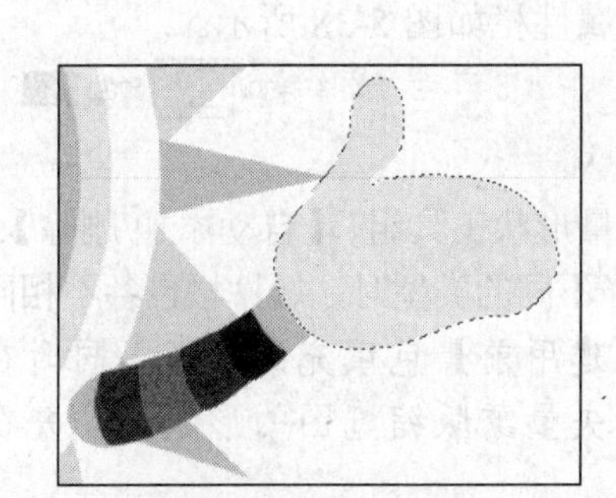

图5-33　填充颜色后的效果

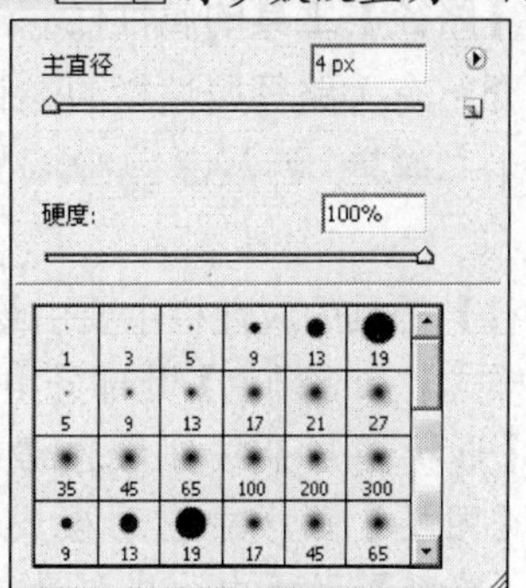

图5-34　【笔头设置】面板三

(41) 打开【路径】面板，单击其下方的按钮，用设置的画笔笔头描绘路径，效果如图 5-35 所示，然后在【路径】面板的灰色区域单击，将路径隐藏。

(42) 将绘制胳膊和手生成的所有图层同时选择，然后按 Ctrl+Alt+E 组合键，将选择的图层合并后复制生成为“图层 7（合并）层”。

(43) 选择【编辑】/【变换】/【水平翻转】命令，将复制出的图形水平翻转，然后将其移动至如图 5-36 所示的位置。

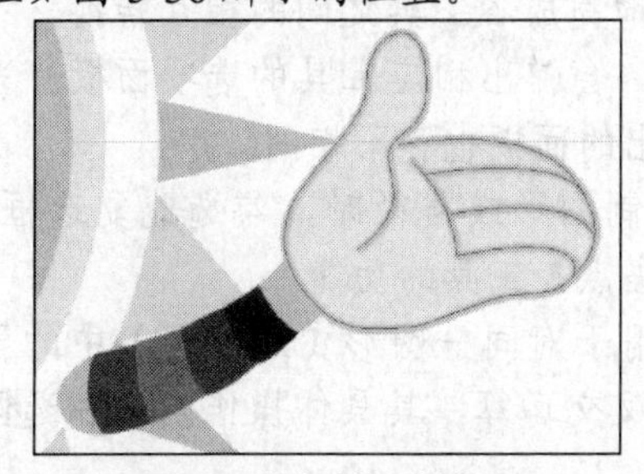

图5-35　描绘路径后的效果

图5-36　图形移动的位置

(44) 选择【视图】/【清除参考线】命令，将图像窗口中的参考线删除。

(45) 按 Ctrl+O 组合键，打开教学素材“图库\项目 5”目录下名为“底纹.jpg”的图片文件，然后将其移动复制到“未标题-1”文件中，并放置到“形状 1”层的下方，效果如图 5-37 所示。

图5-37 移动复制入的图片

(46) 按 Ctrl+S 组合键，将此文件命名为“卡通图形.psd”保存。

【知识链接】

1. 【路径】工具的属性栏

下面介绍有关路径属性栏的知识，【路径】工具的属性栏如图 5-38 所示。

自动添加/删除 样式: 颜色:

图5-38 【路径】工具的属性栏

【路径】工具的属性栏主要由绘制类型、路径和矢量形状工具组、【自动添加/删除】、运算方式及【样式】和【颜色】几部分组成。在属性栏中选择不同的类型时，属性栏也各不相同。

- 【形状图层】按钮：激活此按钮，可以创建用前景色填充的图形，同时在【图层】面板中自动生成包括图层缩览图和矢量蒙版缩览图的形状层，并在【路径】面板中生成矢量蒙版。
- 【路径】按钮：激活此按钮，可以创建普通的工作路径，此时不在【图层】面板中生成新图层，仅在【路径】面板中生成路径层。
- 【填充像素】按钮：使用【钢笔】工具时此按钮不可用，只有使用【矢量形状】工具时才可用。激活此按钮，可以绘制用前景色填充的图形，但不在【图层】面板中生成新图层，也不在【路径】面板中生成路径。
- ：路径和矢量形状工具组是路径工具和矢量形状工具的集合。在属性栏中分别单击各个按钮即可方便快捷地完成各工具之间的相互转换，不必再到工具箱中去选择。单击右侧的按钮，会弹出相应工具的选项面板。当在属性栏中激活不同的路径工具按钮时，弹出的面板也各不相同。
- 【自动添加/删除】：在使用【钢笔】工具绘制图形或路径时，勾选此复选框，【钢笔】工具将具有【添加锚点】和【删除锚点】工具的功能。
- 属性栏中的、、、和按钮主要用于对同一图形（或路径）中的子图形（或子路径）进行相加、相减、相交或反交运算，其具体操作方法和选区的运算相同。

激活属性栏中的按钮创建形状图层时，属性栏右侧将出现【样式】和【颜色】选项，用于设置创建的形状图层的图层样式和颜色。

- 【样式】：单击右侧的图标，将会弹出【样式】面板，以便在形状层中快速应用系统中保存的样式。

- 【颜色】：单击右侧的颜色块，在弹出的【拾色器】对话框中可以设置形状层的颜色。

2. 【路径】面板

在图像文件中创建工作路径后，选择【窗口】/【路径】命令，即可调出【路径】面板，如图 5-39 所示。下面介绍一下该面板中各按钮的功能。

图5-39　【路径】面板

- 【填充】按钮：单击此按钮，将以前景色填充创建的路径。
- 【描边】按钮：单击此按钮，将以前景色为创建的路径进行描边，其描边宽度为一个像素。
- 【转换为选区】按钮：单击此按钮，可以将创建的路径转换为选区。
- 【转换为路径】按钮：确认图形文件中有选区，单击此按钮，可以将选区转换为路径。
- 【新建】按钮：单击此按钮，可在【路径】面板中新建一路径。若【路径】面板中已经有路径存在，将鼠标指针放置到创建的路径名称处，按下鼠标左键向下拖动至此按钮处释放鼠标，可以完成路径的复制。
- 【删除】按钮：单击此按钮，可以删除当前选择的路径。

任务二　抠选图像制作桌面效果

本任务主要运用【钢笔】工具和【转换点】工具选择背景中的人物图像，然后将其与打开的“桌面.psd”文件合成如图 5-40 所示的效果。

图5-40　合成图像效果

【操作步骤】

(1) 打开教学素材“图库\项目 5”目录下名为“人物 01.jpg”和“桌面.psd”的文件。

下面利用【路径】工具选择人物。为了使操作更加便捷、选择的人物更加精确，在选择过程中可以将图像窗口设置为满画布显示。

(2) 将“照片 01.jpg”文件设置为工作状态。连续按两次 F键，将窗口切换成全屏模式显示，如图 5-41 所示。

图5-41 全屏模式

> **说明** 按 Tab键，可以将工具箱、控制面板和属性栏显示或隐藏；按 Shift+Tab组合键，可以将控制面板显示或隐藏；连续按 F键，窗口可以在标准模式、带菜单栏的全屏模式和全屏模式 3 种显示模式之间切换。

(3) 选择【缩放】工具，在人物的头部左上角位置用鼠标向右下角拖动出一个虚线框，如图 5-42 所示。

(4) 释放鼠标左键后图像被放大显示，此时按住空格键拖动鼠标指针，可以平移图像在窗口中的显示位置，如图 5-43 所示。

图5-42 拖出的虚线框

图5-43 平移图像在窗口中的显示位置

(5) 选择【钢笔】工具，激活属性栏中的按钮。将鼠标指针放置在人物头部的边缘处，单击添加第一个控制点，如图 5-44 所示。

(6) 将鼠标指针移动到人物结构转折的位置单击，添加第二个控制点，如图 5-45 所示。

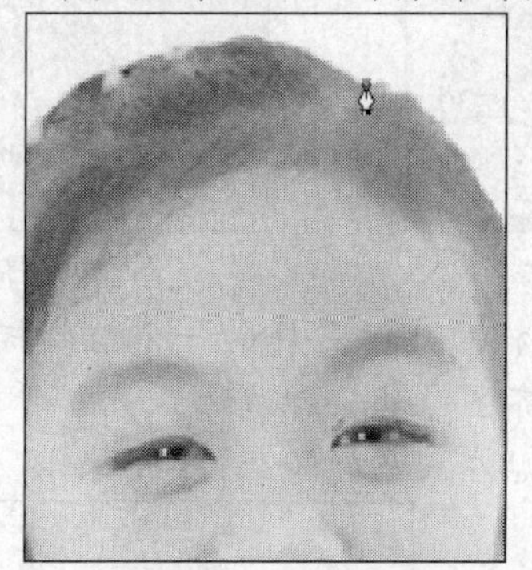

图5-44　添加第一个控制点

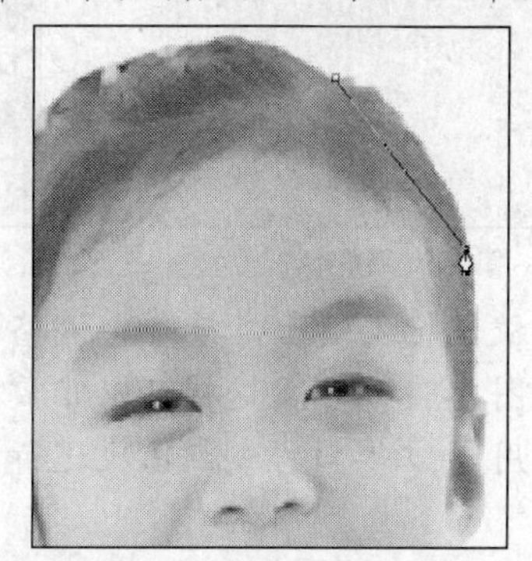

图5-45　添加第二个控制点

(7) 依次沿着人物的头部在结构转折的位置添加控制点。由于画面放大显示，所以只能看到画面中的部分图像，在添加控制点时，当绘制到窗口边缘位置后就无法再继续添加了，如图 5-46 所示。此时可以按住空格键，鼠标指针切换成【抓手】工具后拖动鼠标将图像平移，然后再绘制路径。

(8) 当绘制的路径终点与起点重合时，在鼠标指针的右下角会出现一个圆形图标，此时单击即可创建闭合的路径，如图 5-47 所示。

图5-46　绘制到边缘

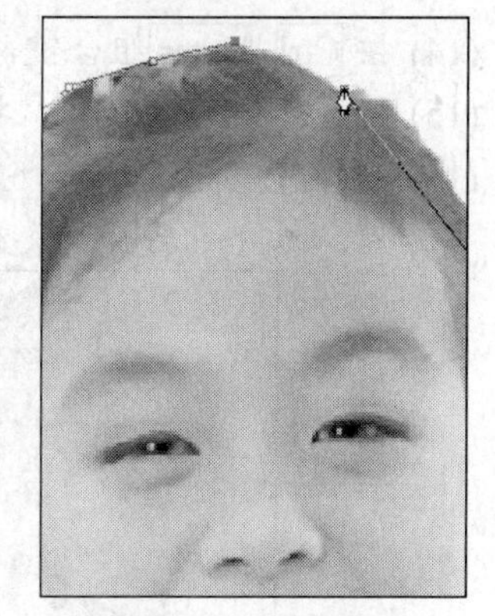

图5-47　合并路径状态

接下来利用【转换点】工具对绘制的路径进行调整，使路径紧贴人物轮廓的边缘。

(9) 选择工具，将鼠标指针放置在路径的控制点上拖动鼠标，此时出现两条控制柄，如图 5-48 所示。

(10) 拖动鼠标指针调整控制柄，将路径调整平滑后释放鼠标左键。如果路径控制点添加的位置没有紧贴在图像轮廓上，可以按住 Ctrl 键来移动控制点的位置，如图 5-49 所示。

(11) 利用工具对路径上的其他控制点进行调整，如图 5-50 所示。

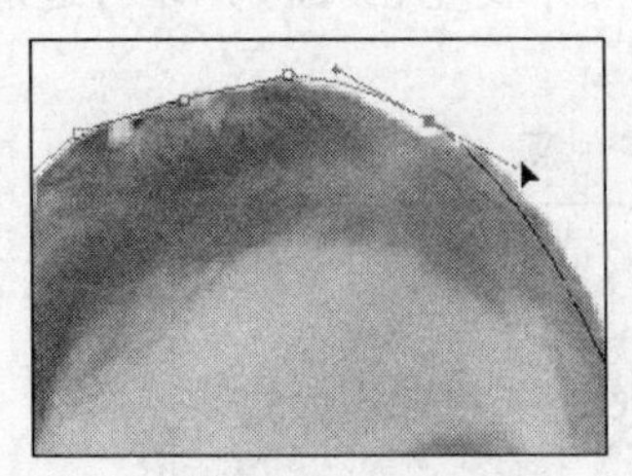

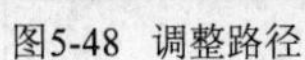

图5-48 调整路径

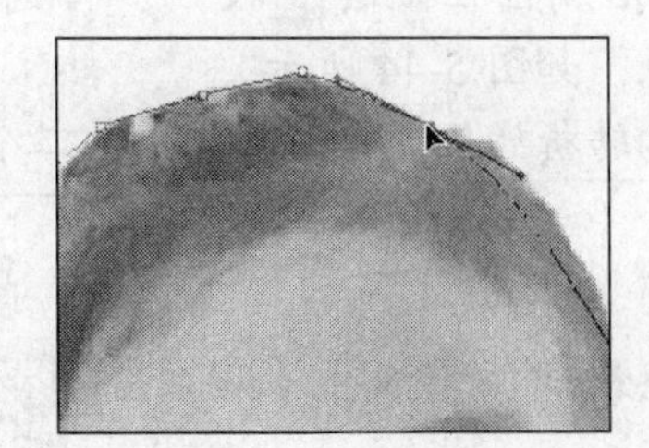

图5-49 移动控制点

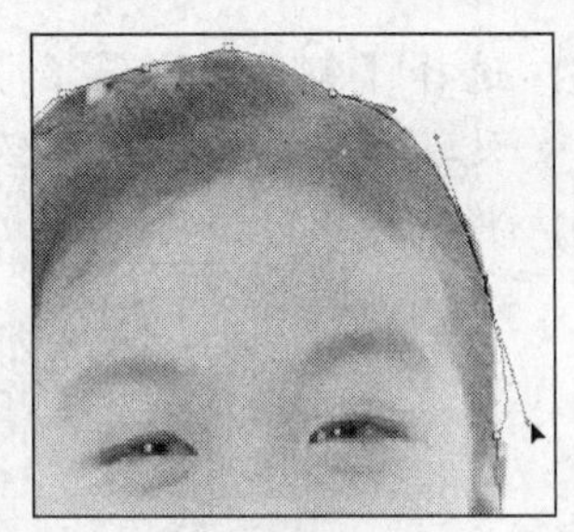

图5-50 调整路径

(12) 释放鼠标左键后，接着再调整其中的一个控制柄，此时另外的一个控制柄就被锁定，如图 5-51 所示，这样可以非常精确地将路径贴齐图像的轮廓边缘。

(13) 利用 工具对控制点依次进行调整，使路径紧贴在人物的轮廓边缘，如图 5-52 所示。

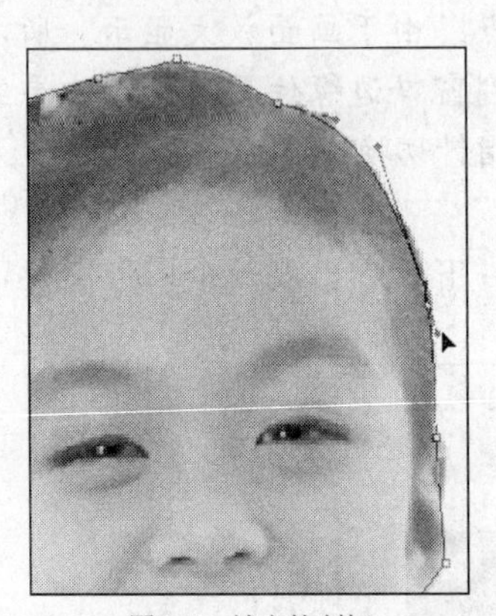

图5-51 锁定控制柄

图5-52 调整完的路径

(14) 按 Ctrl+Enter 组合键，将路径转换成选区，如图 5-53 所示。

(15) 再连续按两次 F 键，将窗口切换到标准屏幕模式显示。

(16) 选择【移动】工具，将选择的人物移动到“桌面.psd”文件中，同时生成“图层 1”。把“图层 1”放置在文字层的下面，然后调整一下图片的大小，如图 5-54 所示。

图5-53 转换成选区

图5-54 调整图片大小

(17) 选择【图层】/【图层样式】/【外发光】命令，弹出【图层样式】对话框，选项及参数设置如图 5-55 所示。

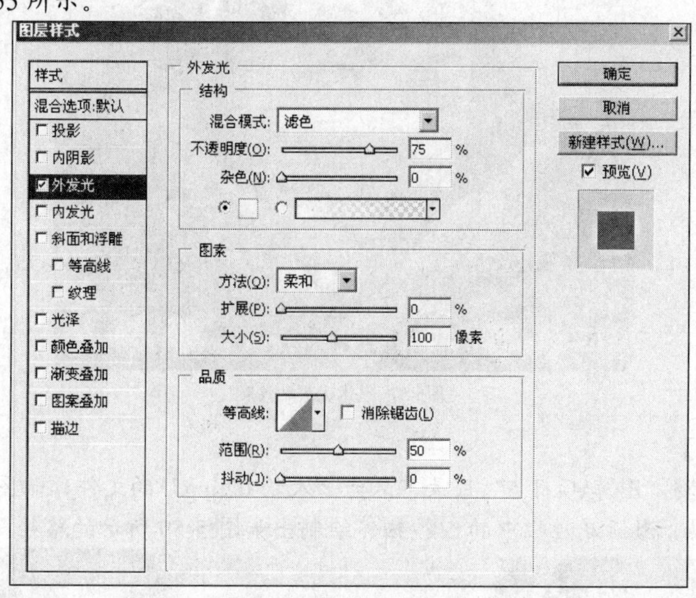

图5-55　【外发光】参数设置

(18) 单击 确定 按钮，画面效果如图 5-56 所示。

图5-56　画面效果

(19) 按 Shift+Ctrl+S 组合键，将此文件命名为“桌面.psd”另存。

任务三　制作艺术大头贴效果

本任务主要运用【矩形】工具 、【路径】面板的描绘功能以及【图层样式】命令，制作出如图 5-57 所示的艺术大头贴效果。

图5-57 艺术大头贴效果

【操作步骤】

(1) 打开教学素材“图库\项目 5”目录下名为“人物 02.jpg”的文件，如图 5-58 所示。

(2) 选择 工具，激活属性栏中的 按钮，绘制出如图 5-59 所示的路径。

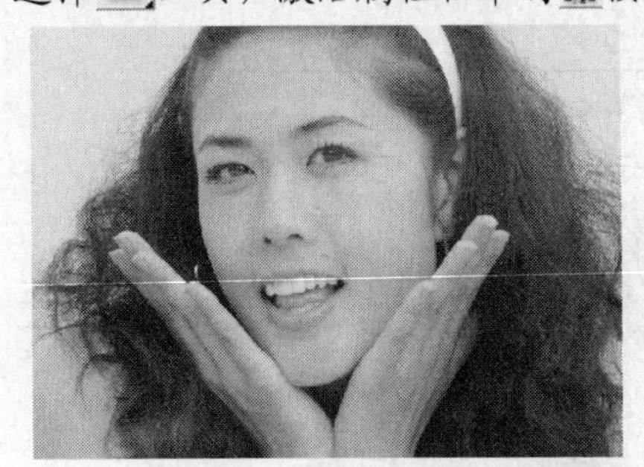

图5-58 打开的图片

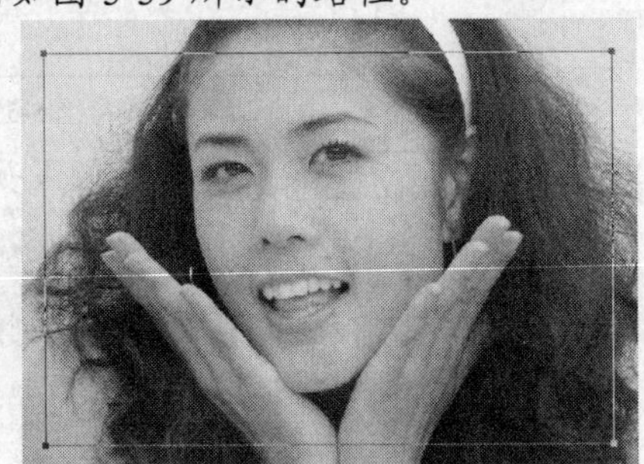

图5-59 绘制的路径

(3) 打开【路径】面板，双击“工作路径”，弹出如图 5-60 所示的【存储路径】对话框，单击 确定 按钮，将工作路径存储为“路径 1”。

(4) 选择 工具，将前景色设置为紫色(#f532dc)，单击属性栏中的 按钮，弹出【画笔】面板，设置参数如图 5-61 所示。

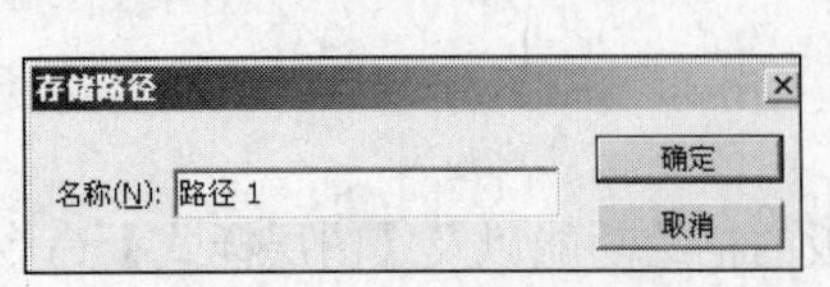

图5-60 【存储路径】对话框

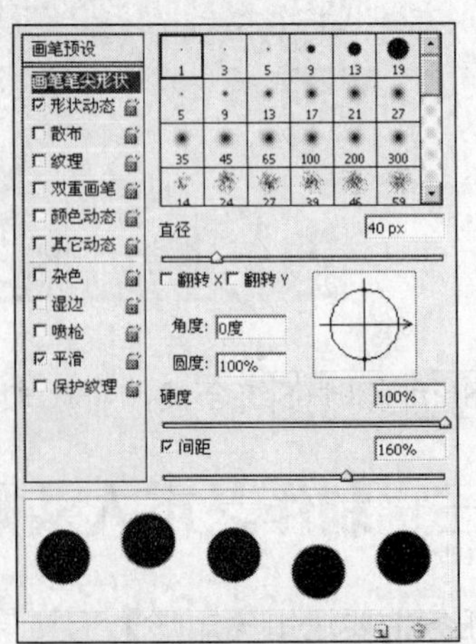

图5-61 【画笔】面板参数设置

(5) 新建“图层 1”，单击【路径】面板底部的 按钮，用前景色给路径描边，效果如图 5-62 所示。

(6) 将前景色设置为白色，在【画笔】面板中重新设置参数如图 5-63 所示。

图5-62 描边效果

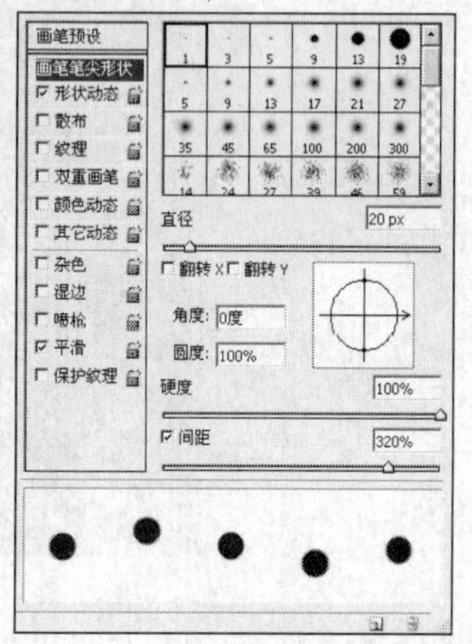

图5-63 【画笔】面板

(7) 新建“图层 2”，给路径再次描边效果如图 5-64 所示。

(8) 将“图层 1”设置为工作层，选择【图层】/【图层样式】/【描边】命令，设置参数如图 5-65 所示。

图5-64 再次描边效果

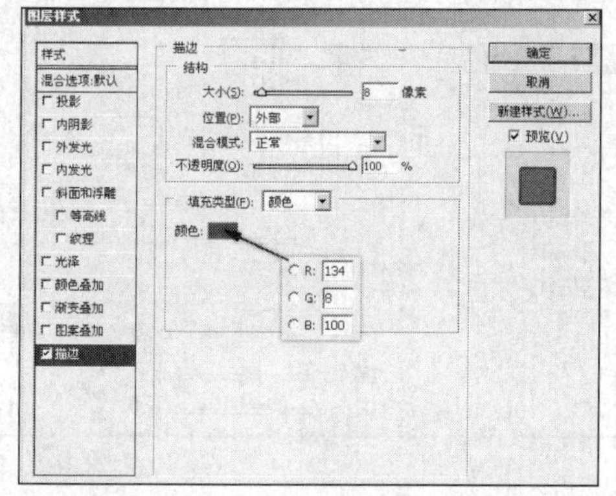

图5-65 【描边】参数设置

(9) 单击 确定 按钮，描边效果如图 5-66 所示。

(10) 将前景色设置为白色，选择 工具，激活属性栏中的 按钮，在形状面板中选择如图 5-67 所示的图形。

图5-66 图层 1 的描边效果

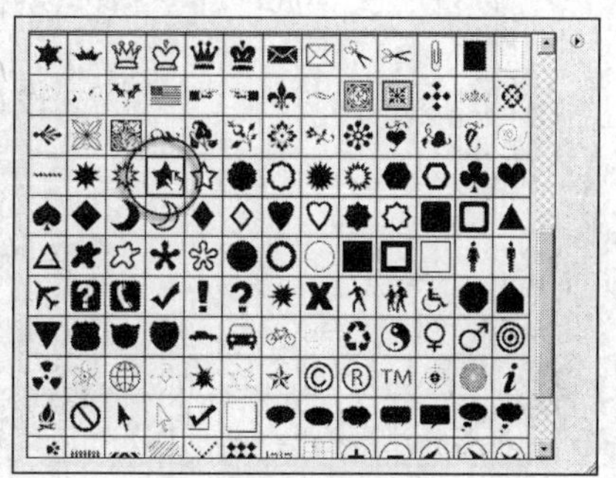

图5-67 选择形状图形

(11) 新建“图层 3”，在画面的左上角绘制出如图 5-68 所示的图形。

图5-68　绘制的图形四

(12) 选择【图层】/【图层样式】/【内发光】命令，设置参数如图 5-69 所示。

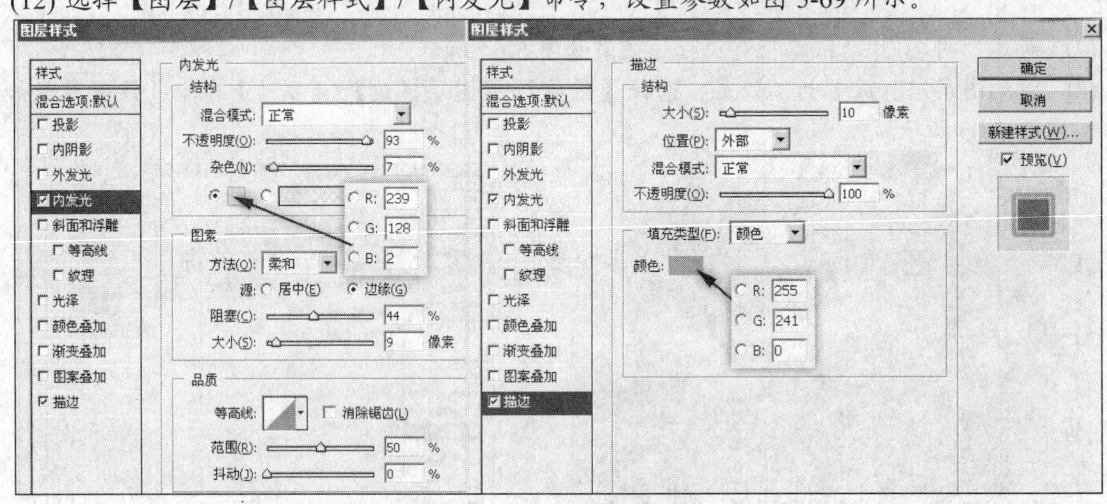

图5-69　【图层样式】对话框三

(13) 单击 确定 按钮，图形效果如图 5-70 所示。

(14) 利用工具继续在图形的下边和右边分别再绘制上几个五角星图形，如图 5-71 所示。

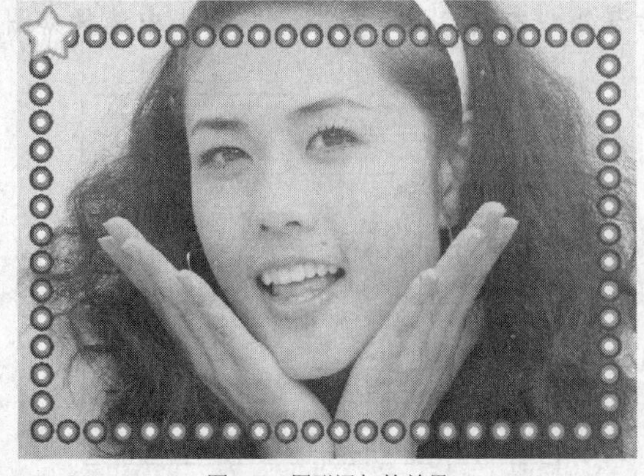

图5-70　图形添加的效果

图5-71　绘制的五角星

(15) 复制"图层 3"为"图层 3 副本"层，选择【编辑】/【变换】/【水平翻转】命令，将图形翻转，然后放置到画面的右上角位置，如图 5-72 所示。

(16) 再复制两次"图层 3"，将复制的图形垂直翻转后放置到画面的下方，如图 5-73 所示。

图5-72　复制出的图形一

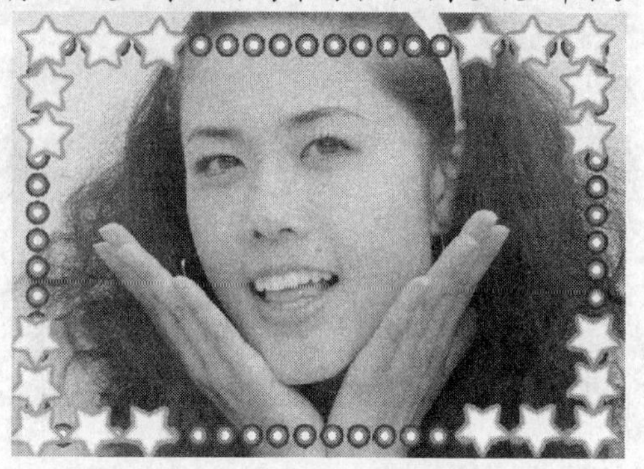

图5-73　复制出的图形二

(17) 将"图层 1"设置为工作层，利用[ ]工具绘制如图 5-74 所示的选区。

(18) 选择【图像】/【调整】/【色相/饱和度】命令，调整参数如图 5-75 所示。

图5-74　绘制的选区一

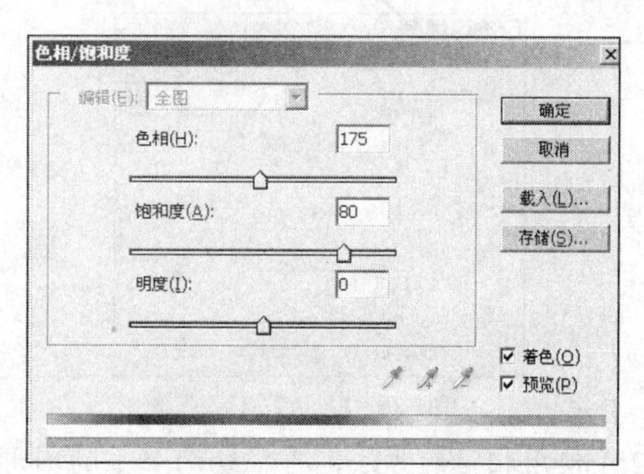

图5-75　【色相/饱和度】对话框

(19) 单击 确定 按钮，调整颜色后的效果如图 5-76 所示。

(20) 使用相同的调整方法，把右边的圆点也调整成蓝色，效果如图 5-77 所示。

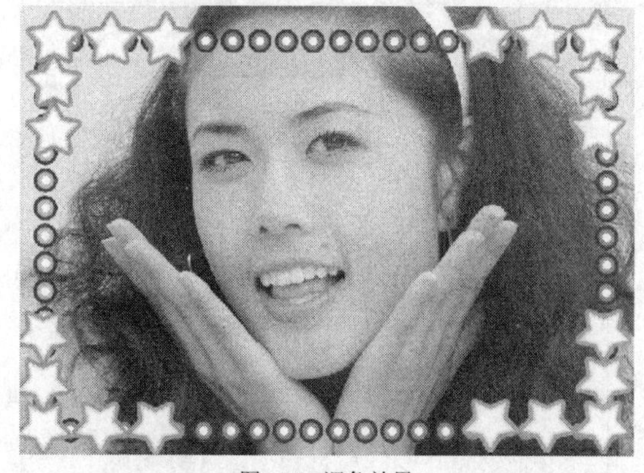

图5-76　调色效果

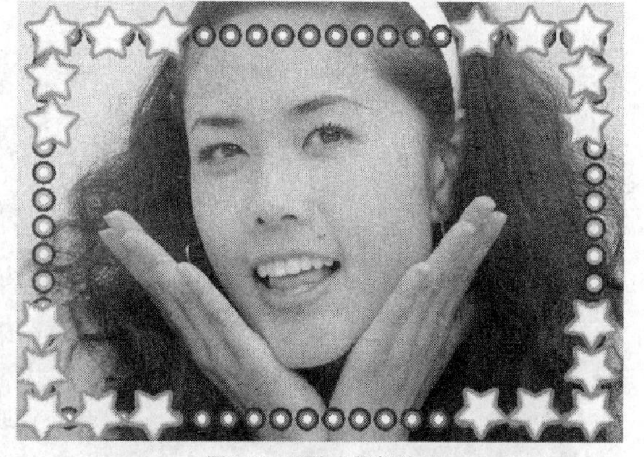

图5-77　调整成蓝色效果

(21) 新建"图层 4"，利用路径描绘功能，在画面中描绘出如图 5-78 所示的白色线形圆点效果。

(22) 新建“图层 5”，利用工具，在画面中绘制如图 5-79 所示的圆形选区。

图5-78 描绘的圆点效果

图5-79 绘制的选区二

(23) 选择【编辑】/【描边】命令，设置参数如图 5-80 所示。

(24) 单击 确定 按钮，描边后的效果如图 5-81 所示。

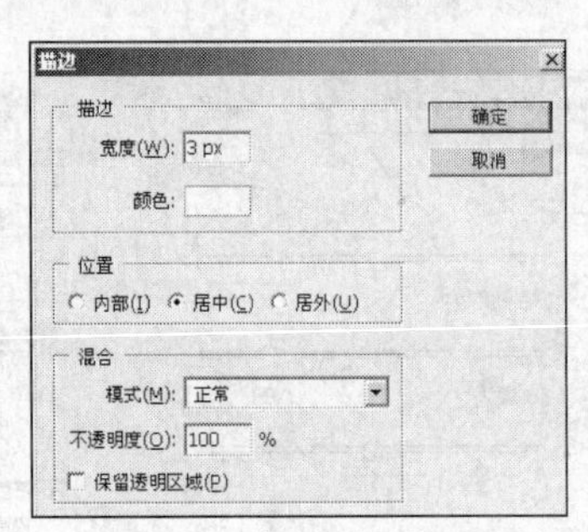

图5-80 【描边】对话框

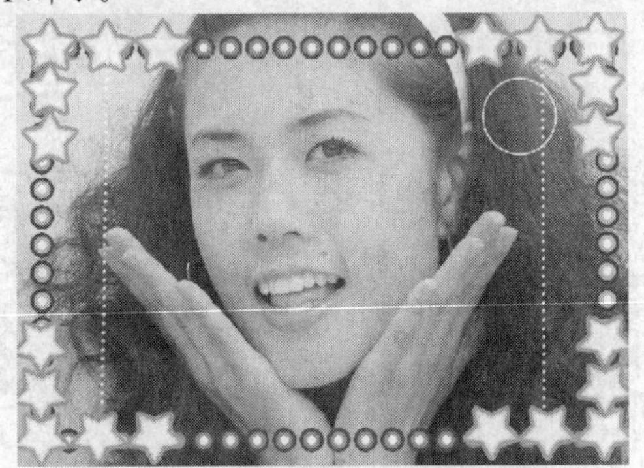

图5-81 圆形描边效果

(25) 使用相同的方法，再描绘两个小的圆形白色线圈，如图 5-82 所示。

(26) 将“背景”层设置为工作层，单击【图层】面板下面的按钮，在弹出的菜单中选择【曲线】命令，弹出【曲线】对话框，调整曲线形态如图 5-83 所示。

图5-82 描绘的白线圈

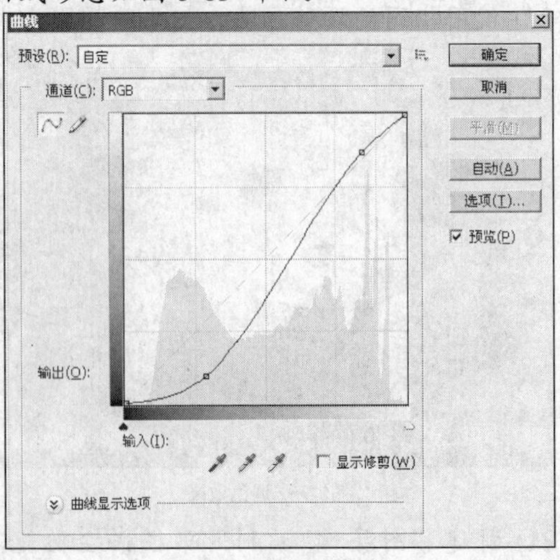

图5-83 【曲线】对话框

(27) 单击 确定 按钮，调整对比度后的效果如图 5-84 所示。

图5-84　调整对比度后的效果

(28) 按 Shift+Ctrl+S 组合键，将此文件命名为“艺术大头贴.psd”另存。

项目实训——制作星空霓虹效果

根据对任务三内容的学习及路径的灵活应用，读者自己动手制作出如图 5-85 所示的星空霓虹效果。图库素材为教学素材“图库\项目 5”目录下名为“星空.jpg”的文件。作品参见教学素材“作品\项目 5”目录下名为“项目实训.psd”的文件。

图5-85　制作出的星空霓虹效果

习题

1.　根据对路径内容的学习，读者自己动手绘制出如图 5-86 所示的标志图形。作品参见教学素材“作品\项目 5”目录下名为“操作题 05-1.psd”的文件。

图5-86　绘制的标志

2.　根据对路径内容的学习，利用路径的描绘功能，读者自已动手制作出如图 5-87 所示的邮票效果。图库素材为教学素材“图库\项目 5”目录下名为“人物 03.jpg”、“人物 04.jpg”和“邮戳.psd”的文件。作品参见教学素材“作品\项目 5”目录下名为“操作题 05-2.psd”的文件。

图5-87　绘制的邮票效果

项目六 滤镜应用

滤镜是 Photoshop 中较重要的命令，应用滤镜可以制作出多种精彩的图像艺术效果以及各种类型的艺术效果字。有了滤镜的帮助，在图像处理及特效制作中真的是如虎添翼。Photoshop CS3 的【滤镜】菜单中共有 100 多种滤镜命令，每个命令都可以单独使图像产生不同的滤镜效果，用户也可以利用滤镜库为图像应用多种滤镜效果。

滤镜命令的使用方法非常简单，只要在图像上选择相应的滤镜命令，然后在弹出的对话框中设置不同的选项和参数就可直接出现效果。限于篇幅，本项目将概括性地介绍每一个滤镜命令的功能，并提供插图说明滤镜所产生的效果，希望能够起到抛砖引玉的作用。

学习目标

- ❖ 了解滤镜菜单命令。
- ❖ 掌握常用滤镜命令的使用方法。
- ❖ 熟练掌握常见特殊效果的制作方法。
- ❖ 熟练掌握滤镜命令的综合应用方法。

任务一 利用【抽出】命令抽出图像

【抽出】滤镜是一个在背景中提取图像非常有用的命令，无论图像在多么复杂的背景中或图像轮廓多么精细，使用此命令都可以非常干净利索地将需要的图像从背景中分离出来。下面通过范例操作来深入地介绍该命令的操作方法，以便更有利于读者学习和应用此命令。本例图库素材及抽出后的图像效果如图 6-1 所示。

图6-1 图片素材及抽出图像效果

【知识准备】

在滤镜菜单中的每一个命令都可以应用到 RGB 模式的图像中，而对于 CMYK 和灰度

模式的图像则有部分滤镜命令无法选择，只有先将其转换为 RGB 模式才可以应用，这一点读者要特别注意。下面就来先简要介绍一下滤镜命令的基本应用方法。

1. 转换为智能滤镜

Photoshop CS3 中新增加的【转换为智能滤镜】命令，可以让用户就像操作图层样式那样灵活方便地运用滤镜。在应用效果之前如果先转换成智能滤镜，在调制效果时通过智能滤镜可以随时更改添加在图像上的滤镜参数，并且还可以随时移除或再添加其他滤镜。

利用智能滤镜修改图像效果时，仍保留图像原有数据的完整性，如果觉得某滤镜不合适，可以暂时关闭或者退回到应用滤镜前图像的原始状态。如果想对某滤镜的参数进行修改，可以直接双击【图层】面板中的该滤镜，即可弹出该滤镜的参数设置对话框；单击【图层】面板滤镜左侧的 图标，则可以关闭该滤镜的预览效果。在滤镜上单击鼠标右键，可在弹出的菜单中编辑滤镜的混合模式、更改滤镜的参数设置、关闭滤镜或删除滤镜等。

2. 在图像中应用单个滤镜效果

在图像中创建好选区或设置好需要应用滤镜效果的图层，然后选择【滤镜】菜单命令，在弹出的下拉菜单中选择相应的命令，如果滤镜命令后面带有省略号（…），则会弹出相应的对话框。单击对话框中图像预览窗口左下角的 + 和 - 按钮，可以放大或缩小显示预览窗口中的图像。设置好相应的参数及选项后单击 确定 按钮，即可将一种滤镜效果应用到图像中。

3. 在图像中应用多个滤镜效果

在图像中创建好选区或设置好需要应用滤镜效果的图层，然后选择【滤镜】/【滤镜库】命令，将弹出【滤镜库】对话框。在该对话框中设置了相应的滤镜命令后，该对话框中的标题栏名称将变为相应的滤镜名称，如图 6-2 所示为【滤镜库】对话框选择相应命令后的显示形态。

图6-2 【滤镜库】选择"喷色描边"后的形态

说明

当选择过一次滤镜命令后，【滤镜】菜单中的第一个命令即可使用，选择此命令或按 Ctrl+F 组合键，可以在图像中再次应用最近一次应用的滤镜效果。按 Alt+Ctrl+F 组合键，将弹出上次应用滤镜的对话框。

【操作步骤】

(1) 打开教学素材“图库\项目 6”目录下名为“照片 01.jpg”和“模版.JPG”的文件，选择【滤镜】/【抽出】命令，弹出的【抽出】对话框如图 6-3 所示。

图6-3 【抽出】对话框

(2) 选择【缩放】工具🔍，在预览窗口中单击，将图像放大显示，这样可以精确地绘制轮廓边缘。

- 使用【缩放】工具时，按住 Alt 键在预览窗口中单击可缩小显示图像；利用【抓手】工具在预览窗口中用鼠标拖动可移动图像；另外，当使用对话框中的其他工具时，按住空格键可临时切换到工具。

(3) 在【抽出】对话框中选择【边缘高光器】工具，在工具选项栏中将【画笔大小】设置为“15”，【高光】和【填充】颜色均设置为“绿色”，并勾选下面的【智能高光显示】复选框。

- 【画笔大小】: 可设置边缘高光器、橡皮擦、清除和边缘修饰工具的笔头大小。

说明

在使用边缘高光器、橡皮擦、清除或边缘修饰工具时，按键盘中的]键可以增加笔头的大小；按[键可以减小笔头的大小。

- 【高光】: 设置高光的自定颜色，其下拉列表中包括【红色】、【蓝色】、【绿色】和【其他】4 个选项。
- 【填充】: 设置由填充工具覆盖区域的自定颜色，其下拉列表中的选项与【高光】下拉列表中的相同。
- 【智能高光显示】: 勾选此复选框，可以保持在图像轮廓边缘位置绘制智能高光轮廓色。

(4) 将鼠标指针移动到人物边缘处拖动鼠标，定义要抽出图像的边缘，如图 6-4 所示。

(5) 按住空格键，在窗口中通过平移来显示图像的其他位置，然后将人物图像全部绘制出高光轮廓，如图 6-5 所示。

> **说明**
> 在定义高光区域时，若用户对定义的区域不满意，可以利用对话框中的【橡皮擦】工具在高光上拖动鼠标指针，即可将其擦除，然后再利用工具重新绘制高光区域。

图6-4　定义要抽出图像的边缘

图6-5　绘制出高光轮廓

(6) 选择【填充】工具，在定义的高光区域内单击，以填充抽出图像的内部，如图 6-6 所示。

(7) 单击 预览 按钮，即可查看抽出后的图像效果，如图 6-7 所示。

图6-6　填充抽出图像

图6-7　查看抽出后的图像效果

如果用户对所抽出图像的效果不满意，可以利用和工具进行修改（只有单击 预览 按钮后这两个工具才变为可用状态）。

- 【清除】工具：在抽出的图像上拖动鼠标指针，可以减去不透明度并具有累积效果，还可以使用【清除】工具填充取出对象中的间隙，如果按住 Alt 键，可以将出现透明效果的原图像重新显示出来。
- 【边缘修饰】工具：在抽出的图像上拖动鼠标指针，可以锐化边缘并具有累积效果。如果没有清晰的边缘，则【边缘修饰】工具可以给对象添加不透明度或从背景中减去不透明度。

(8) 利用和工具，设置较小的笔头并结合 Alt 键，将人物轮廓边缘修饰干净，修饰前后的对比效果如图 6-8 所示。

(9) 将“照片 01.jpg”图片移动复制到抽出后的画面背景中，合成如图 6-9 所示的效果。

图6-8　修饰前后的对比效果

图6-9　合成后的效果

(10) 按Shift+Ctrl+S组合键，将此文件命名为“抽出图像练习.psd”另存。

【知识链接】

- 【上次滤镜操作】命令：使图像重复上一次所使用的滤镜。
- 【转换为智能滤镜】命令：可将当前对象转换为智能对象，且在使用滤镜时原图像不会被破坏。智能滤镜作为图层效果存储在【图层】面板中，并可以随时重新调整这些滤镜的参数。
- 【抽出】命令：根据图像的色彩区域，可以有效地将图像在背景中提取出来。
- 【滤镜库】命令：可以累积应用滤镜，并多次应用单个滤镜，还可以重新排列滤镜并更改已应用每个滤镜的设置等，以便实现所需的效果。
- 【液化】命令：使用此命令，可以使图像产生各种各样的图像扭曲变形效果。
- 【图案生成器】命令：可以快速地将所选择的图像范围生成平铺的图案效果。
- 【消失点】命令：可以在打开的【消失点】对话框中通过绘制的透视线框来仿制、绘制和粘贴与选定图像周围区域相类似的元素进行自动匹配。
- 【风格化】命令：可以使图像产生各种印象派及其他风格的画面效果。
- 【画笔描边】命令：在图像中增加颗粒、杂色或纹理，从而使图像产生多样的艺术画笔绘画效果。
- 【模糊】命令：可以使图像产生模糊效果。
- 【扭曲】命令：可以使图像产生多种样式的扭曲变形效果。
- 【锐化】命令：将图像中相邻像素点之间的对比增加，使图像更加清晰化。
- 【视频】命令：该命令是 Photoshop 的外部接口命令，用于从摄像机输入图像或将图像输出到录像带上。
- 【素描】命令：可以使用前景色和背景色置换图像中的色彩，从而生成一种精确的图像艺术效果。
- 【纹理】命令：可以使图像产生多种多样的特殊纹理及材质效果。
- 【像素化】命令：可以使图像产生分块，呈现出由单元格组成的效果。
- 【渲染】命令：使用此命令，可以改变图像的光感效果。例如，可以模拟在图像场景中放置不同的灯光，产生不同的光源效果、夜景等。
- 【艺术效果】命令：使 RGB 模式的图像产生多种不同风格的艺术效果。
- 【杂色】命令：使图像按照一定的方式混合入杂点，得到着色像素图案纹理。
- 【其他】命令：使用此命令，读者可以设定和创建自己需要的特殊效果滤镜。
- 【Digimarc】（作品保护）命令：将作品加上标记，对作品进行保护。

任务二　瘦腰处理

本任务主要运用【滤镜】/【液化】命令对人物的腰部位置进行处理，使其更显苗条效果，图片素材及效果如图 6-10 所示。

图6-10　图片素材及效果一

【操作步骤】

(1) 打开教学素材“图库\项目 6”目录下名为“照片 02.jpg”的文件。

(2) 选择【滤镜】/【液化】命令，弹出【液化】对话框，确认按钮处于激活状态，设置右侧【工具选项】栏的参数如图 6-11 所示。

图6-11　【液化】对话框

(3) 将鼠标指针移动到人物的腰部位置自左向右轻微拖动，状态如图 6-12 所示。

(4) 用相同的方法，根据用户需要对腰部进行处理，直到满意为止，如图 6-13 所示。

图6-12　向右轻微拖动

图6-13　瘦腰后效果

(5) 单击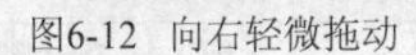按钮，即可完成瘦腰处理，瘦腰前后的对比效果如图 6-10 所示。

(6) 按 Shift+Ctrl+S 组合键，将此文件命名为“瘦腰.jpg”另存。

任务三　制作抽线效果

本任务利用【定义图案】、【图案】命令和图层混合模式功能来制作一种网络作品中经常见到的抽线效果，图片素材及效果如图 6-14 所示。

图6-14　图片素材及效果二

【操作步骤】

(1) 新建一个【宽度】为“40 像素”，【高度】为“20 像素”，【分辨率】为“80 像素/英寸”，【颜色模式】为“RGB 颜色”，【背景内容】为“透明”的文件。

(2) 利用[]工具在文件垂直方向的一半位置绘制一个矩形选区，并填充上白色，如图 6-15 所示。

(3) 按 Ctrl+D组合键去除选区，选择【编辑】/【定义图案】命令，在弹出的【图案名称】对话框中单击 确定 按钮，将白色图形定义为图案。关闭“未标题 1”文件。

(4) 打开教学素材“图库\项目 6”目录下名为“照片 03.jpg”的文件。

(5) 单击【图层】面板底部的 按钮，在弹出的菜单中选择【图案】命令，在【图案填充】对话框中选择刚才定义的图案，如图 6-16 所示。

图6-15 填充白色

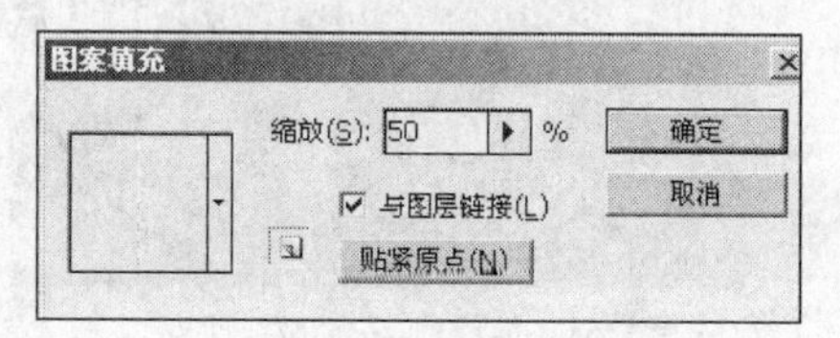

图6-16 【图案填充】对话框

(6) 将【缩放】参数设置为“50%”，单击 确定 按钮。

(7) 在【图层】面板中将“图案填充 1”层的图层混合模式设置为“柔光”，【填充】设置为“70%”，制作完成的抽线效果如图 6-14 所示。

(8) 按 Shift+Ctrl+S组合键，将此文件命名为“抽线效果.psd”另存。

任务四 制作焦点蒙版效果

本任务利用【径向模糊】命令和图层蒙版功能来制作一种焦点蒙版效果，图片素材及效果如图 6-17 所示。

图6-17 图片素材及效果三

【操作步骤】

(1) 打开教学素材“图库\项目 6”目录下名为“照片 04.jpg”的文件，如图 6-18 所示。

(2) 按 Ctrl+J组合键，将“背景”层复制为“图层 1”层，将“背景”层设置为工作层，然后单击“图层 1”左侧的 图标将其隐藏。

(3) 选择【滤镜】/【模糊】/【径向模糊】命令，在【径向模糊】对话框的“中心模糊”视

图中单击可以设置模糊的中心位置，设置参数如图 6-19 所示。单击 确定 按钮，画面效果如图 6-20 所示。

图6-18　打开的图片一

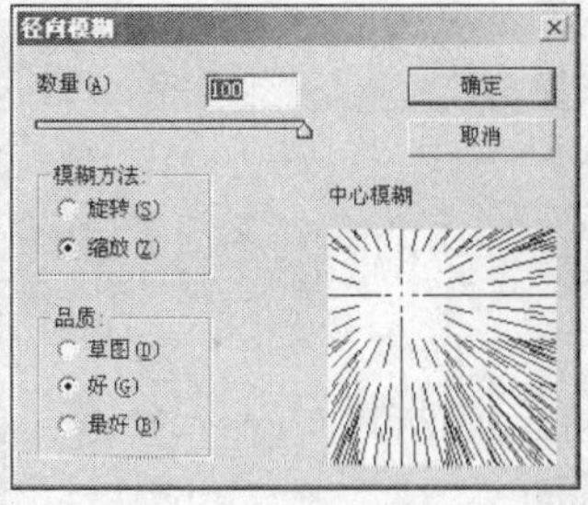

图6-19　【径向模糊】对话框

图6-20　径向模糊效果

(4) 将“图层 1”显示并设置为工作层，单击【图层】面板底部的 按钮添加图层蒙版，然后给蒙版填充黑色。

(5) 选择 工具，激活属性栏中的 按钮，在蒙版中填充由白色到黑色的渐变色，编辑蒙版后的画面效果如图 6-17 所示。

(6) 按 Shift+Ctrl+S 组合键，将此文件命名为“焦点蒙版效果.psd”另存。

任务五　制作景深效果

本任务利用【高斯模糊】命令和【历史记录画笔】工具 来制作一种照片的景深效果，图片素材及效果如图 6-21 所示。

图6-21　图片素材及效果四

【操作步骤】

(1) 打开教学素材“图库\项目 6”目录下名为“照片 05.jpg”的文件。

(2) 选择【滤镜】/【模糊】/【高斯模糊】命令，设置【半径】参数为“10”，单击 确定 按钮，效果如图 6-22 所示。

(3) 选择【历史记录画笔】工具 ，在人物中按下鼠标左键拖动，将人物恢复成清晰的效果，完成景深效果的制作，如图 6-23 所示。

图6-22 模糊效果

图6-23 景深效果

(4) 按 Shift+Ctrl+S组合键，将此文件命名为“景深效果.jpg”另存。

任务六 制作燃烧的报纸效果

本任务综合利用多种滤镜菜单命令来制作燃烧的报纸效果，制作完成的效果如图 6-24 所示。

图6-24 制作完成的燃烧效果一

【操作步骤】

(1) 按 Ctrl+N组合键，新建一个【宽度】为“12 厘米”，【高度】为“13.82 厘米”，【分辨率】为“150 像素/英寸”，【颜色模式】为“RGB 颜色”的白色文件。

(2) 新建“图层 1”，按 D键将前景色和背景色分别设置为默认的黑色和白色，然后按 Alt+Delete 组合键为“图层 1”填充黑色。

(3) 打开【通道】面板，单击面板中的 按钮，创建一个新通道“Alpha 1”，然后利用 工具在“Alpha 1”通道中绘制如图 6-25 所示的不规则选区。

(4) 按 Ctrl+Delete组合键，为选区填充白色，然后按 Ctrl+D组合键去除选区，效果如图 6-26 所示。

(5) 选择【滤镜】/【像素化】/【晶格化】命令，弹出【晶格化】对话框，设置如图 6-27 所示的参数。

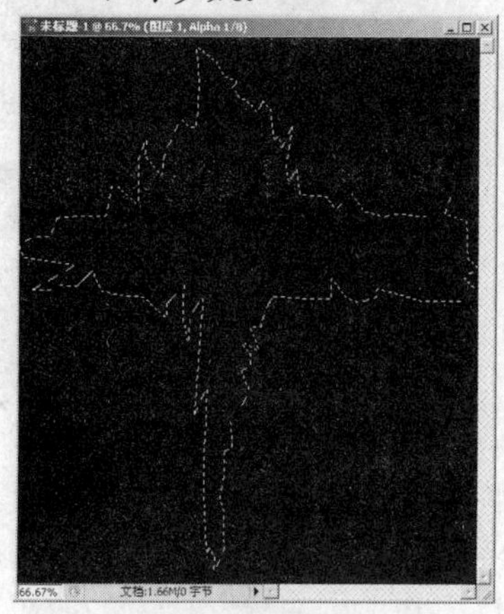

图6-25　绘制的选区一

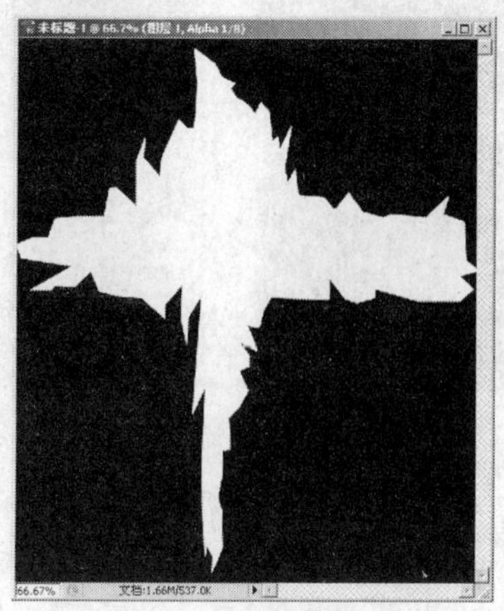

图6-26　填充白色后的效果一

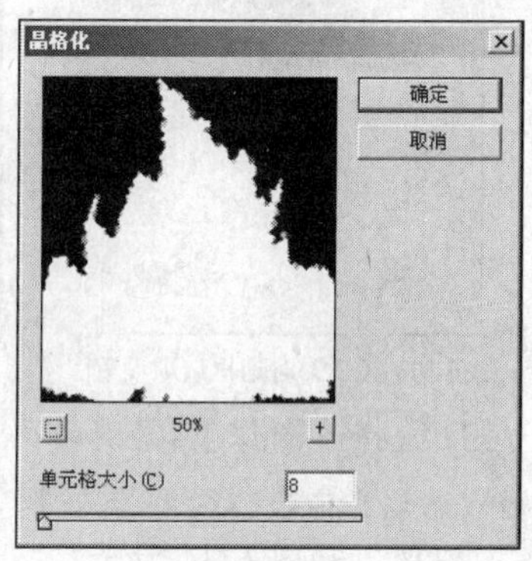

图6-27　【晶格化】参数设置

(6) 单击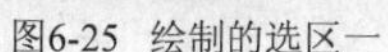按钮，晶格化后的效果如图 6-28 所示。

(7) 按住 Ctrl 键并单击“Alpha 1”通道左侧的缩览图，将通道载入选区，然后在【通道】面板中单击“RGB”通道，返回 RGB 模式。

(8) 确认“图层 1”为工作层，按 Ctrl+Delete 组合键为选区填充白色，效果如图 6-29 所示，然后按 Ctrl+D 组合键去除选区。

(9) 选择【图像】/【旋转画布】/【90 度（顺时针）】命令，将画面顺时针旋转 90°，如图 6-30 所示。

说明：由于【风】滤镜只能在水平方向（由右向左或由左向右）上产生风效果，而此处需要由下向上的风效果，所以必须先将画面旋转 90°，待产生预期的风效果后，再将画面旋转回原来的方向。

图6-28　晶格化后的效果

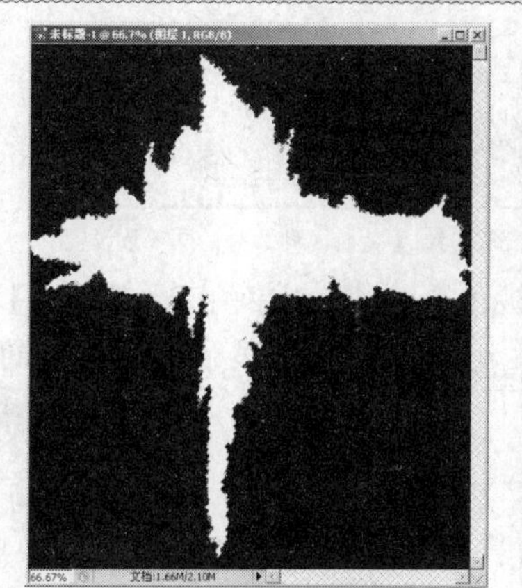

图6-29　填充白色后的效果二

图6-30　将画面顺时针旋转 90°

(10) 选择【滤镜】/【风格化】/【风】命令，弹出【风】对话框，选项设置如图 6-31 所示。

(11) 单击 确定 按钮，应用【风】滤镜后的效果如图 6-32 所示，然后连续按 3 次 Ctrl+F 组合键，重复应用风滤镜，最终效果如图 6-33 所示。

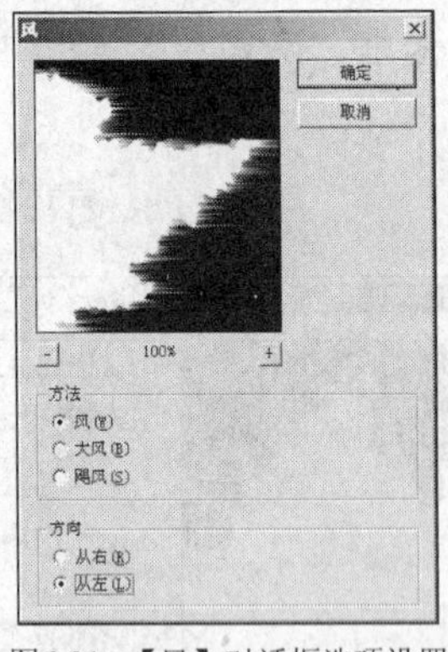

图6-31 【风】对话框选项设置

图6-32 应用【风】滤镜后的效果

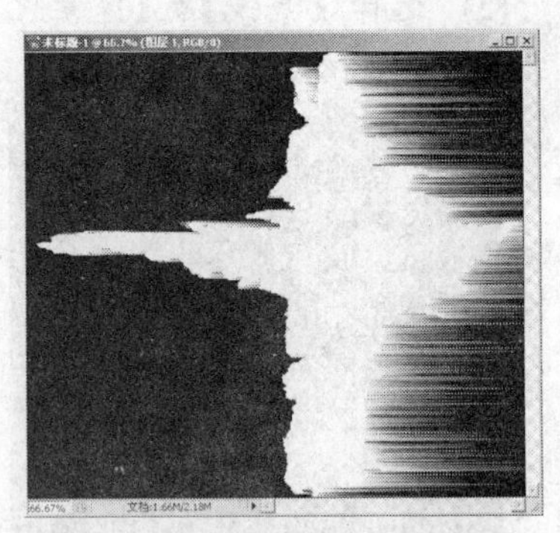

图6-33 多次应用【风】滤镜后效果

(12) 选择【图像】/【旋转画布】/【90 度（逆时针）】命令，将画面逆时针旋转 90°，恢复至原来的状态，然后按住 Ctrl 键并单击“Alpha 1”通道左侧的缩览图，将通道载入选区，如图 6-34 所示。

(13) 按 Shift+Ctrl+I 组合键，将选区反向选择，然后选择【滤镜】/【模糊】/【高斯模糊】命令，在弹出的【高斯模糊】对话框中设置如图 6-35 所示的参数。

说明：先将通道载入选区，再反选选区，目的是保护选区之外的图像，使其不受【高斯模糊】滤镜和下面将用到的【波浪】滤镜的影响。

(14) 单击 确定 按钮，高斯模糊后的画面效果如图 6-36 所示。

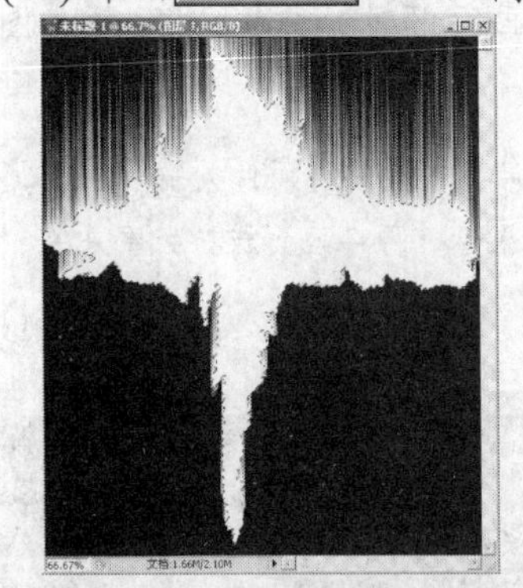

图6-34 载入选区后的效果

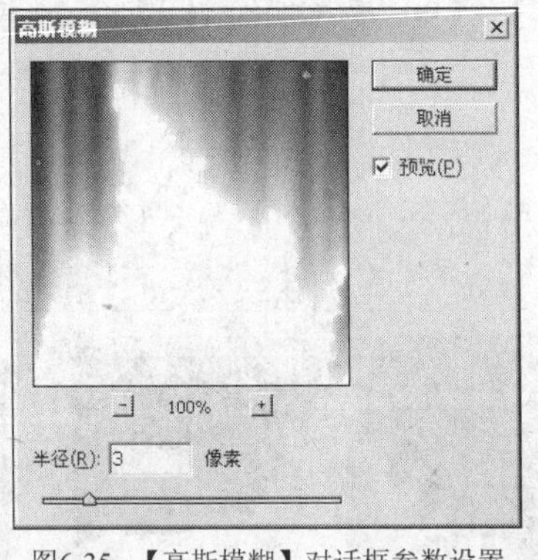

图6-35 【高斯模糊】对话框参数设置

图6-36 高斯模糊后的效果

(15) 选择【滤镜】/【扭曲】/【波浪】命令，在弹出的【波浪】对话框中设置如图 6-37 所示的参数，然后单击 确定 按钮，应用【波浪】滤镜后的效果如图 6-38 所示。

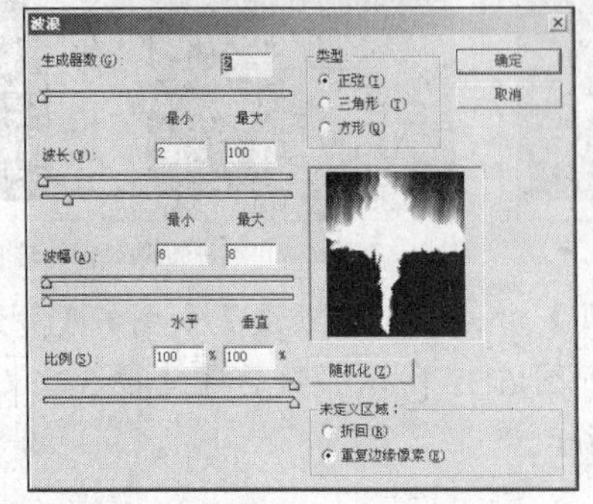

图6-37 【波浪】对话框中参数设置

图6-38 应用【波浪】滤镜后的效果

(16) 按Ctrl+D组合键去除选区，然后选择【图像】/【模式】/【灰度】命令，弹出如图6-39所示的【信息】对话框，单击扔掉按钮，将图像转换为灰度模式。

(17) 选择【图像】/【模式】/【索引颜色】命令，将灰度模式的图像转换为索引颜色模式的图像。

(18) 选择【图像】/【模式】/【颜色表】命令，在弹出的【颜色表】对话框中选择“黑体”颜色表，如图6-40所示，然后单击确定按钮，更改颜色表后画面出现火焰效果，如图6-41所示。

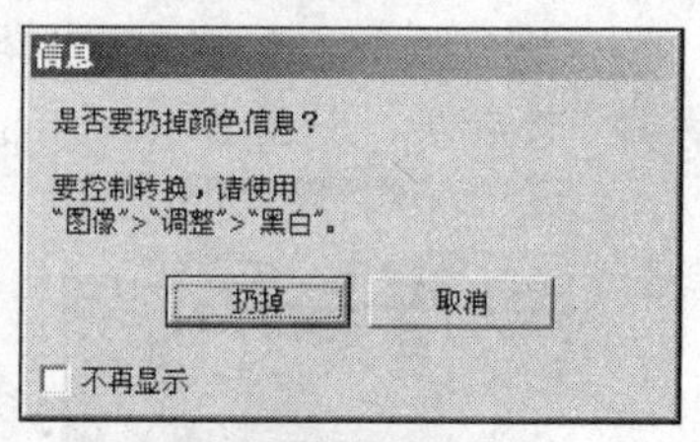

图6-39 【信息】对话框

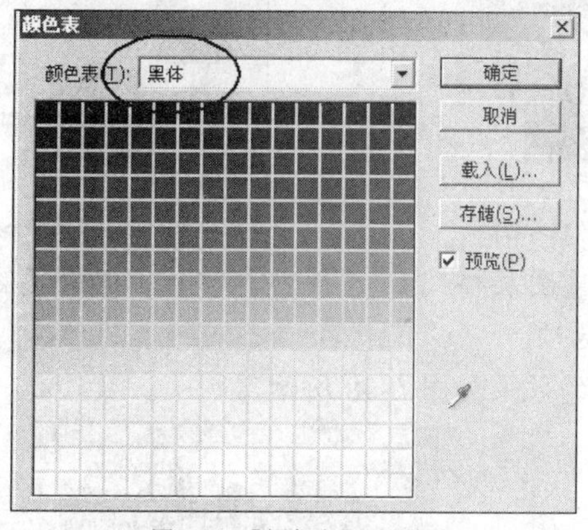

图6-40 【颜色表】对话框

图6-41 出现的火焰效果

(19) 选择【图像】/【模式】/【RGB颜色】命令，将图像再次转换为RGB颜色模式。

(20) 在【图层】面板中双击背景层，弹出【新建图层】对话框，单击确定按钮，将背景层转换为普通层。

(21) 选择按钮，在画面中的白色区域单击，创建如图6-42所示的选区，按Delete键清除选区内的白色，然后按Ctrl+D组合键去除选区，效果如图6-43所示。

图6-42 创建的选区

图6-43 清除选区内白色后的效果

(22) 打开教学素材“图库\项目6”目录下名为“报纸.jpg”的图片文件，如图6-44所示，并将报纸图片移动复制到“未标题-1”文件中，生成“图层 1”。

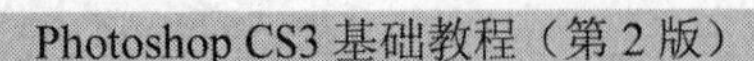

(23) 按住Ctrl键并单击“Alpha 1”通道左侧的缩览图，将通道载入选区，如图 6-45 所示。

(24) 选择【图层】/【新建】/【通过剪切的图层】命令，将选区内的图像剪切生成一个新图层“图层 2”，然后选择【图层】/【排列】/【置为底层】命令，将“图层 2”移动到最底层，如图 6-46 所示。

图6-44 打开的报纸图片

图6-45 将通道载入选区

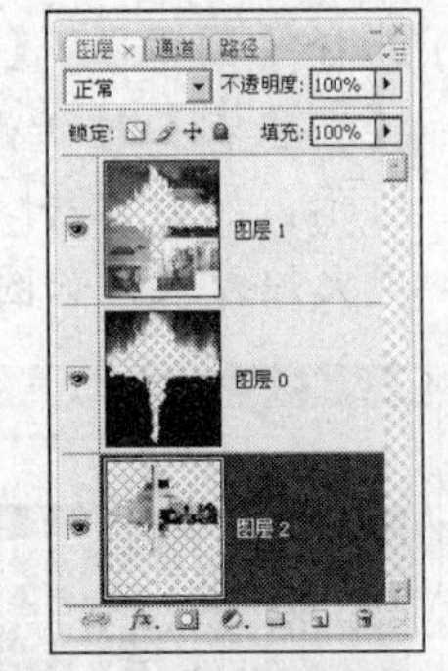

图6-46 【图层】面板形态

(25) 将“图层 0”设置为工作层，选择【图层】/【图层样式】/【投影】命令，弹出【图层样式】对话框，设置如图 6-47 所示的参数及选项。

(26) 单击 确定 按钮，添加投影图层样式后的效果如图 6-48 所示。

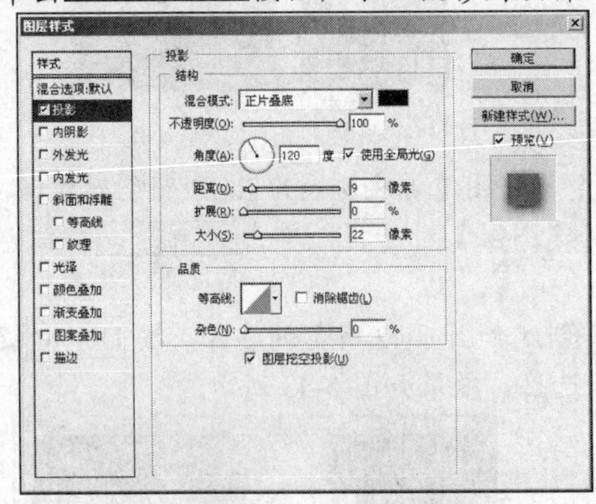

图6-47 【图层样式】选项及参数设置

图6-48 添加投影图层样式后的效果

(27) 将“图层 1”设置为工作层，选择【滤镜】/【渲染】/【光照效果】命令，弹出【光照效果】对话框，选项及参数设置如图 6-49 所示。

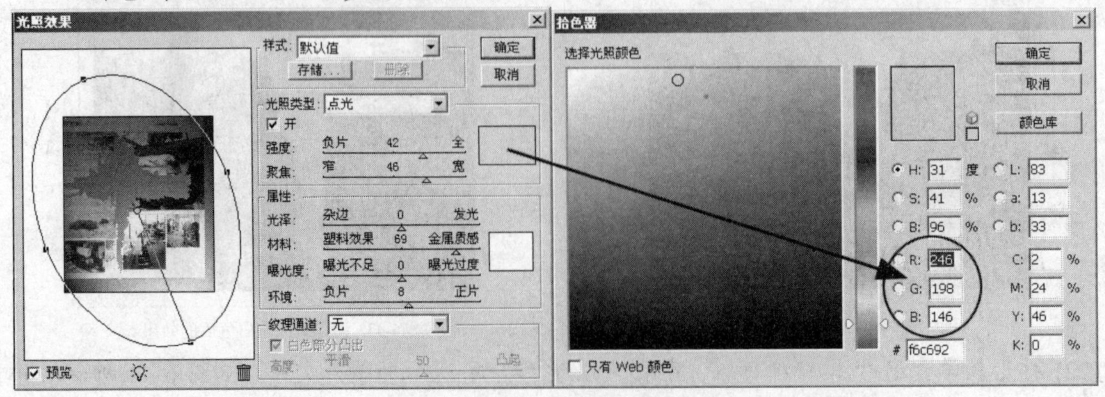

图6-49 【光照效果】选项及参数设置

(28) 单击 确定 按钮，应用【光照效果】滤镜后的效果如图 6-50 所示。

下面为“图层 1”添加蒙版，然后编辑蒙版，使“图层 0”中的火焰效果显示出来。

(29) 单击【图层】面板中的 按钮，为“图层 1”添加蒙版，按 D 键将前景色和背景色设置为默认的白色和黑色，然后按 X 键交换前景色和背景色。注意：在编辑蒙版时，系统默认的前景色和背景色为白色和黑色，而不是黑色和白色。

(30) 选择 工具，在属性栏中激活 按钮，并选择“前景到背景”渐变样式，然后在画面中由左上方向右下方拖动填充渐变色编辑蒙版，效果如图 6-51 所示。

(31) 选择 工具，设置合适大小的笔头，然后在报纸的裂缝位置的边缘绘制黑色编辑蒙版，使其裂缝边缘位置也显示出火烧的效果，如图 6-52 所示。

图6-50 【光照效果】滤镜后的效果

图6-51 在蒙版中填充渐变色后的效果

图6-52 用画笔编辑蒙版后的效果

(32) 将“图层 2”设置为工作层，选择【图像】/【调整】/【曲线】命令，弹出【曲线】对话框，将曲线调整至如图 6-53 所示的形态，增强报纸画面的对比度。

(33) 单击 确定 按钮，制作完成的燃烧的报纸效果如图 6-54 所示。

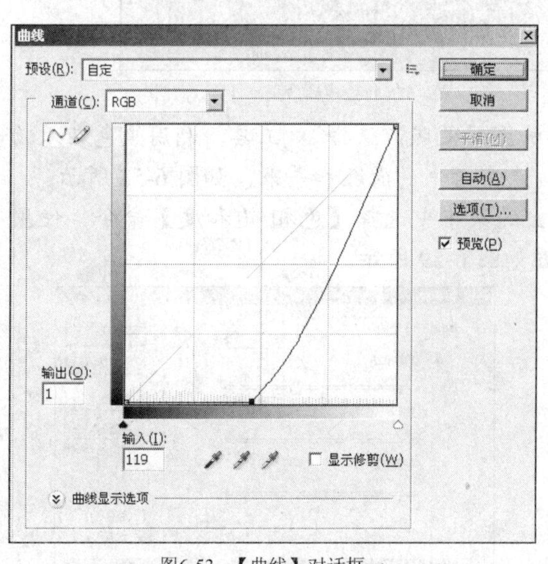

图6-53 【曲线】对话框一

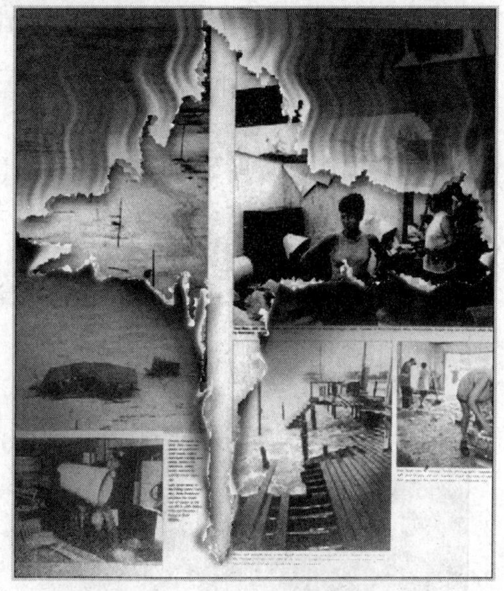

图6-54 制作完成的燃烧效果二

(34) 按 Ctrl+S 组合键，将此文件命名为“烧纸效果.psd”保存。

任务七　制作水彩画效果

本任务主要使用【特殊模糊】、【色相/饱和度】和【亮度/对比度】等命令来制作水彩画效果，图片素材及效果如图 6-55 所示。

图6-55　图片素材及效果五

【操作步骤】

(1) 打开教学素材“图库\项目 6”目录下名为“照片 06.jpg”的文件。

(2) 按 Ctrl+J 组合键，将“背景”层复制为“图层 1”层。选择【滤镜】/【模糊】/【特殊模糊】命令，参数设置如图 6-56 所示。单击 确定 按钮，效果如图 6-57 所示。

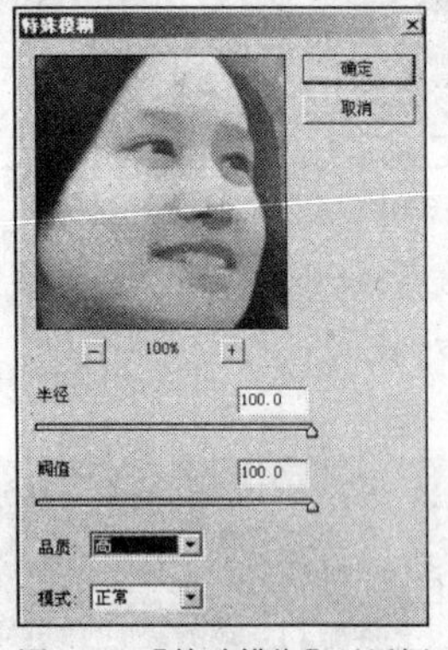

图6-56　【特殊模糊】对话框

图6-57　特殊模糊效果

(3) 单击【图层】面板底部的 按钮，为其添加图层蒙版。选择 工具，利用黑色在人物的脸部和手位置编辑蒙版，显示出“背景”层中清晰的面孔和手来，如图 6-58 所示。

(4) 单击【图层】面板底部的 按钮，在弹出的菜单中选择【色相/饱和度】命令，使用此命令将画面颜色调整为灰绿色，参数设置如图 6-59 所示。

图6-58　编辑蒙版

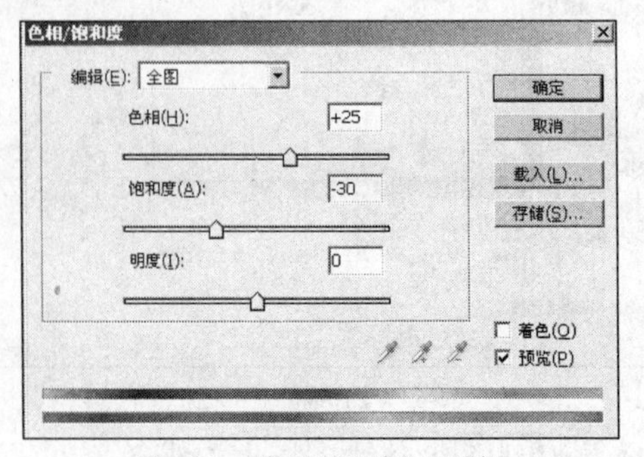

图6-59　【色相/饱和度】对话框

(5) 单击 确定 按钮，效果如图 6-60 所示。

(6) 选择 工具利用黑色在人物的脸部及胳臂位置编辑蒙版，显示出“背景”层中的皮肤颜色，如图 6-61 所示。

图6-60　调整颜色后的效果

图6-61　编辑蒙版后的效果

(7) 单击【图层】面板底部的 按钮，在弹出的菜单中选择【亮度/对比度】命令，在【亮度/对比度】对话框中设置【亮度】参数为“60”，【对比度】参数为“30”，使用此命令将画面颜色调整鲜艳一些，就像充满了水分，显得酣畅淋漓，单击 确定 按钮，如图 6-55 所示。

(8) 至此，水彩画效果制作完成。按 Shift+Ctrl+S 组合键，将此文件命名为“水彩画.psd”另存。

任务八　制作油画效果

本任务主要使用各种滤镜命令、颜色调整命令、图层蒙版和图层混合模式等功能来制作一种非常具有艺术性的油画效果，图片素材及效果如图 6-62 所示。

图6-62　图片素材及效果六

【操作步骤】

(1) 打开教学素材“图库\项目 6”目录下名为“照片 07.jpg”的文件。

(2) 选择【图像】/【模式】/【Lab 颜色】命令，将 RGB 颜色模式转换为 Lab 模式。

(3) 单击【图层】面板底部的 按钮，在弹出的菜单中选择【曲线】命令，然后在弹出的【曲线】对话框中调整曲线形态如图 6-63 所示。单击 确定 按钮，效果如图 6-64 所示。

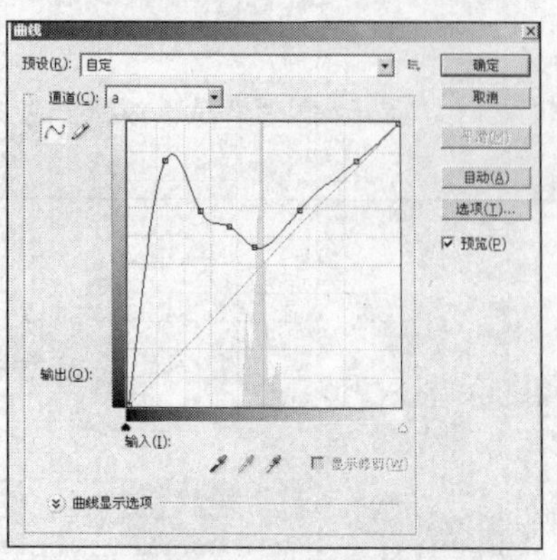

图6-63 【曲线】对话框二

图6-64 调整曲线后的效果

(4) 再单击 按钮，在弹出的菜单中选择【色相/饱和度】命令，参数设置及调整后的效果如图 6-65 所示。

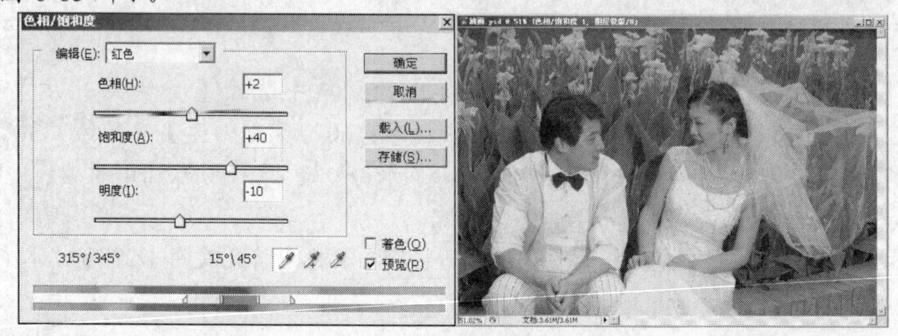

图6-65 【色相/饱和度】对话框及调整后的效果

(5) 选择 工具，利用黑色在人物位置编辑“色相/饱和度 1”层的图层蒙版，还原出人物的颜色，效果如图 6-66 所示。

(6) 新建“图层 1”，选择 工具，激活属性栏中的 按钮，为画面添加由白色到黑色的径向渐变色。

(7) 将“图层 1”的图层混合模式设置为“正片叠底”，【不透明度】设置为“30%”，效果如图 6-67 所示。

图6-66 还原人物颜色

图6-67 画面效果

(8) 按住 Ctrl 键单击“色相/饱和度 1”层的图层蒙版缩览图，加载选区，然后单击 按钮给“图层 1”添加图层蒙版，然后再利用 工具编辑蒙版，使人物在较暗的背景中突出出来，效果及【图层】面板如图 6-68 所示。

图6-68　画面效果及蒙版

(9) 按 Shift+Ctrl+Alt+E组合键盖印图层，生成“图层 2”，然后选择【图像】/【模式】/【RGB 颜色】命令，在弹出的面板中单击 拼合 按钮，将所有图层合并到“背景”层中。

(10) 按 Ctrl+J组合键，将“背景”层复制为“图层 1”，然后选择【滤镜】/【渲染】/【光照效果】命令，弹出【光照效果】对话框，选项参数设置如图 6-69 所示。

(11) 单击 确定 按钮，然后将“图层 1”的【不透明度】设置为“60%”，效果如图 6-70 所示。

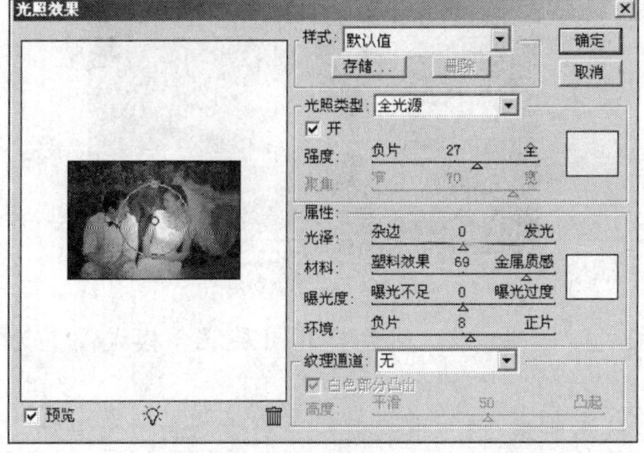

图6-69　【光照效果】对话框一

图6-70　降低不透明度后的效果

(12) 至此，图像调色操作完成，按 Shift+Ctrl+S组合键，将此文件命名为“油画调色.jpg”另存。

下面来制作油画效果。注意这里一定要另存该文件，关闭后再次打开另保存的文件，目的是下面要使用【历史记录艺术画笔】工具来处理图像艺术效果。

(13) 将“照片 07.jpg”文件关闭，然后将上面另存的“油画调色.jpg”文件打开。

(14) 按 Ctrl+J组合键，将“背景”层复制为“图层 1”，然后选择工具，并设置属性栏中的选项及参数如图 6-71 所示。

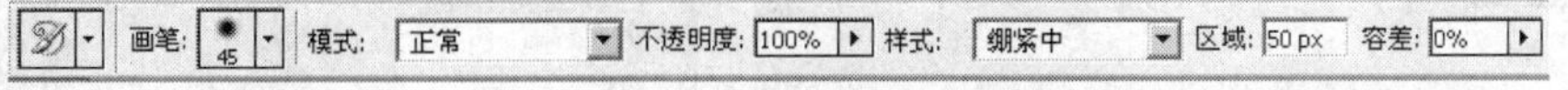

图6-71　【历史记录艺术画笔】工具属性栏

(15) 在画面中按下鼠标左键拖动，将画面描绘成如图 6-72 所示的效果。

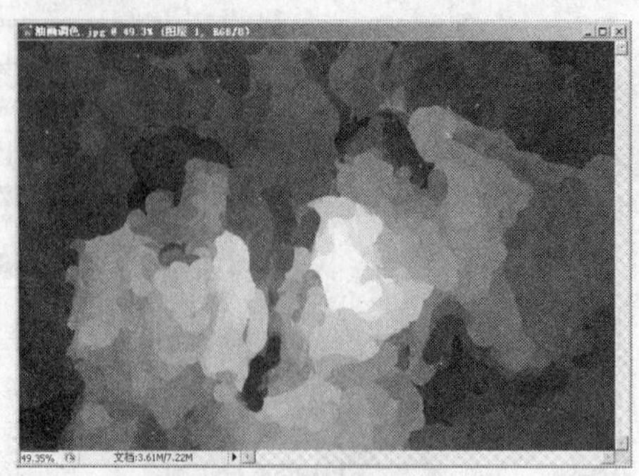

图6-72　绘制的画面

(16) 调整工具属性栏中的选项及参数如图 6-73 所示。

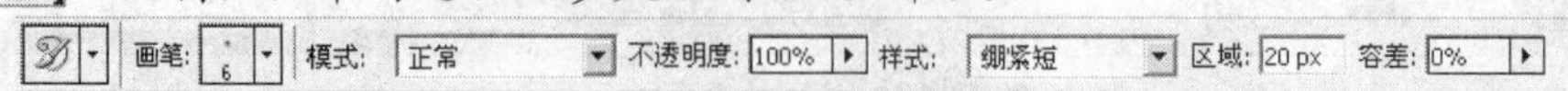

图6-73　调整的参数

(17) 将鼠标指针移动到人物的面部位置再次拖动，恢复出人物面部的细节，如图 6-74 所示。

(18) 打开教学素材“图库\项目 6”目录下名为“笔触.jpg”的文件，然后将其移动到“油画调色.jpg”文件中，并调整至与画面相同的大小。

(19) 将笔触所在“图层 2”的图层混合模式设置为“柔光”，效果如图 6-75 所示。

图6-74　恢复出人物面部的细节

图6-75　柔光效果

(20) 按 Shift+Ctrl+Alt+E 组合键盖印图层，生成“图层 3”，然后将其图层混合模式设置为“滤色”。

(21) 单击按钮为“图层 3”添加图层蒙版，然后利用工具在蒙版中自中心向边缘拖动，填充由白色到黑色的径向渐变色，将画面中的人物区域变亮，效果如图 6-76 所示。

(22) 利用工具编辑蒙版，稍微降低人物面部的亮度，效果如图 6-77 所示。

图6-76　画面中的人物区域变亮

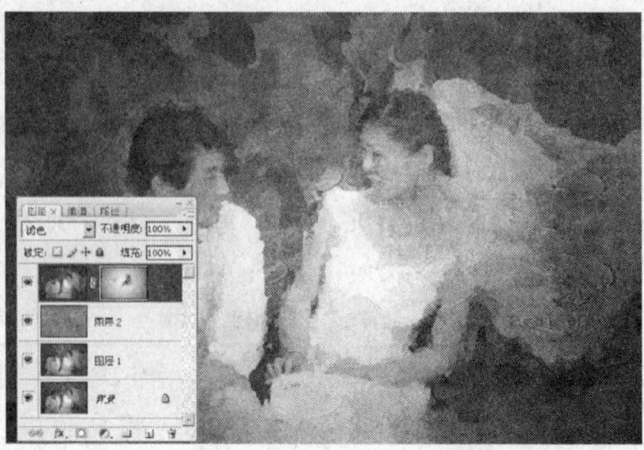

图6-77　降低人物面部的亮度

(23) 按 Shift+Ctrl+Alt+E组合键盖印图层，生成“图层 4”，然后选择【滤镜】/【锐化】/【USM 锐化】命令，弹出【USM 锐化】对话框，参数设置如图 6-78 所示。

(24) 单击 确定 按钮，提高油画的清晰度，然后为其添加图层蒙版并编辑，效果及【图层】面板形态如图 6-79 所示。

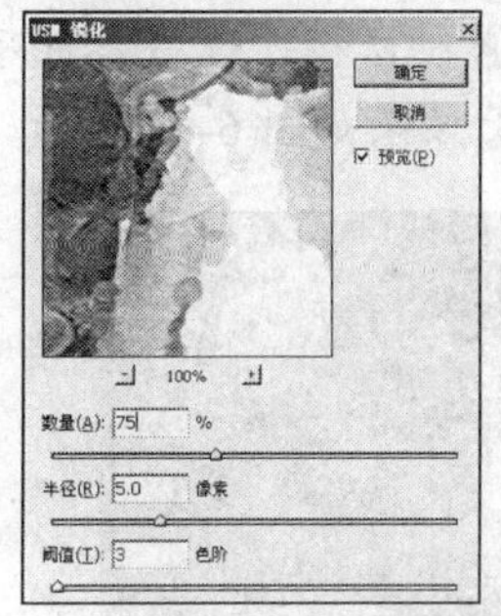

图6-78 【USM 锐化】对话框　　图6-79 画面效果及蒙版

(25) 按 Shift+Ctrl+Alt+E组合键盖印图层，生成“图层 5”，然后选择【图像】/【应用图像】命令，在弹出的【应用图像】对话框中设置选项及参数如图 6-80 所示。

(26) 单击 确定 按钮，加暗了画面周围的背景。至此油画制作完成，效果如图 6-81 所示。

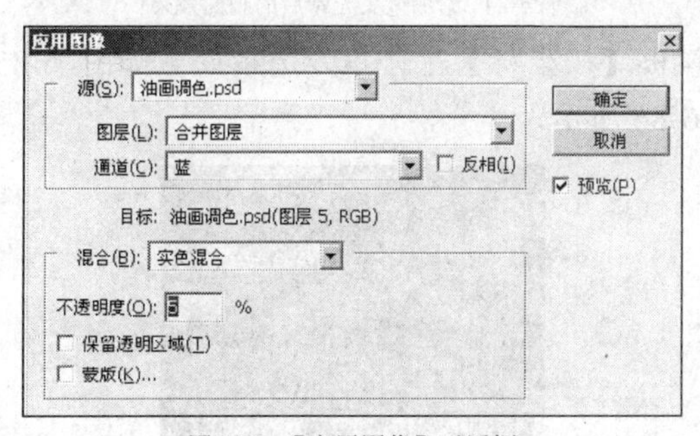

图6-80 【应用图像】对话框　　图6-81 油画效果

(27) 按 Shift+Ctrl+S 组合键，将此文件命名为“油画.psd”另存。

任务九　制作超酷旋转光线效果

本任务主要运用滤镜菜单栏中的【镜头光晕】和【极坐标】命令来制作如图 6-82 所示的旋转光线效果。

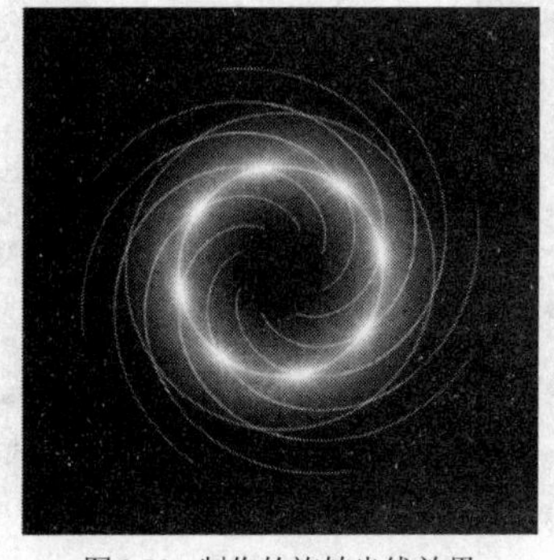

图6-82 制作的旋转光线效果

【操作步骤】

(1) 新建一个【宽度】为“400 像素”，【高度】为“400 像素”，【分辨率】为“72 像素/英寸”，【颜色模式】为“RGB 颜色”，【背景内容】为“白色”的文件，然后为背景层填充黑色。

(2) 选择【滤镜】/【渲染】/【镜头光晕】命令，弹出【镜头光晕】对话框，设置各选项及参数如图 6-83 所示。单击 确定 按钮，添加镜头光晕后的画面效果如图 6-84 所示。

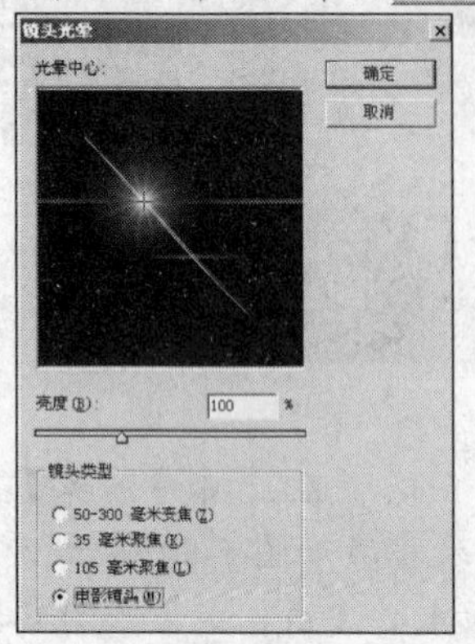

图6-83 【镜头光晕】对话框

图6-84 添加镜头光晕后的画面效果

(3) 选择【滤镜】/【扭曲】/【极坐标】命令，弹出【极坐标】对话框，选项设置如图 6-85 所示。单击 确定 按钮，画面效果如图 6-86 所示。

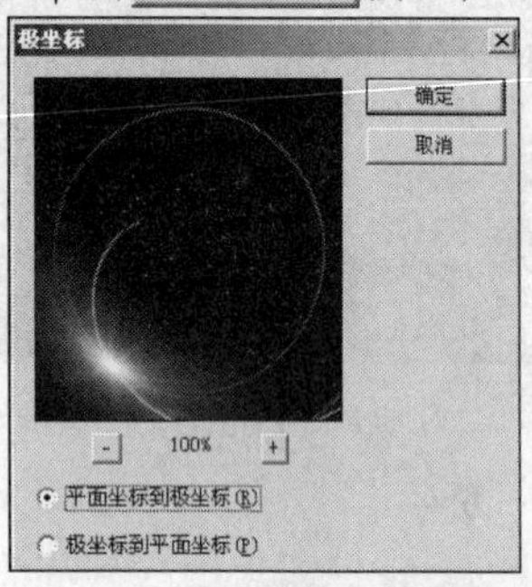

图6-85 【极坐标】对话框

图6-86 选择【极坐标】命令后的效果一

(4) 按 Ctrl+J 组合键，将“背景”层复制为“图层 1”，然后设置图层混合模式为“滤色”，效果如图 6-87 所示。

(5) 选择【编辑】/【变换】/【旋转 90 度（顺时针）】命令，效果如图 6-88 所示。

图6-87 混合模式效果

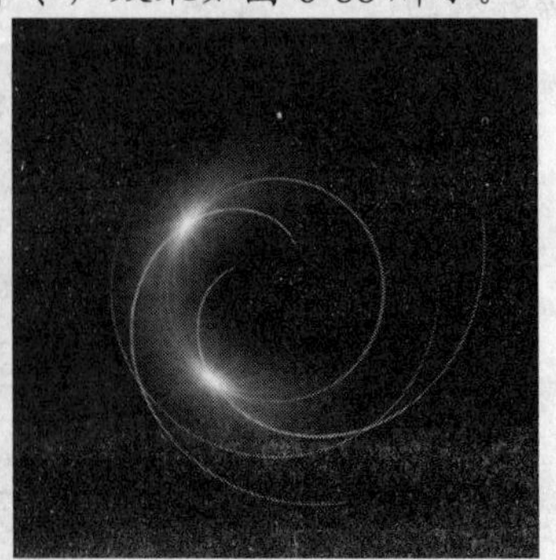

图6-88 旋转后的效果一

(6) 按 Ctrl+J组合键，再次复制图层为“图层 1 副本”层，然后选择【旋转 90 度（顺时针）】命令，效果如图 6-89 所示。

(7) 使用相同的操作，再次复制并旋转得到如图 6-90 所示的效果。

(8) 选择【图层】/【拼合可见图层】命令，将图层合并到“背景”层中。

(9) 按Ctrl+J组合键，将“背景”层复制为“图层 1”层，设置图层混合模式为“滤色”。

(10) 按 Ctrl+T组合键，给图形添加变换框，然后设置属性栏中△ 45 度的参数为“45”，按Enter键确认，效果如图 6-91 所示。

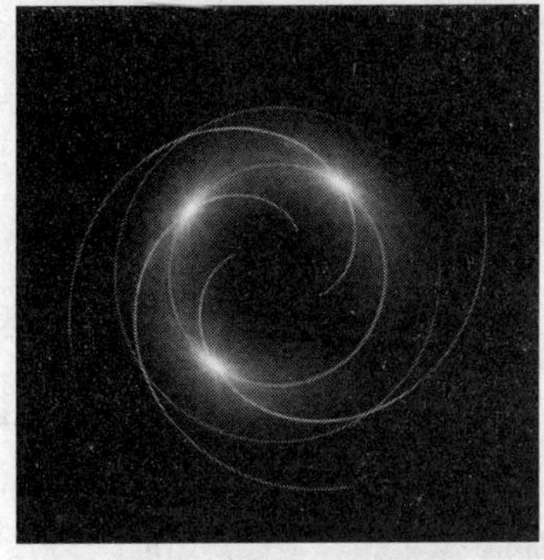

图6-89　旋转后的效果二

图6-90　再次旋转后的效果

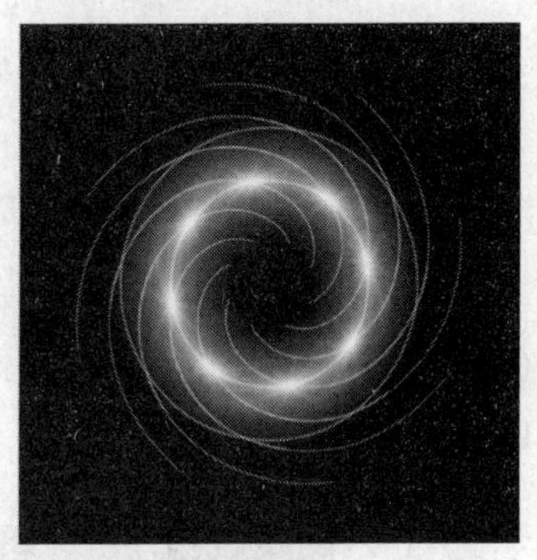

图6-91　图形效果

(11) 按Ctrl+S组合键，将此文件命名为“旋转光线.psd”另存。

任务十　制作超级眩光效果

本任务主要运用【镜头光晕】命令、【极坐标】命令和图层混合模式来制作炫光效果，如图 6-92 所示。

图6-92　制作的眩光效果

【操作步骤】

(1) 新建一个【宽度】为“500 像素”，【高度】为“500 像素”，【分辨率】为“72 像素/英寸”，【颜色模式】为“RGB 颜色”，【背景内容】为“白色”的文件，然后为背景层填充黑色。

(2) 分别选择 3 次【滤镜】/【渲染】/【镜头光晕】命令，各选项和参数设置如图 6-93 所示。

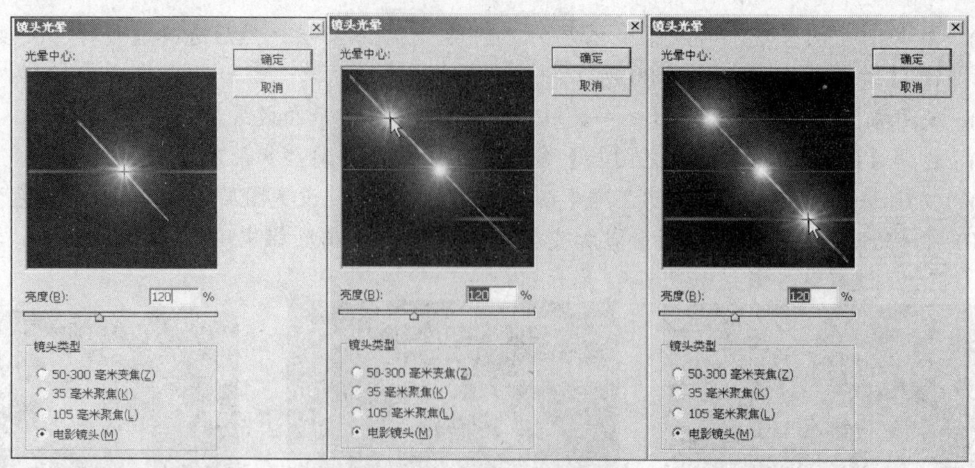

图6-93 【镜头光晕】对话框参数设置

(3) 单击 确定 按钮，添加镜头光晕后的画面效果如图 6-94 所示。

(4) 选择【滤镜】/【扭曲】/【极坐标】命令，弹出【极坐标】对话框，选项设置如图 6-95 所示。

图6-94 镜头光晕效果

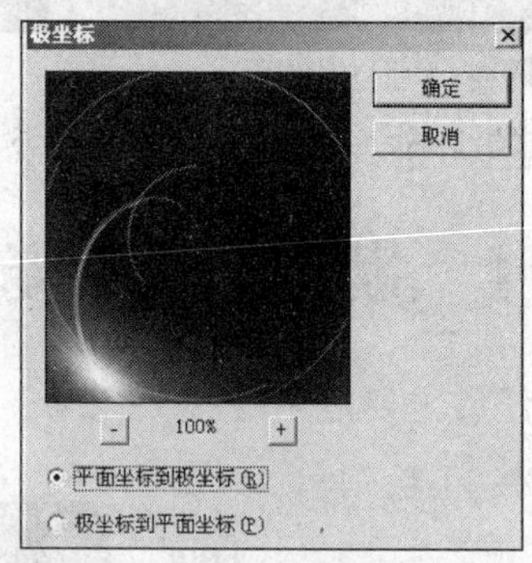

图6-95 【极坐标】对话框选项设置

(5) 单击 确定 按钮，选择【极坐标】命令后的画面效果如图 6-96 所示。

(6) 新建"图层 1"，选择 工具，在【渐变编辑器】中选择如图 6-97 所示的渐变样式。

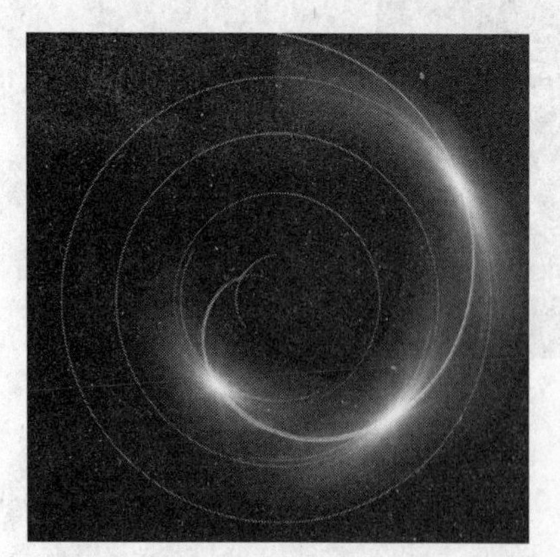

图6-96 选择【极坐标】命令后的效果二

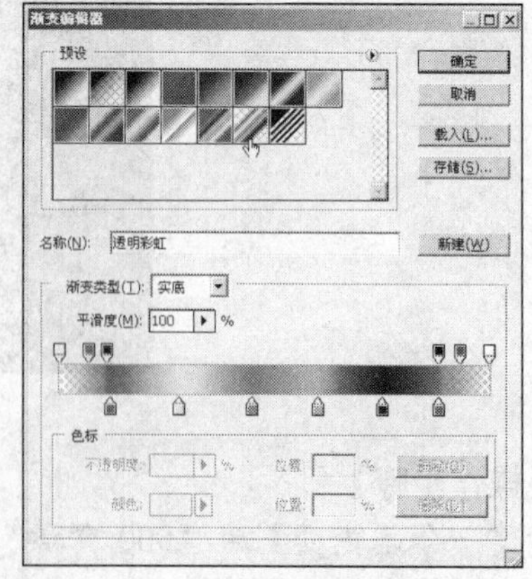

图6-97 选择渐变样式

(7) 给"图层 1"填充如图 6-98 所示的渐变颜色，然后将图层混合模式设置为"叠加"，更改混合模式后的画面效果如图 6-99 所示。

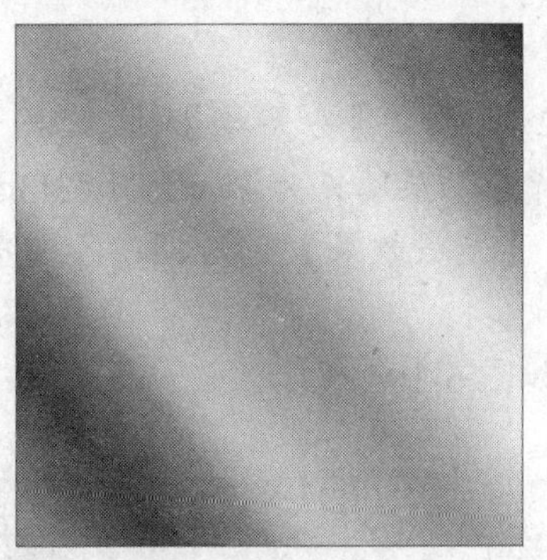

图6-98　填充的渐变颜色

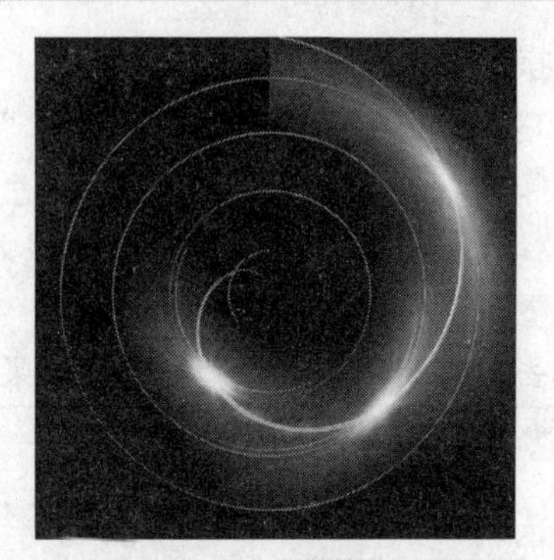

图6-99　叠加效果

(8)　选择 T 工具，在画面中输入如图 6-100 所示的文字。

(9)　利用【渐变叠加】图层样式给文字添加上“光谱”渐变色，效果如图 6-101 所示。

图6-100　输入的文字

图6-101　填充渐变色后的效果

(10) 按 Ctrl+S 组合键，将此文件命名为“炫光效果.psd”保存。

任务十一　制作人体裂纹效果

本任务主要利用【滤镜】命令、【通道】、图像颜色调整命令及各种图像编辑命令来制作人体裂纹效果，如图 6-102 所示。

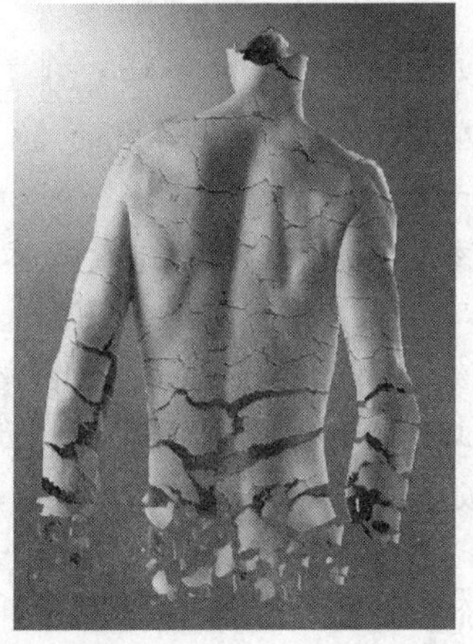

图6-102　制作的人体裂纹效果

【操作步骤】

(1) 新建一个【宽度】为“10 厘米”，【高度】为“12 厘米”，【分辨率】为“200 像素/英寸”，【颜色模式】为“RGB 颜色”的文件，将“背景”层填充为深棕色（#3f3d3a）。

(2) 选择【滤镜】/【渲染】/【光照效果】命令，弹出【光照效果】对话框，各选项及参数设置如图 6-103 所示。

(3) 单击 确定 按钮，选择【光照效果】命令后的效果如图 6-104 所示。

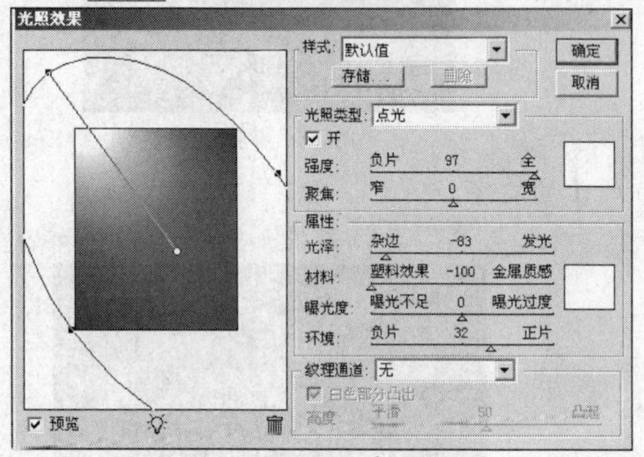

图6-103 【光照效果】对话框二

图6-104 光照效果

(4) 打开教学素材“图库\项目 6”目录下名为“照片 08.jpg”的文件，如图 6-105 所示。

(5) 利用工具在画面中的灰色区域单击添加选区，如图 6-106 所示。

(6) 按 Shift+Ctrl+I 组合键将选区反选，然后利用工具将选区中的人体图片移动复制到“未标题-1”文件中，如图 6-107 所示。

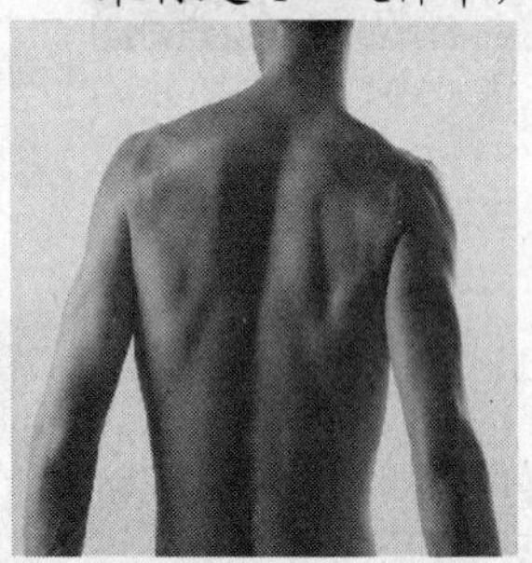

图6-105 打开的图片二

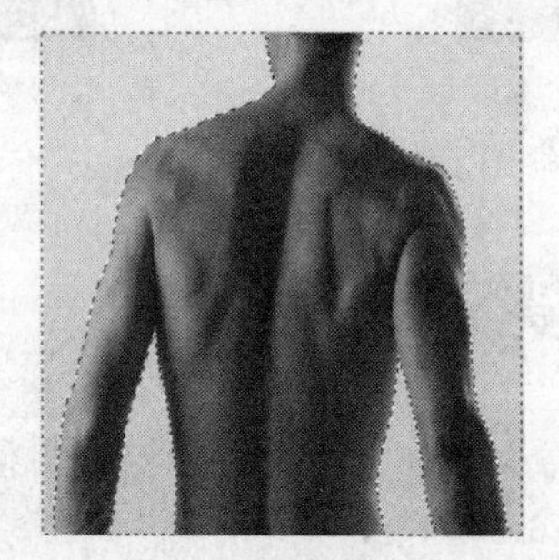

图6-106 添加的选区

图6-107 图片位置

(7) 将“照片 08.jpg”文件设置为工作状态，然后按 Ctrl+D 组合键去除选区。

(8) 选择【图像】/【模式】/【灰度】命令，在弹出的【信息】面板中单击 扔掉 按钮，将图像文件的颜色模式转换为灰度模式。

(9) 按 Shift+Ctrl+S 组合键，将该文件另命名为“灰度人体.psd”保存。

(10) 打开教学素材“图库\项目 6”目录下名为“纹理 01.jpg”的文件，如图 6-108 所示。

(11) 按 Ctrl+Alt 组合键全部选择纹理，然后按 Ctrl+C 组合键，将纹理复制到剪贴板中。

(12) 将“未标题-1”文件设置为工作状态。打开【通道】面板，新建“Alpha 1”通道。

(13) 按 Ctrl+V 组合键，将剪贴板中的图片粘贴到“Alpha 1”通道中，并将其大小调整至与图像窗口的大小相同。

(14) 按 Ctrl+L 组合键弹出【色阶】对话框，参数设置如图 6-109 所示，单击 确定 按钮，调整色阶后的纹理效果如图 6-110 所示。

图6-108　打开的图片三

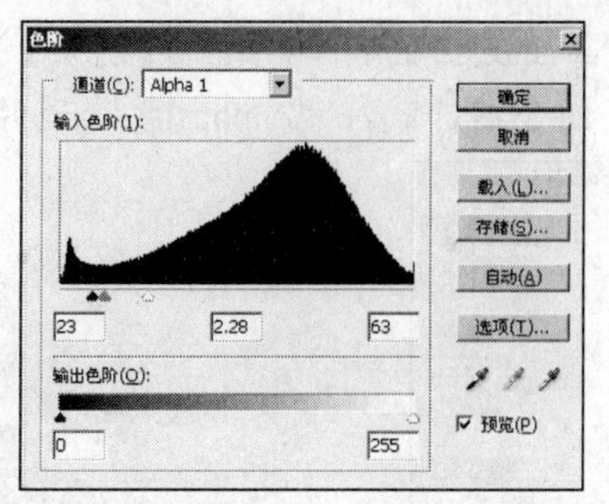

图6-109　【色阶】对话框一

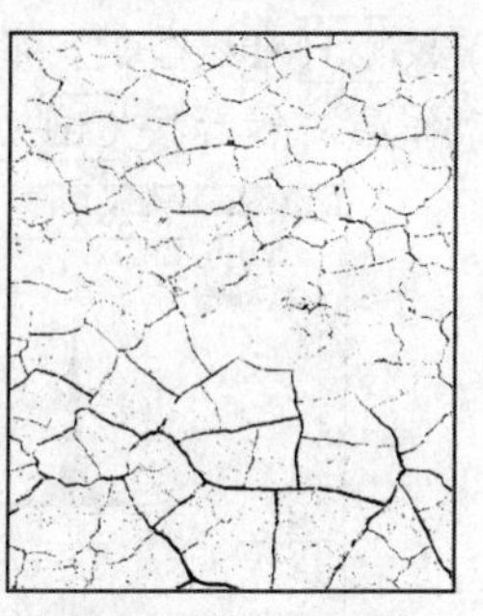

图6-110　调整色阶后的效果

(15) 利用工具在画面的中间区域再复制出一些细小的裂纹。

(16) 选择【滤镜】/【扭曲】/【波纹】命令，弹出【波纹】对话框，参数设置如图 6-111 所示，单击 确定 按钮，调整后的纹理效果如图 6-112 所示。

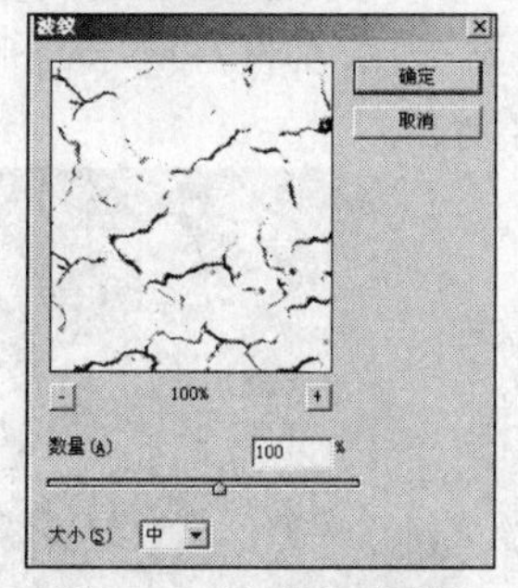

图6-111　【波纹】对话框

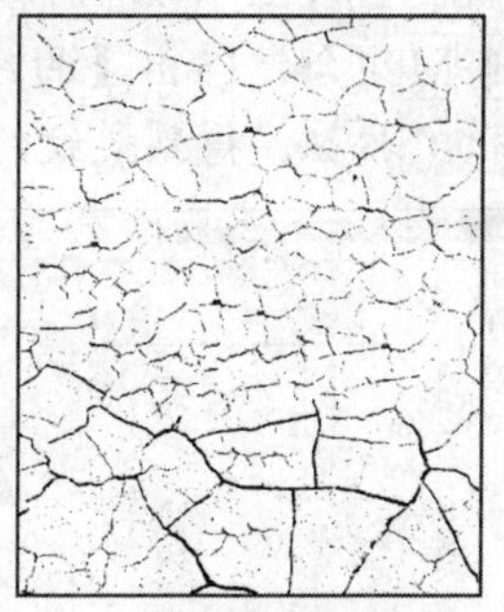

图6-112　调整后的纹理效果

(17) 选择【滤镜】/【扭曲】/【置换】命令，弹出【置换】对话框，各选项及参数设置如图 6-113 所示。单击 确定 按钮，在弹出的【选择一个置换图】对话框中选择刚才保存的“灰度人体.psd”文件，然后单击 打开(O) 按钮。

(18) 将“Alpha 1”通道复制为“Alpha 1 副本”通道，选择【滤镜】/【风格化】/【浮雕效果】命令，弹出【浮雕效果】对话框，参数设置如图 6-114 所示，单击 确定 按钮。

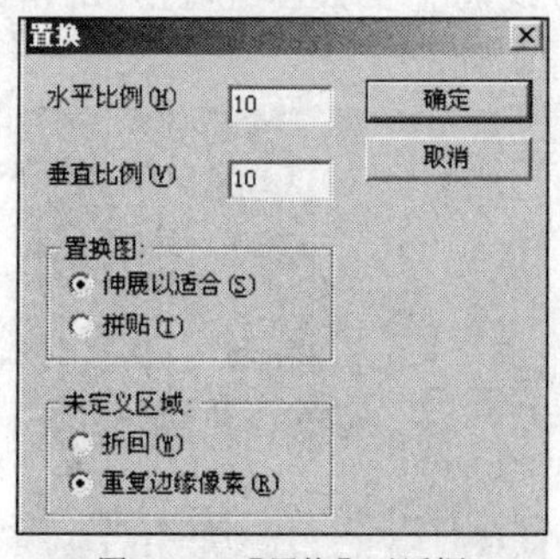

图6-113　【置换】对话框

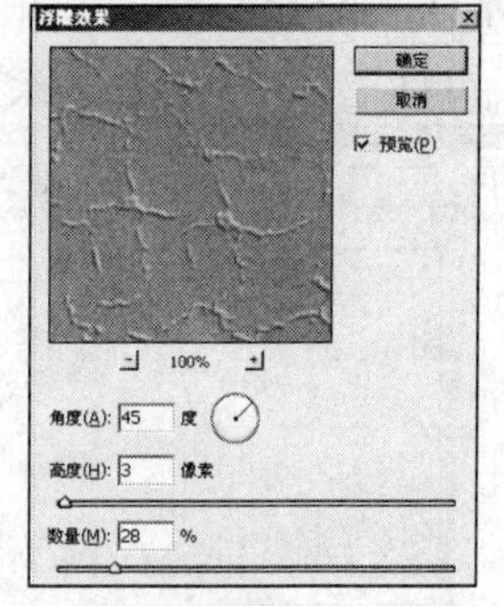

图6-114　【浮雕效果】对话框

(19) 将“Alpha 1 副本”通道复制为“Alpha 1 副本 2”通道，然后按 Ctrl+I 组合键反相显示。

(20) 按 Ctrl+L 组合键，在弹出的如图 6-115 所示的【色阶】对话框中单击按钮，将鼠标指针移动到画面中的灰色区域处单击，设置画面背景色为黑色，然后单击 确定 按钮。

(21) 用同样的方法，将“Alpha1 副本”通道中的画面也设置为黑色背景，然后将“Alpha 1”通道设置为工作通道。

(22) 按 Ctrl+I 组合键，将当前画面反相显示，再回到【图层】面板，将“图层 1”设置为工作层，然后按 Ctrl+Alt+4 组合键，载入“Alpha 1”通道的选区，如图 6-116 所示。

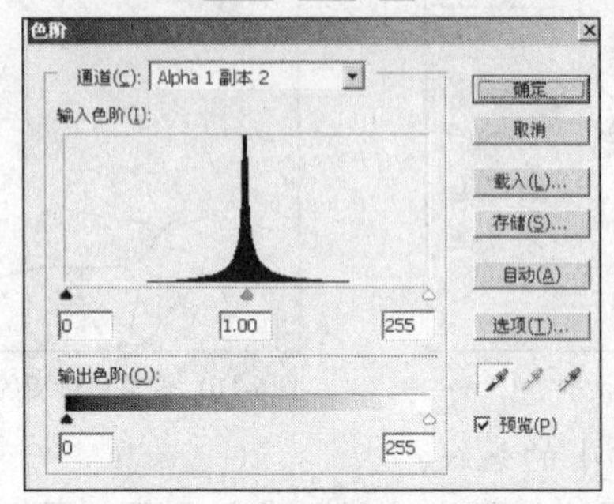

图6-115 【色阶】对话框二

图6-116 载入的选区

(23) 选择【视图】/【显示额外内容】命令，将选区暂时隐藏，以方便观察图像的调整情况。

(24) 按 Ctrl+M 组合键弹出【曲线】对话框，将曲线调整至如图 6-117 所示的形态，单击 确定 按钮，得到裂纹的暗色纹理效果如图 6-118 所示。

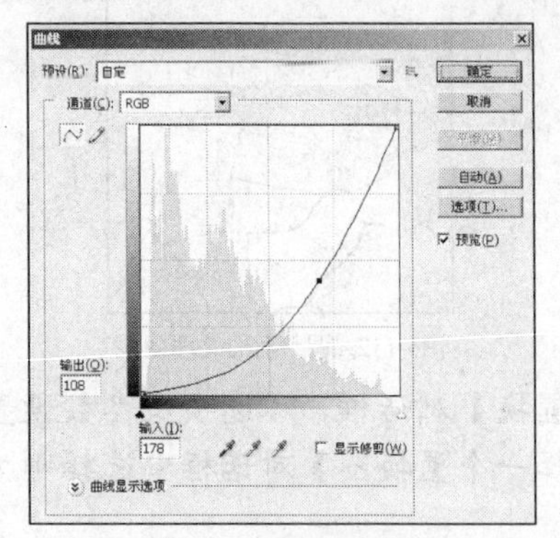

图6-117 调整曲线形态

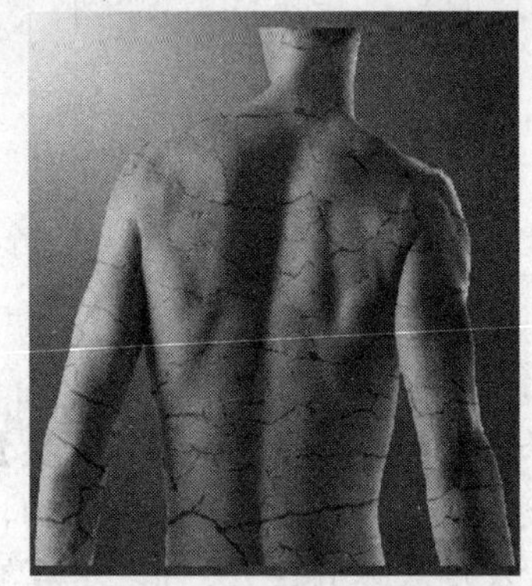

图6-118 得到裂纹的暗色纹理效果

(25) 按 Ctrl+Alt+5 组合键，载入“Alpha 1 副本”通道的选区，按 Ctrl+H 组合键将选区隐藏。

(26) 按 Ctrl+Alt+M 组合键，弹出【曲线】对话框，将曲线调整至如图 6-119 所示的形态，单击 确定 按钮得到裂纹的亮面，效果如图 6-120 所示。

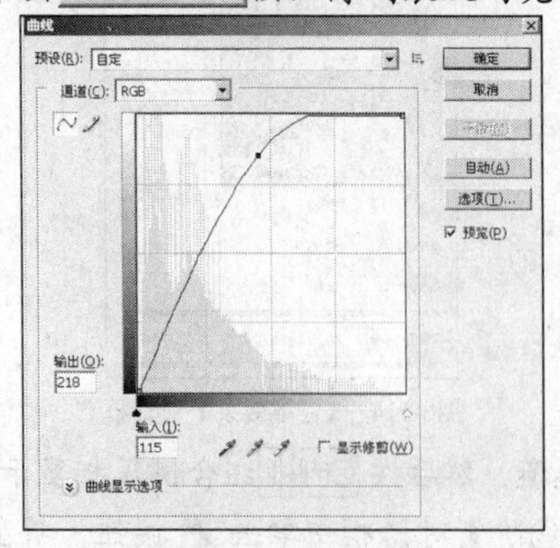

图6-119 再次调整曲线

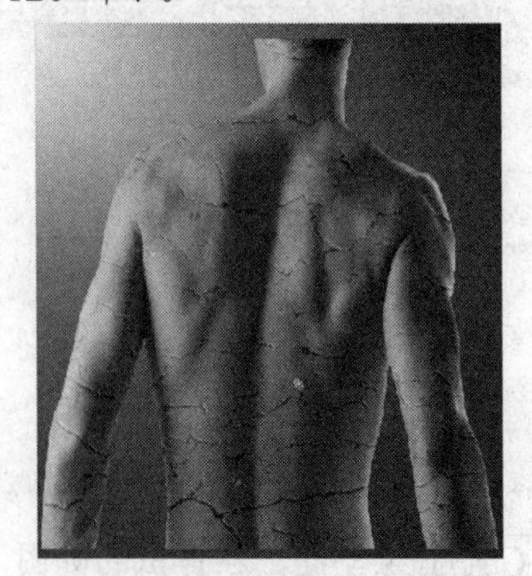

图6-120 得到裂纹的亮面

(27) 按 Ctrl+Alt+6 组合键，载入“Alpha 1 副本 2”通道的选区，按 Ctrl+H 组合键将选区隐藏。

(28) 按 Ctrl+M 组合键，弹出【曲线】对话框，将曲线调整至如图 6-121 所示的形态，单击 确定 按钮，将裂纹的阴影面加深后的效果如图 6-122 所示。

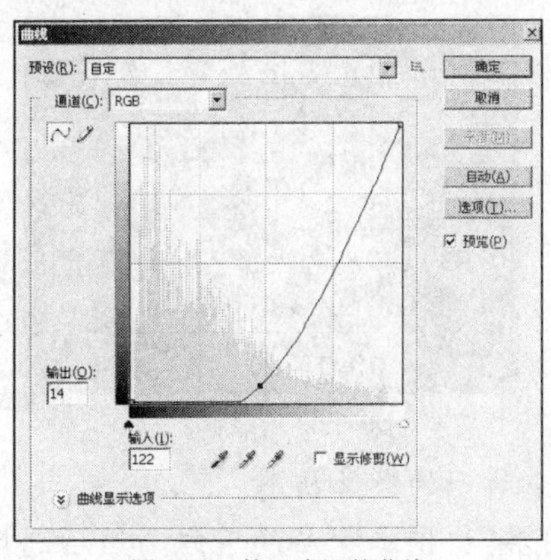

图6-121　第三次调整曲线

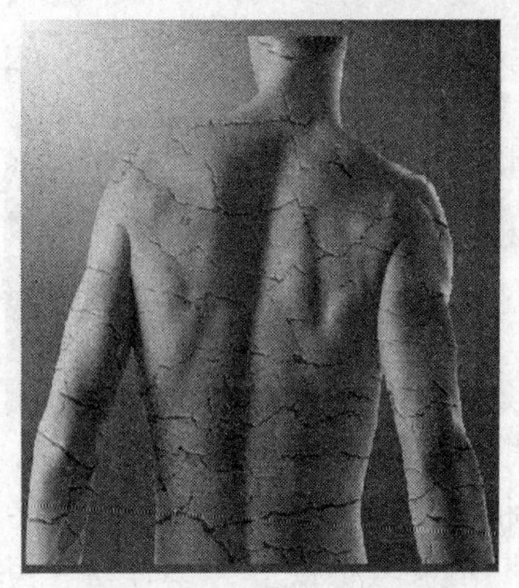

图6-122　裂纹阴影面加深后效果

(29) 去除选区，然后选择【图像】/【调整】/【亮度/对比度】命令，在【亮度/对比度】对话框中设置【亮度】参数为“8”、【对比度】参数为“10”，单击 确定 按钮。

(30) 按 Ctrl+U 组合键，在【色相/饱和度】对话框中设置【饱和度】参数为“- 43”，单击 确定 按钮，调整颜色后的效果如图 6-123 所示。

(31) 将“图层 1”复制生成为“图层 1 副本”，并将“图层 1”隐藏，然后利用工具在画面中绘制出如图 6-124 所示的选区。

(32) 按 Ctrl+J 组合键，将选择的人体图片通过复制生成“图层 2”，然后将“图层 1 副本”设置为工作层，并将“图层 2”隐藏。

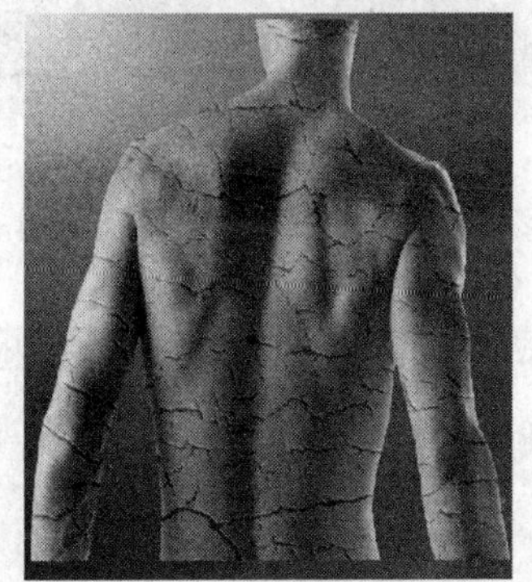

图6-123　调整颜色后的效果

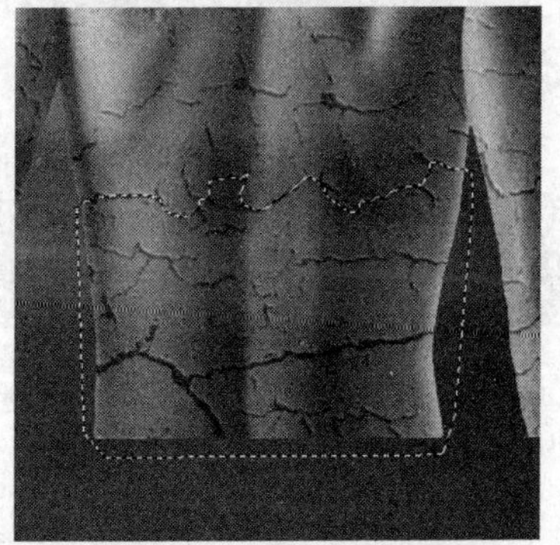

图6-124　绘制的选区二

(33) 利用工具沿人体的裂纹绘制如图 6-125 所示的选区，按 Ctrl+T 组合键为选区添加自由变换框，再按住 Ctrl 键调整变形，其状态如图 6-126 所示，按 Enter 键确认变形操作。

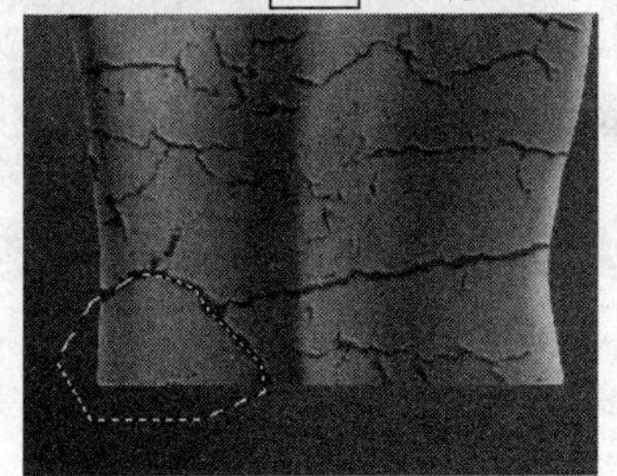

图6-125　新绘制的选区

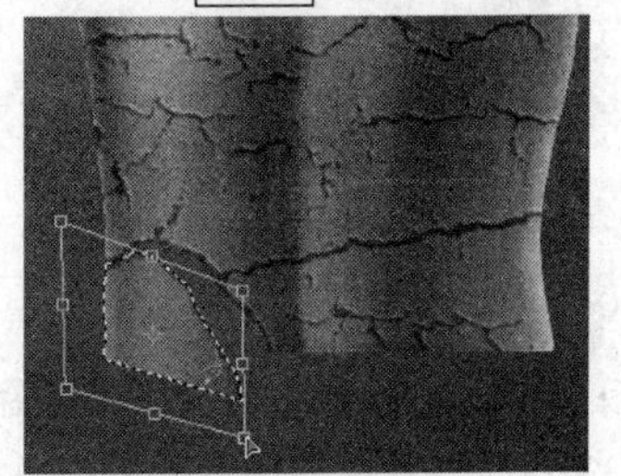

图6-126　调整变形

(34) 利用工具再选择如图 6-127 所示的裂纹，按 Ctrl+T 组合键为其添加自由变换框，并将其调整成如图 6-128 所示的变形状态，按 Enter 键确认变形操作。

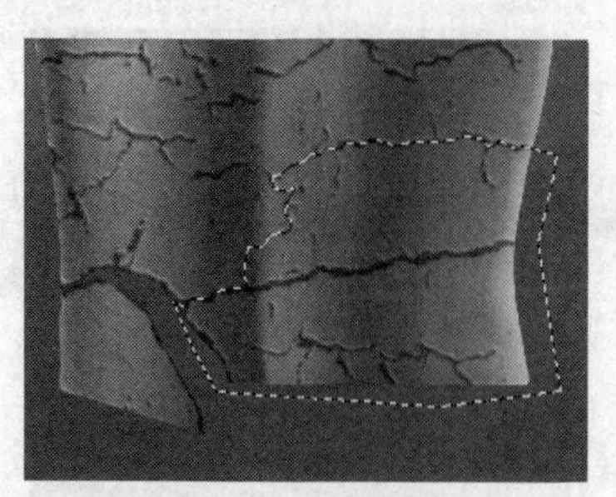

图6-127　绘制的选区三

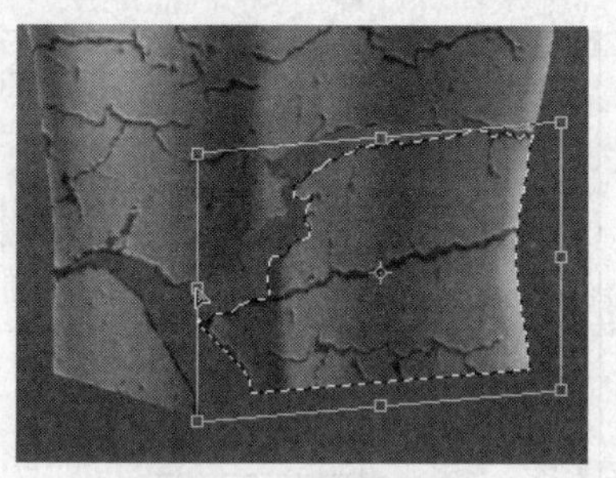

图6-128　调整变形一

(35) 用相同的调整方法，将人体裂纹调整成如图 6-129 所示的散落状态。

(36) 将“图层 2”设置为工作层，并将其调整至“图层 1 副本”层的下方，然后选择【编辑】/【变换】/【旋转 180 度】命令，将“图层 2”中的裂纹碎片旋转 180°。

(37) 按 Ctrl+T 组合键为裂纹碎片添加自由变换框，再按住 Ctrl 键调整一下大小，如图 6-130 所示，然后按 Enter 键确认大小调整。

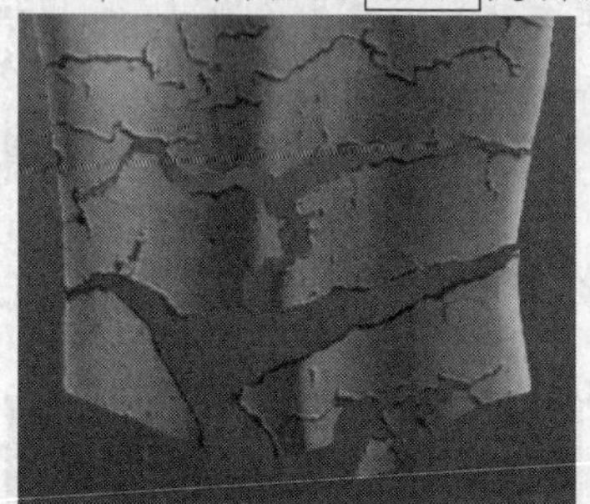

图6-129　调整后的裂纹

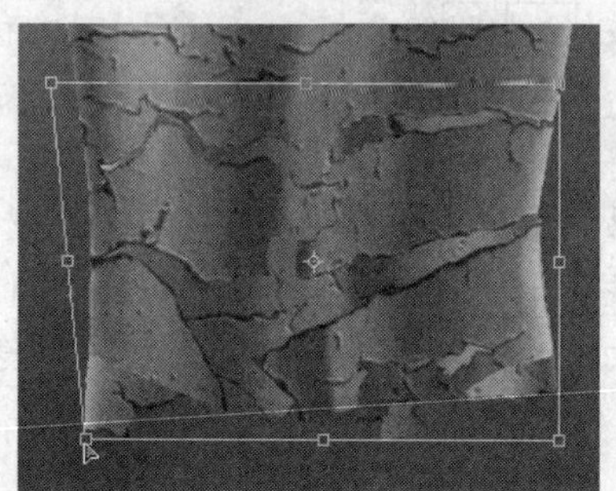

图6-130　调整变形二

(38) 按 Ctrl+M 组合键弹出【曲线】对话框，调整曲线形态如图 6-131 所示，将后面的碎片调暗，单击 确定 按钮，调暗后的效果如图 6-132 所示。

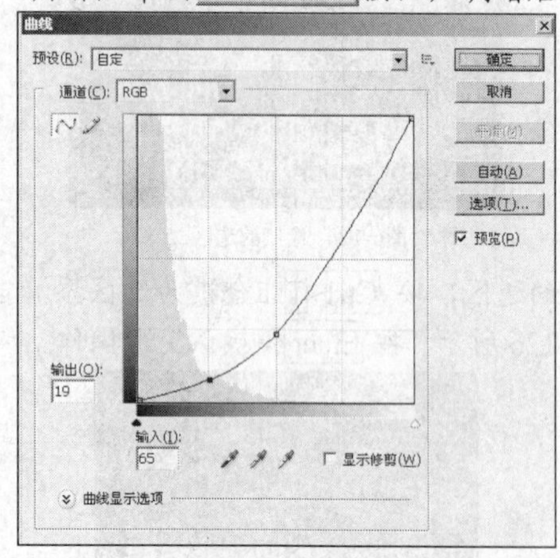

图6-131　【曲线】对话框中的参数设置

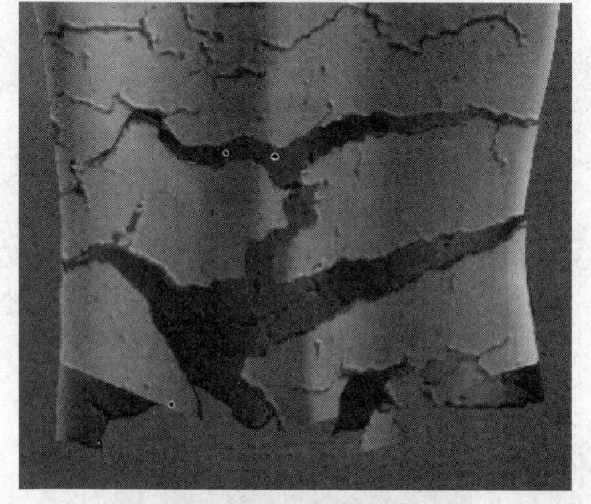

图6-132　调暗后的效果

(39) 利用 工具和 工具，对“图层 2”中的碎片局部做颜色加深和提亮处理，效果如图 6-133 所示。

(40) 将“图层 1 副本”层隐藏，然后用碎片单独选择并调整变形的方法将“图层 2”中的碎片调整成如图 6-134 所示的散落效果。

为了方便读者查看效果，图 6-134 所示为隐藏“背景”层后的效果。

(41) 将“图层 1 副本”层显示，此时的效果如图 6-135 所示。

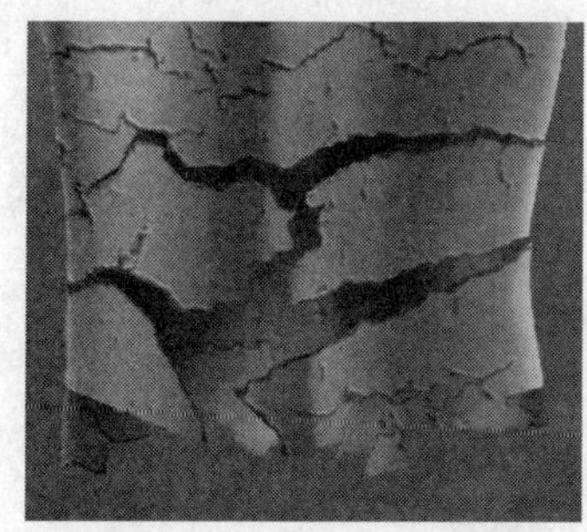
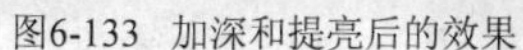
图6-133　加深和提亮后的效果

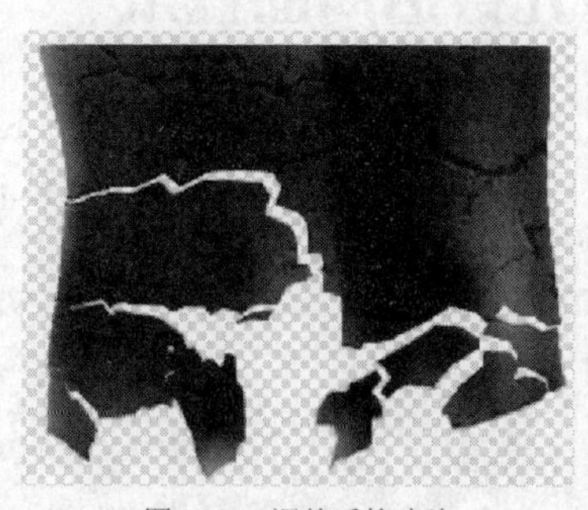
图6-134　调整后的碎片

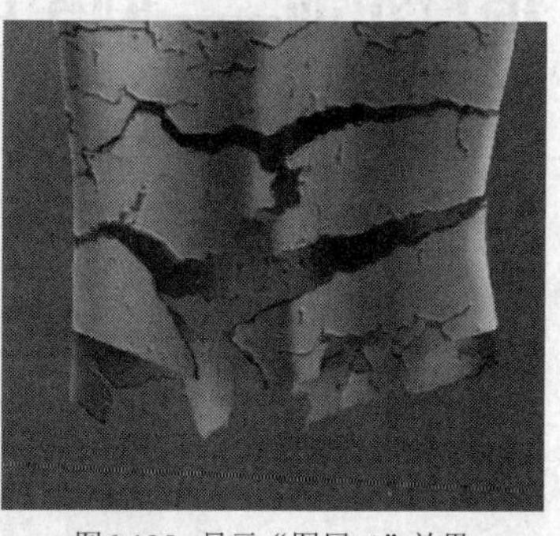
图6-135　显示“图层 1”效果

(42) 利用移动复制图形的方法，分别将“图层 1 副本”和“图层 2”层中的碎片移动复制，再利用和工具对部分碎片加深和提亮处理，效果如图 6-136 所示。

(43) 使用相同的碎片制作方法，将头部及胳膊也制作成破碎的挖空效果，如图 6-137 所示。

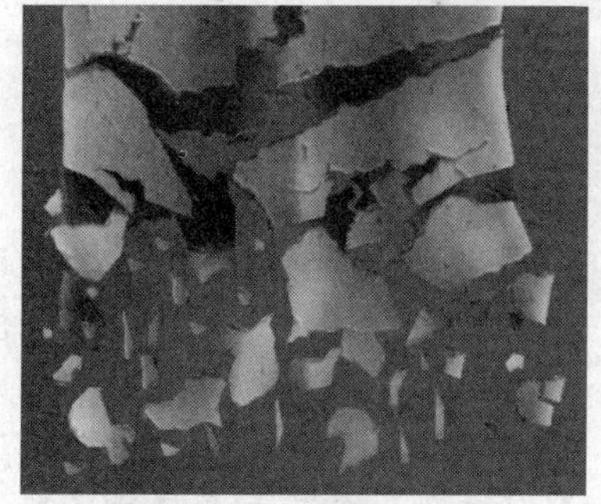
图6-136　处理后的碎片效果

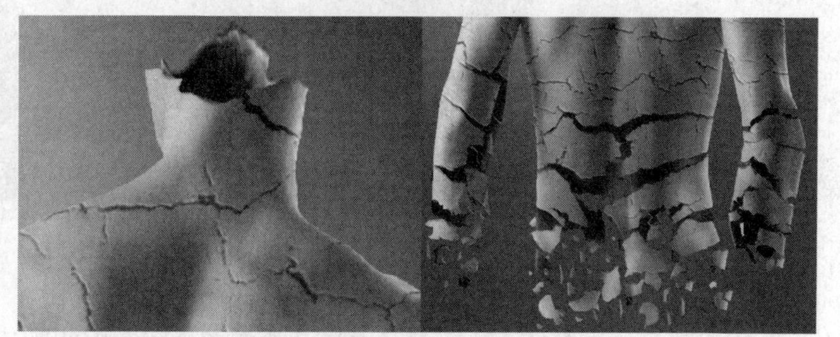
图6-137　处理后的头部和胳膊效果

至此，人体裂痕效果制作完成，其整体效果如图 6-138 所示。

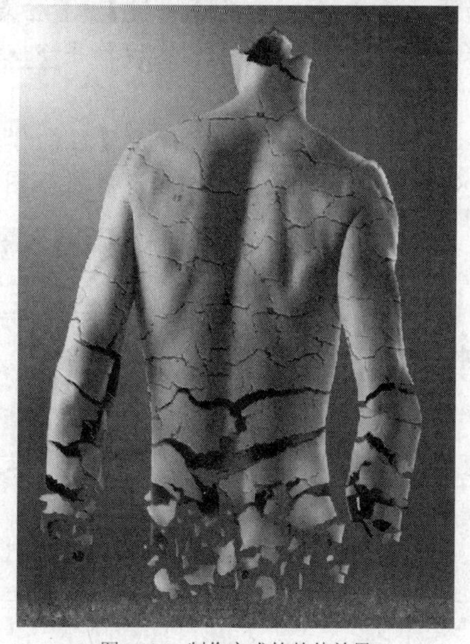
图6-138　制作完成的整体效果

(44) 按 Ctrl+S 组合键，将此文件命名为“人体裂纹效果.psd”保存。

项目实训——制作日光穿透海面效果

根据对滤镜的学习和理解，读者自已动手制作出如图 6-139 所示的日光穿透海面效果。图库素材为教学素材“图库\项目 6”目录下名为“海底世界.jpg”的文件。作品参见教学素材“作品\项目 6”目录下名为“项目实训.psd”的文件。

图6-139　日光穿透海面效果

【步骤提示】

(1) 打开教学素材“图库\项目 6”目录下名为“海底世界.jpg”的文件，然后打开【通道】面板，并新建一个“Alpha 1”通道。

(2) 确认前景色和背景色为黑色和白色，选择【滤镜】/【渲染】/【纤维】命令，在弹出的【纤维】对话框中保留默认的参数设置，然后单击 确定 按钮，生成的效果如图 6-140 所示。

(3) 选择【滤镜】/【模糊】/【径向模糊】命令，弹出【径向模糊】对话框，根据光线的发射点位置设置模糊的中心位置，然后设置各选项及参数如图 6-141 所示。

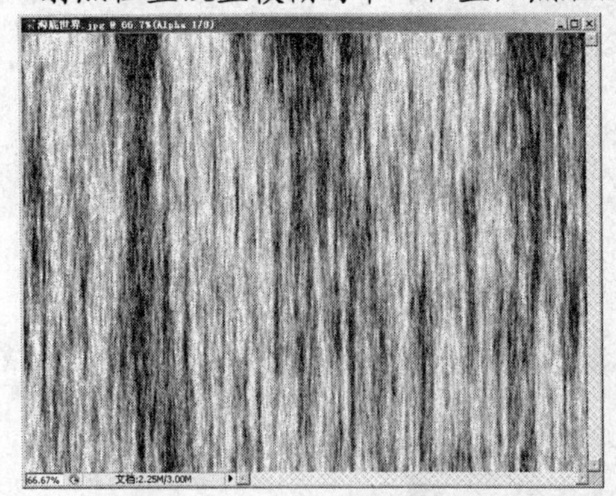

图6-140　纤维效果

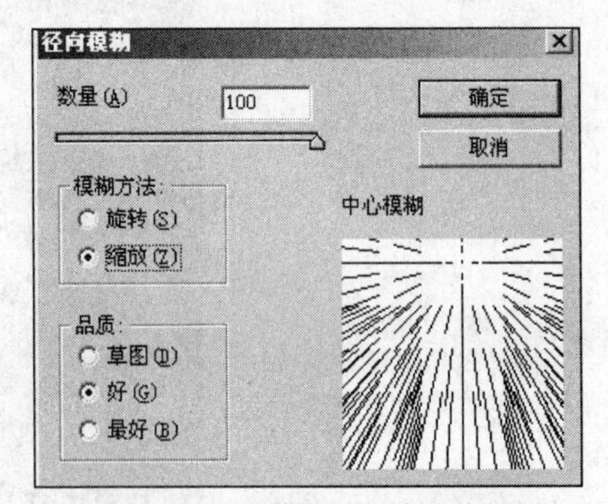

图6-141　【径向模糊】对话框参数设置

(4) 按 Ctrl+F 组合键重复选择径向模糊命令，效果如图 6-142 所示。

(5) 按 Ctrl+L 组合键，弹出【色阶】对话框，参数设置如图 6-143 所示。

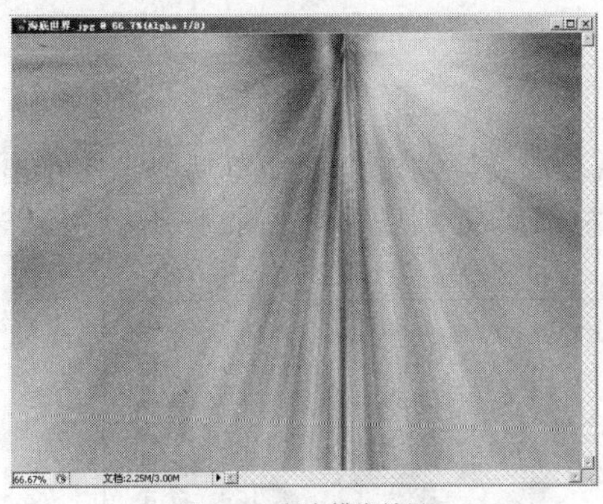

图6-142 径向模糊效果

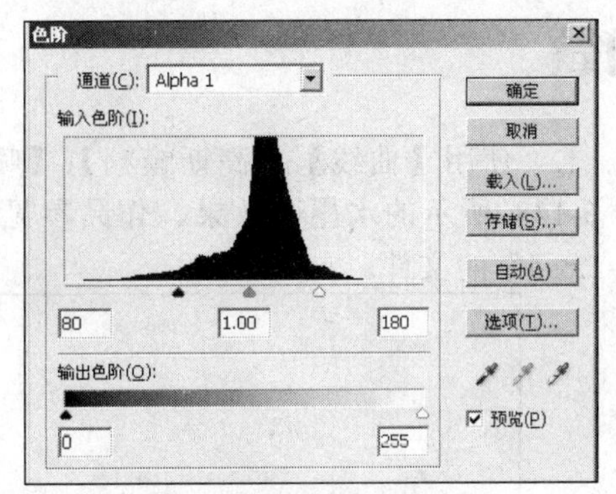

图6-143 【色阶】对话框设置

(6) 单击 确定 按钮，调整对比度后的效果如图 6-144 所示。

(7) 选择【滤镜】/【像素化】/【铜版雕刻】命令，弹出【铜版雕刻】对话框，设置【类型】为“中长描边”，单击 确定 按钮，效果如图 6-145 所示。

图6-144 调整对比度后的效果

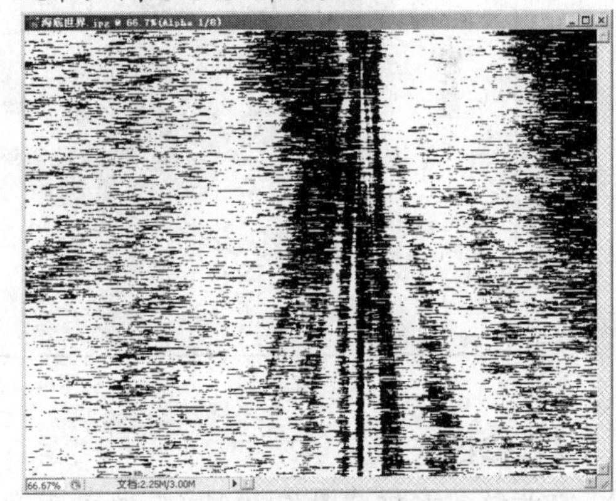

图6-145 铜版雕刻效果

(8) 再次选择【滤镜】/【模糊】/【径向模糊】命令，并按 Ctrl+F 组合键重复选择一次，效果如图 6-146 所示。

(9) 按住 Ctrl 单击“Alpha 1”通道的通道缩览图，加载选区，然后在【图层】面板中新建“图层 1”层，并为选区填充白色，去除选区后的效果如图 6-147 所示。

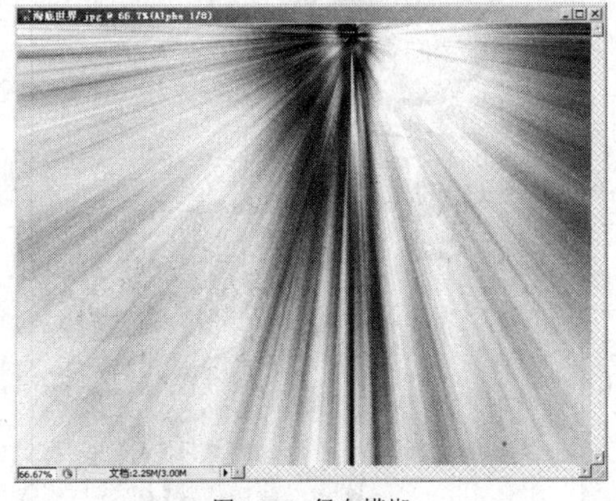

图6-146 径向模糊

图6-147 去除选区后的效果

(10) 将“图层 1”层的图层混合模式设置为“柔光”，制作完成日光照射效果。

习题

1. 使用【曲线】、【高斯模糊】、【喷溅】命令以及图层混合模式等功能，制作出如图 6-148 所示的水墨画效果。作品参见教学素材“作品\项目 6”目录下名为“操作题 06-1.psd”的文件。

图6-148 水墨画效果

【步骤提示】

(1) 打开教学素材“图库\项目 6”目录下名为“荷花.jpg”的文件。

(2) 将“背景”层复制为“图层 1”，然后选择【图像】/【调整】/【去色】命令，将荷花去色。

(3) 选择【曲线】命令，调整曲线形态如图 6-149 所示，效果如图 6-150 所示。

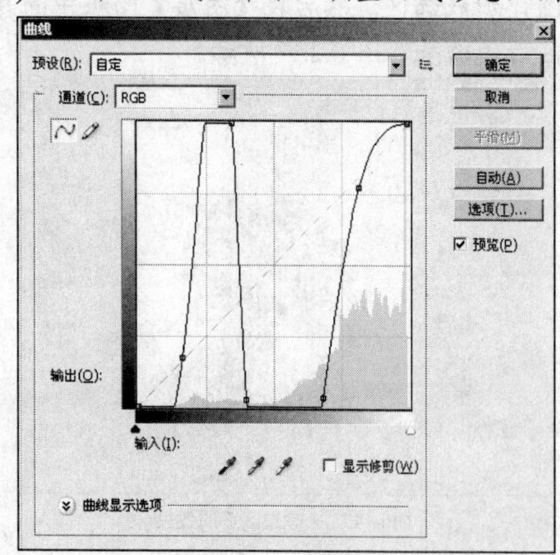

图6-149 调整的曲线形态

图6-150 调整后的荷花效果

(4) 按Shift+Ctrl+Alt+E组合键盖印图层。

(5) 选择【滤镜】/【模糊】/【高斯模糊】命令，再选择【滤镜】/【画笔描边】/【喷溅】命令。

(6) 新建“图层 3”，将图层混合模式设置为“颜色”，然后利用工具在画面中润色。

2. 使用【色相/饱和度】命令以及【云彩】滤镜命令来制作如图 6-151 所示的云雾效果。作品参见教学素材“作品\项目 6”目录下名为“操作题 06-2.psd”的文件。

图6-151　云雾效果

【步骤提示】

(1) 打开教学素材“图库\项目 6”目录下名为“船.jpg”的文件，然后将“背景”层复制为“背景 副本”层。

(2) 将“背景”层填充白色，然后将“背景 副本”层设置为工作层，利用【色相/饱和度】命令降低画面的饱和度。

(3) 为“背景 副本”层添加图层蒙版，然后将前景色设置为黑色，利用工具为画面自上向下填充由前景到透明的线性渐变色。

(4) 确认前景色和背景色分别为黑色和白色，选择【滤镜】/【渲染】/【云彩】命令，为“背景 副本”层中的图层蒙版添加云彩效果。

项目七 图像色彩处理

在处理数码照片或其他各类图像时，色彩或明暗对比度等的调整是必不可少的工作。Photoshop CS3 中提供了很多类型的图像色彩调整命令，利用这些命令可以把彩色图像调整成黑白或单色效果，也可以给黑白图像上色使其焕然一新。另外，无论图像曝光过度或曝光不足，都可以利用不同的调整命令来进行弥补。本项目通过几个案例来介绍一些常用调整命令的使用方法。

- ❖ 熟悉各调整菜单命令。
- ❖ 了解利用各调整命令调整图像的方法。
- ❖ 掌握调整照片曝光度的方法。
- ❖ 掌握人物图像皮肤颜色的调整方法和技巧。
- ❖ 掌握黑白照片彩色化处理或转单色的方法。
- ❖ 掌握彩色照片转单色和黑白效果的方法。
- ❖ 掌握调整非主流个性色调的方法。

任务一 调整曝光过度的照片

在强烈的日光或灯光的照射下，非专业摄影人员经常会拍摄出一些曝光过度的照片。本任务介绍利用【图像】/【调整】/【色阶】命令来调整曝光过度的照片，图片素材及调整后的效果如图 7-1 所示。

图7-1 图片素材及调整后的效果一

【知识准备】

在菜单栏中的【图像】/【调整】下有一些命令，这些命令是对图像进行颜色调整的主要命令，利用这些命令可以对图像或图像的某一部分进行颜色、亮度、饱和度及对比度的调整，使用这些命令可以使图像产生多种色彩上的变化，下面来简要介绍一下这些命令。

- 【色阶】命令：可以调节图像各个通道的明暗对比度，从而改变图像。
- 【自动色阶】命令：将自动设置图像的暗调和高光区域，并将每个颜色通道中最暗和最亮像素分别设置为黑色和白色，再按比例重新分布中间调的像素值，从而自动调整图像的色阶。
- 【自动对比度】命令：自动调整图像的对比度，使图像达到均衡。
- 【自动颜色】命令：自动调整图像的色彩平衡，使图像的色彩达到均衡效果。
- 【曲线】命令：利用调整曲线的形态来改变图像各个通道的明暗数量，从而改变图像的色调。
- 【色彩平衡】命令：通过调整各种颜色的混合量来调整图像的整体色彩。如果在【色彩平衡】对话框中勾选【保持亮度】复选框，对图像进行调整时，可以保持图像的亮度不变。
- 【亮度/对比度】命令：通过设置不同的数值及调整滑块的不同位置，来改变图像的亮度及对比度。
- 【黑白】命令：快速将彩色图像转换为黑白图像或单色图像，同时保持对各颜色的控制。
- 【色相/饱和度】命令：调整图像的色相、饱和度及亮度，它既可以作用于整个画面，也可以对指定的颜色单独调整，并可以为图像染色。
- 【去色】命令：可以将原图像中的颜色去除，使图像以灰色的形式显示。
- 【匹配颜色】命令：将一个图像（原图像）的颜色与另一个图像（目标图像）相匹配。使用此命令，还可以通过更改亮度和色彩范围以及中和色调调整图像中的颜色。
- 【替换颜色】命令：用设置的颜色样本来替换图像中指定的颜色范围，其工作原理是先用【色彩范围】命令选择要替换的颜色范围，再用【色相/饱和度】命令调整选择图像的色彩。
- 【可选颜色】命令：可以调整图像的某一种颜色，从而影响图像的整体色彩。
- 【通道混合器】命令：可以通过混合指定的颜色通道来改变某一颜色通道的颜色，进而影响图像的整体效果。
- 【渐变映射】命令：将选定的渐变色映射到图像中以取代原来的颜色。
- 【照片滤镜】命令：此命令可以模仿在相机镜头前面加彩色滤镜，以便调整通过镜头传输的光的色彩平衡和色温，使图像产生不同颜色的滤色效果。
- 【暗调/高光】命令：校正由强逆光而形成剪影的照片，或者校正由于太接近相机闪光灯而有些发白的焦点。
- 【曝光度】命令：在线性空间中调整图像的曝光数量、位移和灰度系数，进而改变当前颜色空间中图像的亮度和明度。
- 【反相】命令：将图像中的颜色以及亮度全部反转，生成图像的反相效果。
- 【色调均化】命令：将通道中最亮和最暗的像素定义为白色和黑色，然后按照

比例重新分配到画面中，使图像中的明暗分布更加均匀。

- 【阈值】命令：通过调整滑块的位置可以调整【阈值色阶】值，从而将灰度图像或彩色图像转换为高对比度的黑白图像。
- 【色调分离】命令：自行指定图像中每个通道的色调级数目，然后将这些像素映射在最接近的匹配色调上。
- 【变化】命令：调整图像或选区的色彩、对比度、亮度及饱和度等。

【操作步骤】

(1) 打开教学素材“图库\项目 7”目录下名为“照片 05.jpg”的文件，如图 7-2 所示。

(2) 选择【图像】/【调整】/【色阶】命令，弹出【色阶】对话框，在【通道】下拉列表中选择“红”通道，将【输入色阶】参数设置为“80”，增加画面暗部的红色层次，此时照片的显示效果如图 7-3 所示。

图7-2 打开的图片一

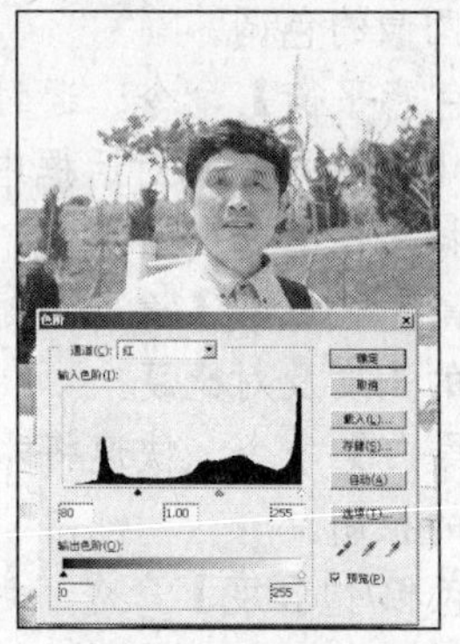

图7-3 调整“红”通道后的效果

(3) 选择“绿”通道，将【输入色阶】参数设置为“70”，增加画面暗部的绿色层次，此时照片显示效果如图 7-4 所示。

(4) 选择“蓝”通道，将【输入色阶】参数设置为“65”，增加画面暗部的蓝色层次，此时照片显示效果如图 7-5 所示。

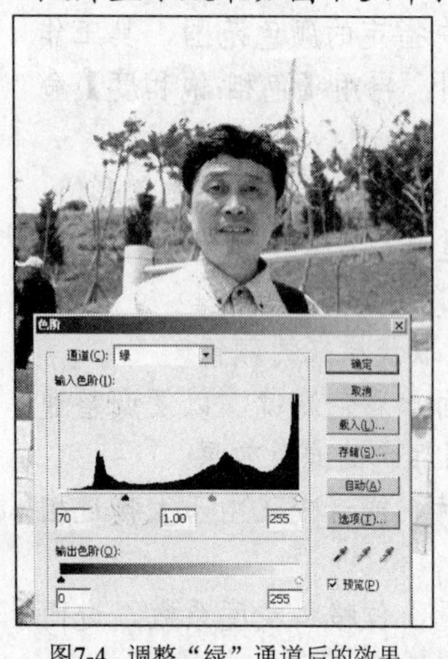

图7-4 调整“绿”通道后的效果

图7-5 调整“蓝”通道后的效果

(5) 单击 确定 按钮完成照片的调整，然后按 Shift+Ctrl+S 组合键，将调整后的照片命名为“曝光过度调整.jpg”另存。

任务二 调整曝光不足的照片

在阴天下雨或天黑的情况下，非专业摄影人员经常会拍摄出一些曝光不足照片，本任务介绍利用【图像】/【调整】/【色阶】命令来调整曝光不足的照片，图片素材及调整后的效果如图 7-6 所示。

图7-6 图片素材及调整后的效果二

【操作步骤】

(1) 打开教学素材“图库\项目 7”目录下名为“照片 06.jpg”的文件，如图 7-7 所示。这张照片由于是在阴天的情况下拍摄的，画面曝光度不足。

(2) 选择【图像】/【调整】/【色阶】命令，弹出【色阶】对话框，单击对话框中的【设置白场】按钮，然后将鼠标指针移到照片中最亮的颜色点位置选择参考色，如图 7-8 所示。

图7-7 打开的照片二

图7-8 选择参考色

(3) 单击拾取参考色后的显示效果如图 7-9 所示。

(4) 在【色阶】对话框中将【输入色阶】的参数分别设置为“5”、“1.4”和“240”，单击 确定 按钮，完成照片的处理，最终效果如图 7-10 所示。

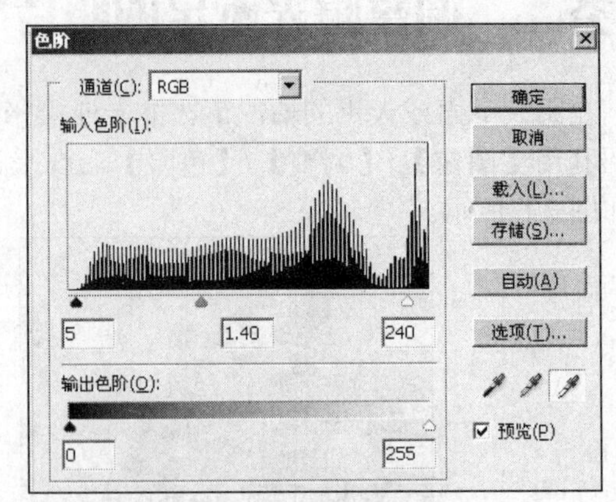

图7-9 拾取参考色后的效果

图7-10 输入色阶参数设置

(5) 按Shift+Ctrl+S组合键，将调整后的照片命名为“曝光不足调整.jpg”保存。

任务三 调整皮肤颜色

本任务主要利用【色彩平衡】、【曲线】和【色相/饱和度】命令调整出健康红润的皮肤颜色，调整前后的对比效果如图 7-11 所示。

图7-11 颜色调整前后的效果对比一

【操作步骤】

(1) 打开教学素材“图库\项目 7”目录下名为“人物 01.jpg”的文件。

(2) 打开【图层】面板，单击下面的 按钮，在弹出的菜单中选择【图像】/【调整】/【色彩平衡】命令，设置【色彩平衡】选项及参数如图 7-12 所示，单击 确定 按钮。

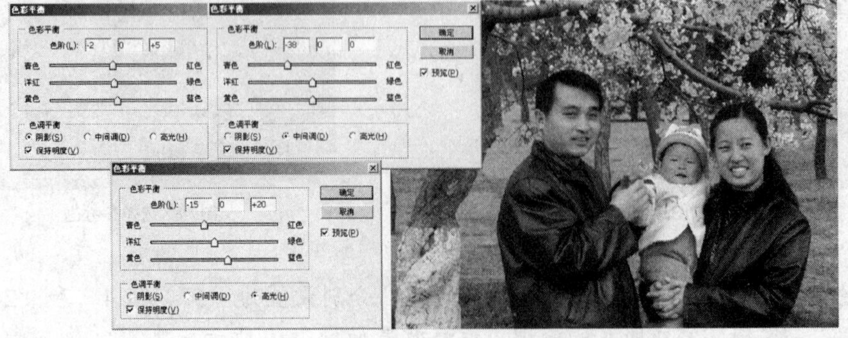

图7-12 【色彩平衡】参数设置及效果

(3) 选择【曲线】命令，设置【曲线】选项及参数如图 7-13 所示，单击 确定 按钮。

图7-13　【曲线】参数设置及效果一

(4) 选择【色相/饱和度】命令，设置【色相/饱和度】选项及参数如图 7-14 所示，单击 确定 按钮。

图7-14　【色相/饱和度】参数设置及效果

(5) 按 Shift+Ctrl+S 组合键，将此文件命名为“红润的皮肤.jpg”另存。

任务四　调整简单色调

本任务主要利用图像颜色模式的转换以及【曲线】命令来把照片调整成简单的色调效果，调整前后的对比效果如图 7-15 所示。

图7-15　颜色调整前后的效果对比二

【操作步骤】

(1) 打开教学素材“图库\项目 7”目录下名为“照片 02.jpg”的文件。

(2) 选择【图像】/【模式】/【Lab 颜色】命令，把图像转换成 Lab 颜色模式。

(3) 打开【图层】面板，单击下面的 按钮，在弹出的菜单中选择【图像】/【调整】/【曲线】命令，分别调整【通道】中的“明度”、“a”和“b”通道，如图 7-16 所示，单击 确定 按钮，完成简单色调的调整。

图7-16　【曲线】参数设置及效果二

(4) 按 Shift+Ctrl+S 组合键，将此文件命名为“简单色调.psd”另存。

任务五　美白皮肤

本任务综合利用【图像】/【调整】/【色阶】命令及【图像】/【计算】命令对人物的皮肤进行美白，调整前后的照片对比效果如图 7-17 所示。

图7-17　皮肤美白前后的对比效果

【操作步骤】

(1) 打开教学素材“图库\项目 7”目录下名为“照片 07.jpg”的文件，按 Ctrl+J 组合键将“背景”层复制为“图层 1”。

(2) 按 Ctrl+L 组合键将【色阶】对话框调出，然后激活对话框中的按钮，并将鼠标指针移动到人物的脸上单击拾取画面的最亮点，鼠标单击的位置及画面生成的效果如图 7-18 所示。

(3) 在【色阶】对话框中再分别调整参数如图 7-19 所示，单击 确定 按钮。

图7-18　鼠标单击位置及生成的效果

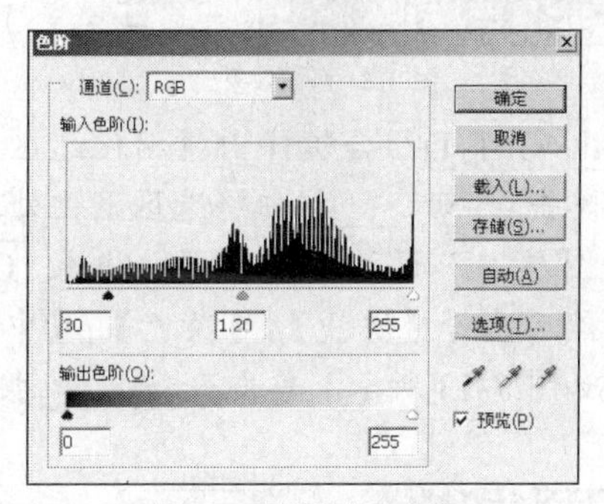

图7-19　调整的色阶参数

(4) 选择【图像】/【计算】命令，在弹出的【计算】对话框中将【混合】设置为“滤色”，画面效果及选项设置如图 7-20 所示，单击 确定 按钮。

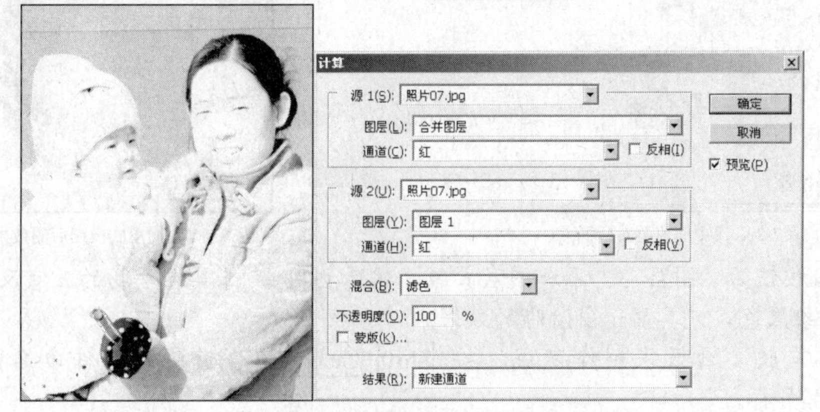

图7-20　画面效果及选项设置

利用【计算】命令计算出的图像为新建的通道效果，其目的是将其与画面合成让皮肤变白。下面将计算出的通道转换为新的图层。

(5) 依次按 Ctrl+A组合键和 Ctrl+C组合键，将计算出的图像全部选择并复制，然后新建“图层 2”，并按Ctrl+V组合键将复制的图像粘贴至“图层 2”中。

(6) 将“图层 2”的混合模式设置为“明度”，【不透明度】参数设置为“20%”，生成的画面效果如图 7-21 所示。

此时皮肤的美白效果基本完成，下面来对皮肤进行磨皮处理使其更光滑。

(7) 利用工具并结合属性栏中的按钮，依次绘制出如图 7-22 所示的选区。

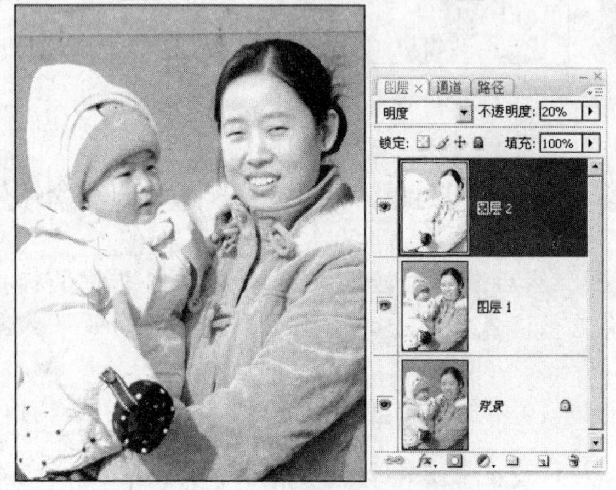

图7-21 画面效果

图7-22 创建的选区

(8) 按 Alt+Ctrl+D组合键弹出【羽化选区】对话框，将【羽化半径】的值设置为“15”像素，单击 确定 按钮将选区羽化处理。

(9) 将“图层 1”设置为工作层，并按 Ctrl+J组合键将选区内的图像通过复制生成新图层，然后选择【滤镜】/【杂色】/【中间值】命令，在弹出的【中间值】对话框中设置参数如图 7-23 所示。单击 确定 按钮，图像模糊后的效果如图 7-24 所示。

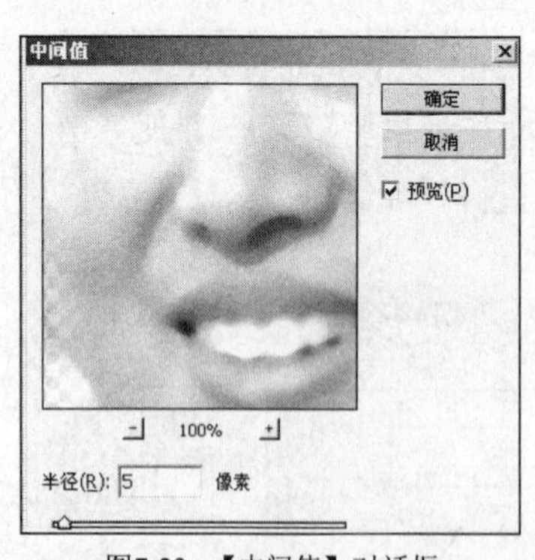

图7-23 【中间值】对话框

图7-24 人物皮肤模糊后的效果

(10) 单击按钮为“图层 3”添加图层蒙版，然后利用工具在人物的五官及皮肤的边缘位置描绘黑色，使其显示出清晰的效果来。

(11) 至此，皮肤美白效果制作完成，按 Shift+Ctrl+S组合键将此文件命名为“美白皮肤.psd”另存。

任务六　调整霞光辉照效果

本任务利用【曲线】命令、【光照】命令、【镜头光晕】命令、【应用图像】命令以及图层的属性等，把白天效果的照片调整成傍晚的效果，调整前后的对比效果如图 7-25 所示。

图7-25　颜色调整前后的效果对比三

【操作步骤】

(1) 打开教学素材“图库\项目 7”目录下名为“照片 04.jpg”的文件。

(2) 选择【图像】/【模式】/【Lab 颜色】命令，把图像转换成 Lab 颜色模式。

(3) 打开【图层】面板，单击下面的 按钮，在弹出的菜单中选择【图像】/【调整】/【曲线】命令，分别调整【通道】中的“a”和“b”通道的颜色，如图 7-26 所示，单击 确定 按钮。

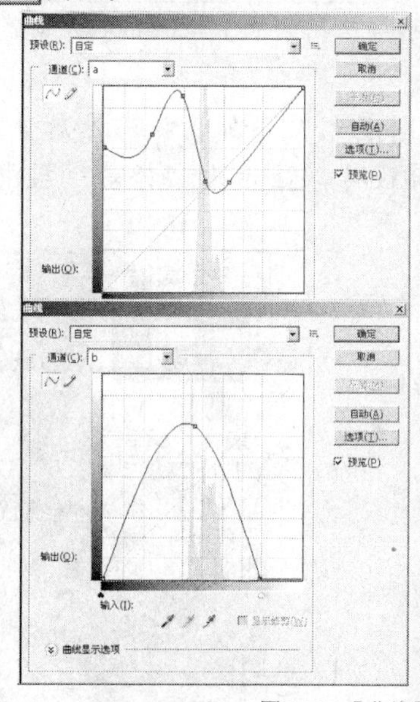

图7-26　【曲线】参数设置及效果三

(4) 按 Shift+Ctrl+Alt+E 组合键，合并盖印图层得到“图层 1”，如图 7-27 所示。

(5) 选择【滤镜】/【锐化】/【USM 锐化】命令，设置参数如图 7-28 所示。

图7-27 合并盖印图层

图7-28 【USM 锐化】对话框一

(6) 单击 确定 按钮，将图像清晰化处理。

(7) 选择【图像】/【模式】/【RGB 颜色】命令，弹出如图 7-29 所示的提示对话框，单击 确定 按钮，把图像转换成 RGB 颜色模式。

(8) 选择【滤镜】/【渲染】/【光照】命令，设置参数如图 7-30 所示。

图7-29 提示对话框

图7-30 光照参数设置

(9) 单击 确定 按钮，光照效果如图 7-31 所示。

(10) 单击【图层】面板下面的 按钮，给“图层 1”添加蒙版，然后使用 工具利用黑色编辑蒙版，把“图层 1”中的人物屏蔽掉，显示出“背景”层中的人物来，如图 7-32 所示。

图7-31 光照效果

图7-32 添加蒙版效果

(11) 单击【图层】面板下面的 按钮，在弹出的菜单中选择【图像】/【调整】/【曲线】命令，调整曲线形态如图 7-33 所示，单击 确定 按钮，画面效果如图 7-34 所示。

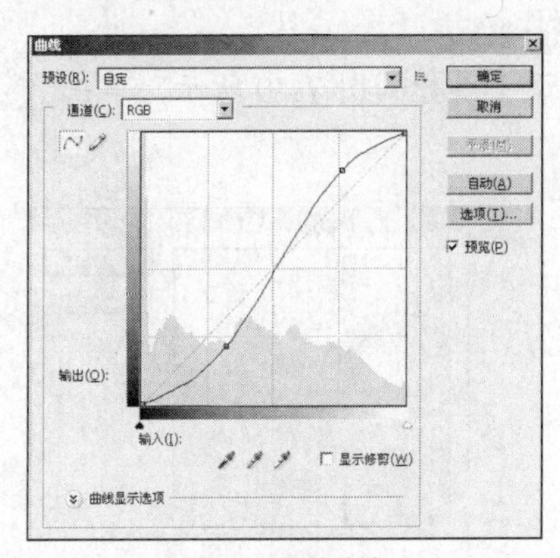

图7-33 调整曲线

图7-34 调整曲线形态后的效果

(12) 新建“图层 2”，然后填充黑色，选择【滤镜】/【渲染】/【镜头光晕】命令，设置参数及光晕位置如图 7-35 所示。单击 确定 按钮，添加的光晕效果如图 7-36 所示。

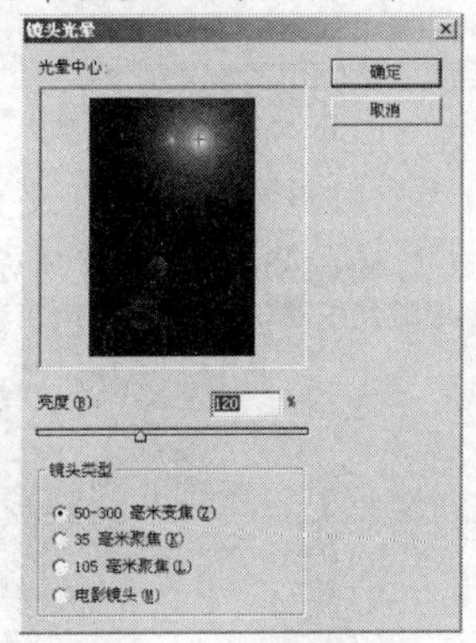

图7-35 镜头光晕设置

图7-36 添加的光晕效果

(13) 在【图层】面板中将图层混合模式设置为“滤色”，画面中添加的灯光效果如图 7-37 所示。

(14) 复制“图层 2”为“图层 2 副本”层，然后缩小“图层 2 副本”中的灯光，并放置到如图 7-38 所示的画面位置。

图7-37 画面中添加的灯光效果

图7-38 复制出的灯光

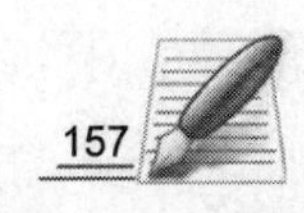

(15) 给“图层 2 副本”添加蒙版，然后通过编辑蒙版把“图层 2 副本”中的白色边缘屏蔽掉，效果如图 7-39 所示。

(16) 按Shift+Ctrl+Alt+E组合键，合并盖印图层得到“图层 3”。

(17) 选择【滤镜】/【锐化】/【USM 锐化】命令，设置参数如图 7-40 所示，单击 确定 按钮，将图像清晰化处理。

图7-39 编辑蒙版后的效果一

图7-40 【USM 锐化】对话框二

(18) 复制“图层 3”为“图层 3 副本”，然后选择【图像】/【应用图像】命令，设置各选项和参数如图 7-41 所示，单击 确定 按钮，增强画面对比后的效果如图 7-42 所示。

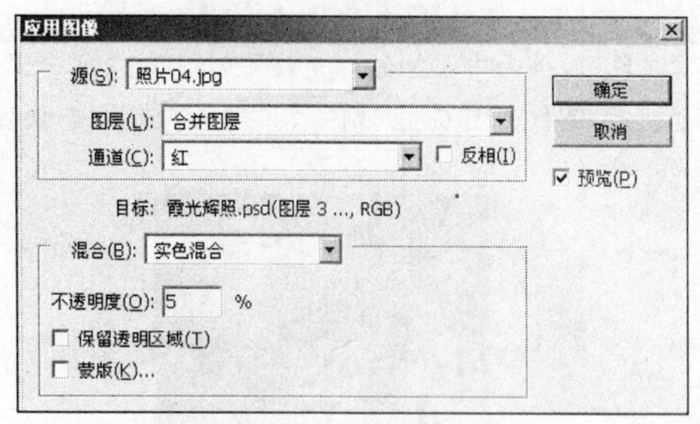

图7-41 【应用图像】对话框

图7-42 增强画面对比后的效果

(19) 按Shift+Ctrl+S组合键，将此文件命名为“霞光辉照.psd”另存。

任务七 黑白照片彩色化

本任务利用【画笔】工具及图层面板的混合模式来给黑白照片彩色化处理，调整前后的照片对比效果如图 7-43 所示。

图7-43　黑白照片及上色后的效果

【操作步骤】

(1) 打开教学素材“图库\项目 7”目录下名为“照片 07.jpg”和“照片 08.jpg”的文件，如图 7-44 所示。其中黑白照片是需要上色的照片，彩色照片是作为上色时颜色参考用的。

图7-44　打开的图片三

(2) 选择工具，在彩色照片的人物脸部位置单击，如图 7-45 所示，将其设置为前景色，作为给黑白照片绘制皮肤的基本颜色。

(3) 将“灰度效果.jpg”文件设置为工作状态，选择【图像】/【模式】/【RGB 颜色】命令，将灰度模式图像转换成 RGB 彩色模式。

(4) 在【图层】面板中新建“图层 1”，并设置图层混合模式为“颜色”，然后选择工具，设置合适大小的画笔给皮肤绘制颜色，效果如图 7-46 所示。

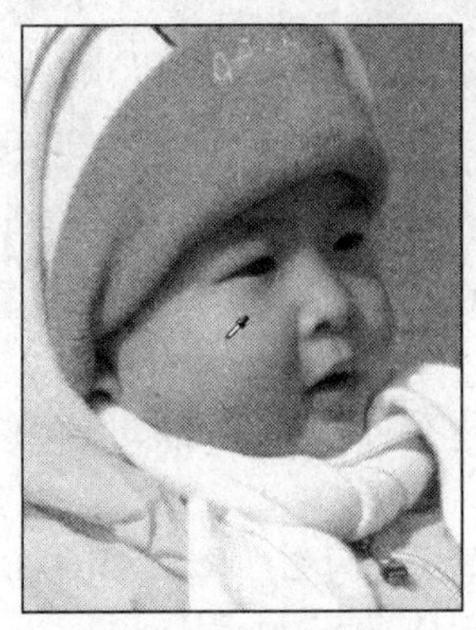

图7-45　设置前景色

图7-46　绘制的颜色

(5) 选择工具，把眼睛、嘴及其他皮肤以外的红色擦除，擦除后的效果如图 7-47 所示。

(6) 将前景色设置为紫红色（R:200,G:110,B:180），然后选择工具，并设置一个较小的画笔，再将属性栏中【不透明度】的参数设置为“30%”。

(7) 新建“图层 2”，并设置图层混合模式为“颜色”，【不透明度】参数为“80%”，然后在眼皮位置拖动，润饰上颜色，如图 7-48 所示。

图7-47 擦除颜色后效果

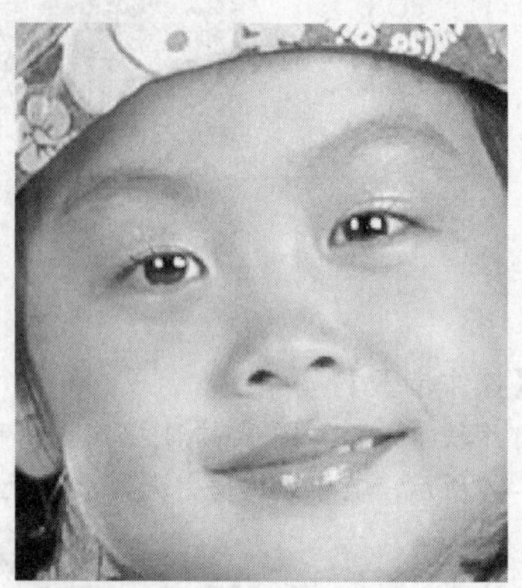

图7-48 润饰眼睛颜色

(8) 将前景色设置为红色（R:200,G:95,B:130），然后利用工具为嘴唇绘制上口红颜色，再设置一个较大的画笔笔头，在脸部位置上不同程度的润饰上一点红色，使皮肤的红色出现少许的变化，效果如图 7-49 所示。

(9) 将前景色设置为绿灰色（R:120,G:145,B:136），然后在脸部的暗部位置不同程度的润饰上一点冷色，使其和亮部位置形成对比，丰富颜色效果，如图 7-50 所示。

图7-49 润饰嘴颜色

图7-50 润饰脸部暗部颜色

(10) 新建“图层 3”，设置图层混合模式为“颜色”，使用不同的前景色把小女孩的帽子绘制成彩色的，效果如图 7-51 所示。

(11) 新建“图层 4”，并设置图层混合模式为“颜色”，使用深褐色（R:88,G:60,B:75）和浅蓝色（R:237,G:246,B:255）给衣服绘制上颜色，效果如图 7-52 所示。

图7-51 帽子上色

图7-52 衣服上色

(12) 使用相同的绘制方法，设置不同的颜色，在裤子和皮鞋上绘制上不同的颜色，效果如图 7-53 所示。

(13) 在“背景”层的上面新建“图层 4”，并设置图层混合模式为“颜色”，然后给“图层 4”填充蓝绿色（R:0,G:70,B:88），效果如图 7-54 所示。

图7-53 皮衣上色

图7-54 填充背景颜色

(14) 利用 工具，将小女孩脸上显示出的蓝绿色擦除，得到如图 7-55 所示的效果。

(15) 按 Shift+Ctrl+Alt+E组合键，复制并合并图层得到“图层 6”，然后在【图层】面板中将“图层 6”调整到所有图层的上方，并设置其图层混合模式为“滤色”，【不透明度】的参数为“30%”，照片的整体亮度提高了，效果如图 7-56 所示。

图7-55 擦除脸部多余的颜色

图7-56 增加亮度效果

(16) 至此，黑白照片上色操作完成。按 Shift+Ctrl+S组合键，将此文件命名为“黑白照片彩色化.psd”另存。

任务八　将彩色照片转换成黑白照片

将一幅彩色照片转换为黑白效果有很多方法，可以直接使用【图像】/【调整】/【去色】命令，也可以使用【图像】/【模式】/【灰度】命令，但无论使用哪种方法，所得到的灰度图像效果都较为平淡。而利用菜单栏中的【图像】/【计算】命令则可以通过图像的各种通道以不同方法进行混合，在转换灰度时可以保留画面丰富的色阶层次，使转换后的灰度图像效果更加明亮且色阶层次非常丰富，调整前后的照片对比效果如图 7-57 所示。

图7-57　调整前后的对比效果

【操作步骤】

(1)　打开教学素材“图库\项目 7”目录下名为“照片 09.jpg”的文件。

(2)　选择【图像】/【计算】命令，弹出【计算】对话框，此时图像即变为灰度显示效果。

(3)　在【源 1】选项设置区的【通道】下拉列表中设置“红”通道，在【源 2】选项设置区的【通道】下拉列表中设置“灰色”通道，此时的图像对比效果如图 7-58 所示。

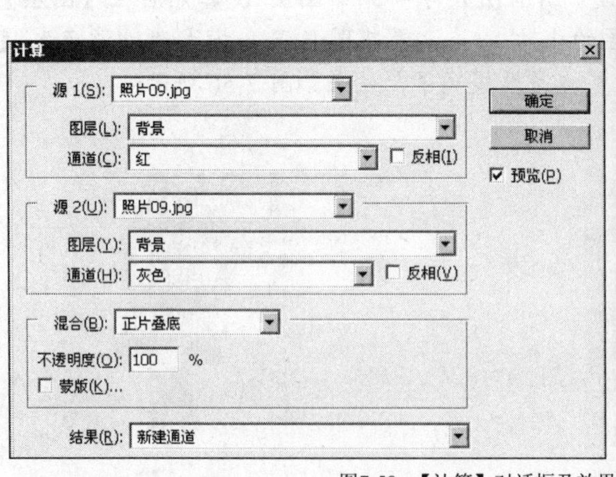

图7-58　【计算】对话框及效果

(4)　在【混合】下拉列表中设置“颜色减淡”模式，此时图像的亮部区域将变得非常明亮，效果如图 7-59 所示。

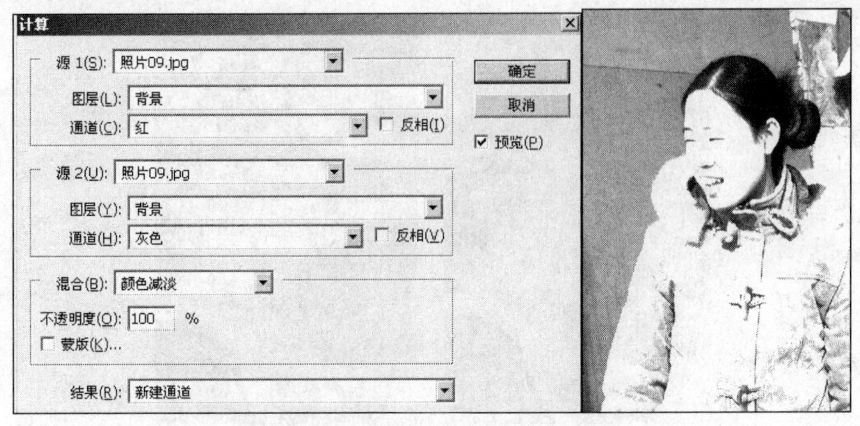

图7-59　设置颜色减淡及效果

(5) 在【不透明度】参数设置区中设置不同的参数，查看图像不同的灰度色阶层次，此处设置的参数为“20%”，在【结果】下拉列表中设置“新建文档”，其图像效果如图 7-60 所示。

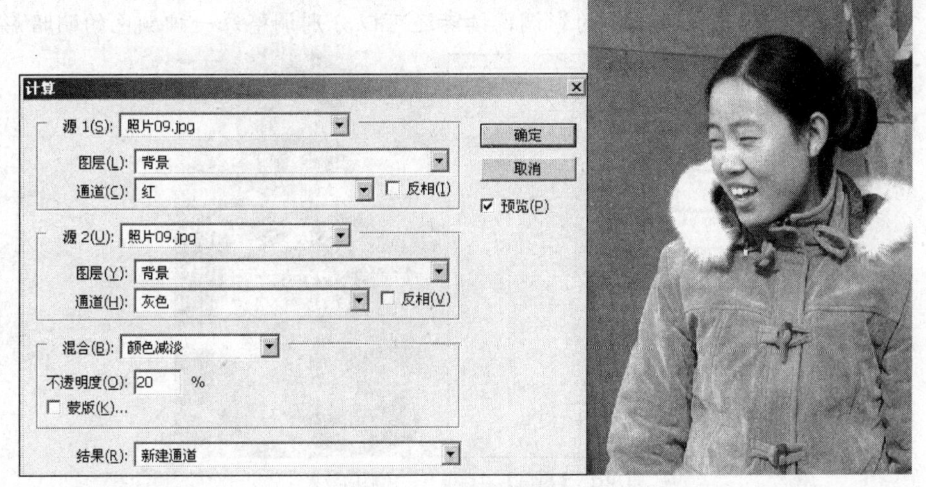

图7-60　灰度设置及效果

(6) 单击 确定 按钮，即在工作区中出现一个灰度效果的新图像。

(7) 打开【通道】面板可以看到当前图像只有一个“Alpha 1”通道。选择【图像】/【模式】/【灰度】命令，将只有一个“Alpha 1”通道的多通道模式图像转换成灰度模式，彩色转灰度图像效果即制作完成。

(8) 按 Shift+Ctrl+S 组合键，将此文件命名为“彩色转灰度.jpg”另存。

任务九　将彩色照片转换成单色照片

利用【图像】/【调整】/【黑白】命令不但可以快速地将图像转换成黑白效果，而且还可以根据图像原有的颜色来增加或降低亮度，并且还具有类似相机一样增加滤色镜的功能。如果读者想得到任意的单色调效果，利用此命令可以非常简单地实现。下面介绍利用该命令将彩色照片转为单色效果的方法，调整前后的照片对比效果如图 7-61 所示。

图7-61　照片原图及转换后的单色效果

【操作步骤】

(1) 打开教学素材“图库\项目 7”目录下名为“照片 10.jpg”的文件。

(2) 选择【图像】/【调整】/【黑白】命令，打开【黑白】对话框，照片自动转为黑白效果，如图 7-62 所示。根据画面的影调，读者还可以分别调整每一种颜色的明暗影调。

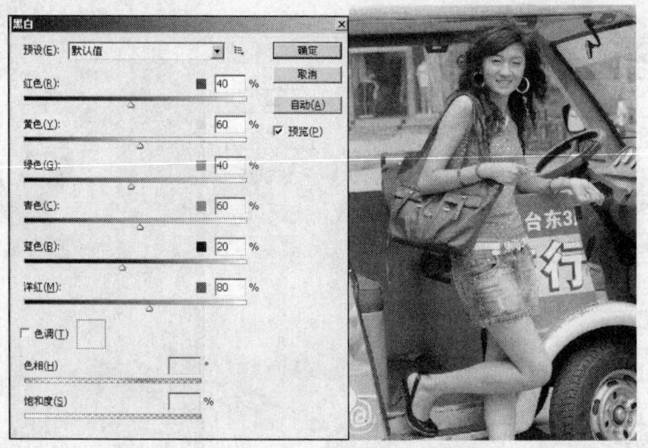

图7-62　【黑白】对话框及去色后的效果

(3) 打开【预设】下拉列表，其中列出了 10 种转换黑白的滤镜效果，如果选择【红色滤镜】，此时画面中的红色所包含的颜色都将变亮，如图 7-63 所示。

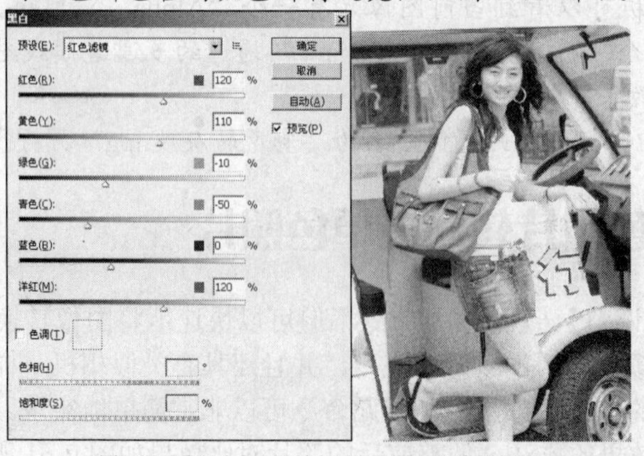

图7-63　【黑白】对话框及设置的红色滤镜效果

(4) 如果选择【绿色滤镜】，此时画面中的绿色所包含的颜色都将变亮，如图 7-64 所示。

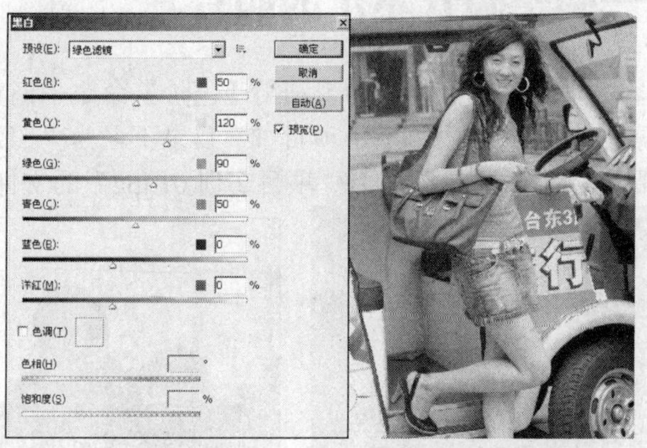

图7-64 【黑白】对话框及设置的绿色滤镜效果

(5) 如果读者对转换后的某种颜色的影调感觉不满意，可以将鼠标指针移动到图像中需要再调整的颜色部位，左右拖动鼠标指针，即可手动改变颜色的明暗，如图 7-65 所示。

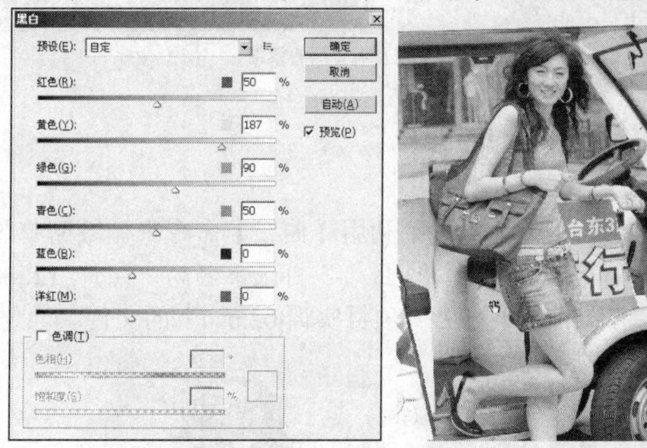

图7-65 【黑白】对话框及手动调色效果

(6) 勾选【色调】复选框，可以为黑白照片制作某种单色效果，如图 7-66 所示。

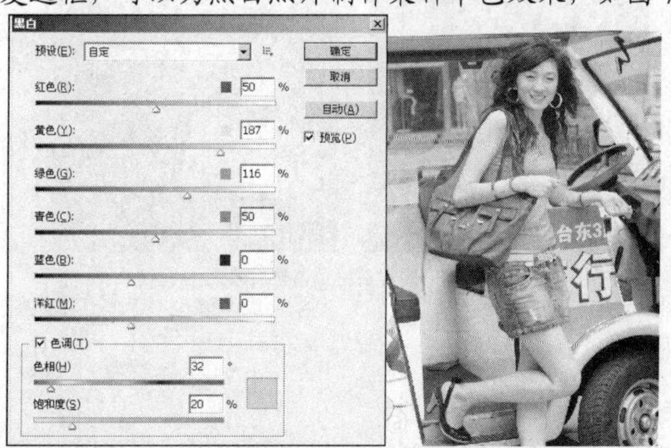

图7-66 制作的单色效果

(7) 单击 确定 按钮，再利用 工具在人物的皮肤和衣服上轻轻地恢复一下颜色，立刻又得到了唯美的双色调效果，如图 7-61 所示。

(8) 按 Shift+Ctrl+S 组合键，将此文件命名为“转单色.jpg”另存。

项目实训一——调整曝光不足的照片

根据对任务二内容的学习，读者自己动手利用【色阶】命令来调整曝光不足的照片，如图 7-67 所示。图库素材为教学素材“图库\项目 7”目录下名为“照片 11.jpg”的文件。作品参见教学素材“作品\项目 7”目录下名为“项目实训 01.jpg”的文件。

图7-67 图片原图及调整后的效果

项目实训二——制作景深效果

根据对任务四内容的学习，读者自己动手利用【曲线】命令来调整简单的色调效果，如图 7-68 所示。图库素材为教学素材“图库\项目 7”目录下名为“照片 12.jpg”的文件。作品参见教学素材“作品\项目 7”目录下名为“项目实训 02.psd”的文件。

图7-68 照片素材及调整后效果

习题

1. 根据对任务四简单色调内容的学习，使用相同的命令和调整方法，读者自己动手把图片调整成蓝色调，如图 7-69 所示。图库素材为教学素材“图库\项目 7”目录下名为“照片 03.jpg”的文件。作品参见教学素材“作品\项目 7”目录下名为“操作题 07-1.psd”的文件。

图7-69　照片素材及调整色调后的效果一

2. 根据对本项目内容的学习，读者自已动手调整出如图 7-70 所示的照片非主流艺术色调效果。图库素材为教学素材“图库\项目 7”目录下名为“照片 13.jpg”的文件。作品参见教学素材“作品\项目 7”目录下名为“操作题 07-2.psd”的文件。

图7-70　照片素材及调整色调后的效果二

【步骤提示】

(1) 单击【图层】面板下面的 按钮，在弹出的菜单中选择【图像】/【调整】/【曲线】命令，调整曲线形态如图 7-71 所示。

(2) 再选择【可选颜色选项】命令，设置参数如图 7-72 所示。

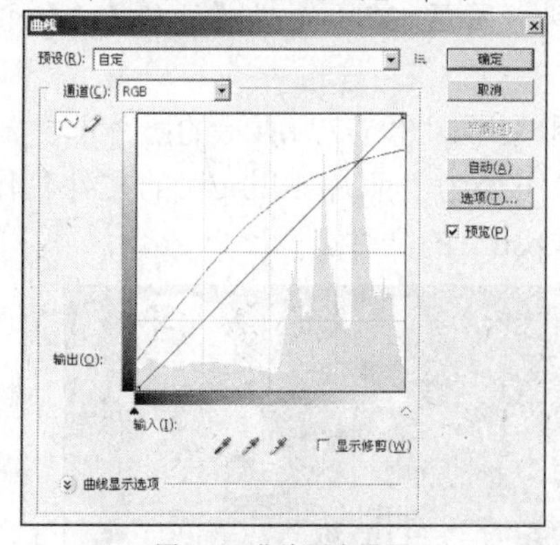

图7-71　曲线形态设置

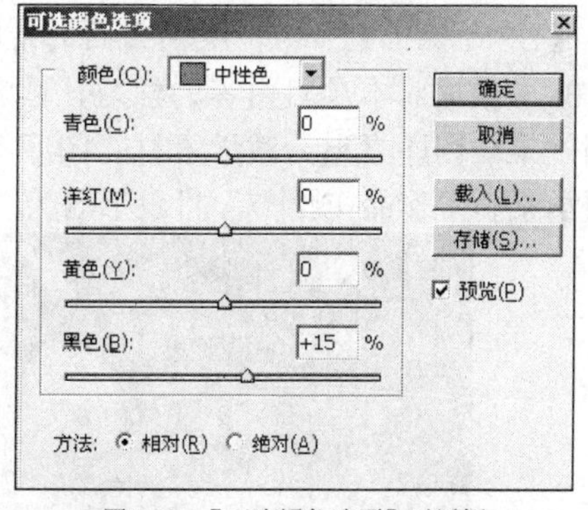

图7-72　【可选颜色选项】对话框

(3) 按 Shift+Ctrl+Alt+E 组合键，合并盖印图层得到“图层 1”，将图层混合模式设置为“正片叠底”，如图 7-73 所示。

(4) 添加蒙版后通过编辑蒙版，使人物显示出下面图层中的效果来，如图 7-74 所示。

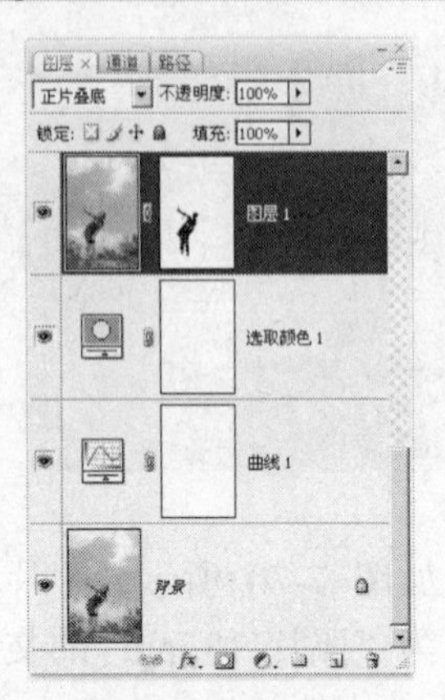

图7-73 【图层】面板

图7-74 编辑蒙版后效果二

(5) 分别选择【曲线】和【色相/饱和度】命令，调整颜色效果如图 7-75 所示。

(6) 按 Shift+Ctrl+Alt+E组合键，合并盖印图层得到“图层 2”，分别选择【曲线】、【色相/饱和度】和【色彩平衡】命令，结合蒙版调整颜色效果如图 7-76 所示。

图7-75 调整颜色后的效果

图7-76 结合蒙版调整颜色效果

(7) 按 Shift+Ctrl+Alt+E组合键，合并盖印图层得到“图层 3”，选择【滤镜】/【锐化】/【USM 锐化】命令，提高画面的清晰度。

3. 根据对本项目内容的学习，读者自己动手调整出如图 7-77 所示的照片非主流艺术色调效果。图库素材为教学素材“图库\项目 7”目录下名为“照片 14.jpg”的文件。作品参见教学素材“作品\项目 7”目录下名为“操作题 07-3.psd”的文件。

图7-77 照片素材及调整的效果

【步骤提示】

(1) 利用【渐变映射】和【曲线】命令把图像调整成紫色调，效果如图 7-78 所示。

(2) 新建“图层 1”填充黄色并设置图层混合模式，如图 7-79 所示。

图7-78　调成紫色调

图7-79　设置后的画面效果

(3) 利用【曲线】命令把图像调整成如图 7-80 所示的效果。

(4) 利用【色相/饱和度】命令把图像调整成如图 7-81 所示的效果。

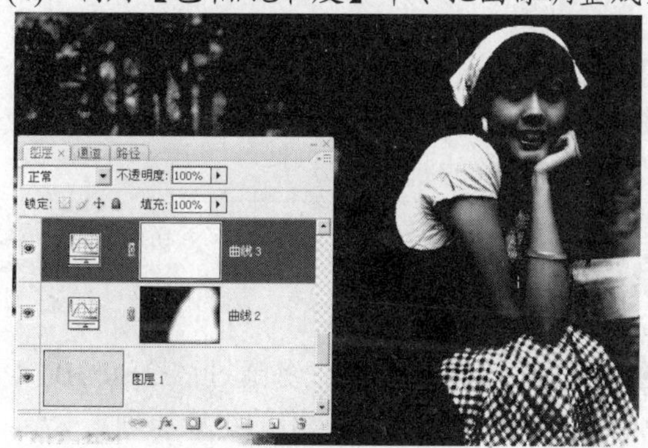

图7-80　【曲线】命令调整出的效果

图7-81　【色相/饱和度】命令调整的画面效果

(5) 复制图层，把人物编辑出背景层中的效果来，然后利用【画笔】工具绘制上一些色点。

通道用于保存图像不同的颜色信息。每一幅图像都有一个或多个通道，通过编辑通道中存储的各种信息可以对图像进行颜色调整、合成或特殊效果的制作等，本项目来学习有关通道的知识内容。

- ❖ 认识通道类型及通道面板。
- ❖ 理解通道的功能和作用。
- ❖ 熟练掌握通道面板的使用方法。
- ❖ 熟练掌握利用通道调整颜色的技巧。
- ❖ 掌握利用通道合成图像以及制作特效的技巧和方法。

任务一　深入理解通道的组成原理

根据图像颜色模式的不同，其保存的单色通道信息也会不同。本任务通过一个 RGB 颜色模式的图像，载入单色通道的选区后填充纯色操作，来深入地理解通道的组成原理。

【知识准备】

1. 通道类型

根据通道存储的内容不同，可以分为复合通道、单色通道、专色通道和 Alpha 通道，如图 8-1 所示。

图8-1　通道面板说明图

说明　Photoshop 中的图像都有一个或多个通道，图像中默认的颜色通道数取决于其颜色模式。每个颜色通道都存放图像颜色元素信息，图像中的色彩是通过叠加每一个颜色通道而获得的。在四色印刷中，青、品、黄、黑印版就相当于 CMYK 颜色模式图像中的 C、M、Y、K 4 个通道。

- 复合通道：不同模式的图像通道数量也不一样，默认情况下，位图、灰度和索引模式的图像只有 1 个通道，RGB 和 Lab 模式的图像有 3 个通道，CMYK 模式的图像有 4 个通道。在图 8-1 中【通道】面板的最上面一个通道（复合通道）代表每个通道叠加后的图像颜色，下面的通道是拆分后的单色通道。
- 单色通道：在【通道】面板中，单色通道都显示为灰色，它通过 0～256 级亮度的灰度表示颜色。在通道中很难控制图像的颜色效果，所以一般不采取直接修改颜色通道的方法改变图像的颜色。
- 专色通道：在处理颜色种类较多的图像时，为了让自己的印刷作品与众不同，往往要做一些特殊通道的处理。除了系统默认的颜色通道外，还可以创建专色通道，如增加印刷品的荧光油墨或夜光油墨，套版印制无色系（如烫金、烫银）等，这些特殊颜色的油墨一般称为“专色”，这些专色都无法用三原色油墨混合而成，这时就要用到专色通道与专色印刷了。
- Alpha 通道：单击【通道】面板底部的 按钮，可创建一个 Alpha 通道。Alpha 通道是为保存选区而专门设计的通道，其作用主要是用来保存图像中的选区和蒙版。在生成一个图像文件时，并不一定产生 Alpha 通道，通常它是在图像处理过程中为了制作特殊的选区或蒙版而人为生成的，并从中提取选区信息，因此在输出制版时，Alpha 通道会因为与最终生成的图像无关而被删除。但有时也要保留 Alpha 通道，比如在三维软件最终渲染输出作品时，会附带生成一张 Alpha 通道，用以在平面处理软件中做后期合成。

2.　通道面板

选择【窗口】/【通道】命令，即可在工作区中显示【通道】面板。下面介绍一下面板中各按钮的功能和作用。

- 【指示通道可视性】图标 ：此图标与【图层】面板中的 图标是相同的，多次单击可以使通道在显示或隐藏之间切换。注意，当【通道】面板中某一单色通道被隐藏后，复合通道会自动隐藏；当选择或显示复合通道后，所有的单色通道也会自动显示。
- 通道缩览图： 图标右侧为通道缩览图，其主要作用是显示通道的颜色信息。
- 通道名称：通道缩览图的右侧为通道名称，它能使用户快速识别各种通道。通道名称的右侧为切换该通道的快捷键。
- 【将通道作为选区载入】按钮 ：单击此按钮，或按住 Ctrl 键单击某通道，可以将该通道中颜色较淡的区域载入为选区。
- 【将选区存储为通道】按钮 ：当图像中有选区时，单击此按钮，可以将图像中的选区存储为 Alpha 通道。
- 【创建新通道】按钮 ：可以创建一个新的通道。
- 【删除当前通道】按钮 ：可以将当前选择或编辑的通道删除。

【操作步骤】

(1) 打开教学素材“图库\项目 8”目录下名为“西红柿.jpg”的文件，新建“图层 1”并填充上黑色，然后再新建“图层 2”，并将图层混合模式设置为“滤色”。

(2) 单击“图层 1”左侧的👁图标，将“图层 1”隐藏。

(3) 打开【通道】面板，选中“红”通道，画面即可显示“红”通道的灰色图像效果，如图 8-2 所示。

(4) 在【通道】面板底部单击 ◌ 按钮，画面中出现“红”通道的选区，如图 8-3 所示。

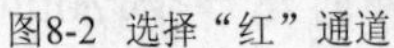
图8-2 选择“红”通道

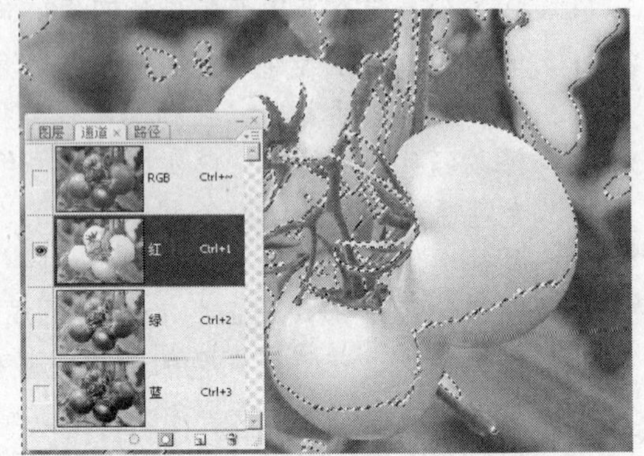

图8-3 载入“红”通道选区

(5) 按 Ctrl+~ 组合键切换到“RGB”通道，打开【图层】面板，单击“图层 1”左侧的□图标，将“图层 1”显示。

(6) 在【颜色】面板中选择红色(#ff0000)，按 Alt+Delete 组合键在“图层 1”中填充红色，取消选区后此时就是“红”通道的组成状况，如图 8-4 所示。

(7) 将“图层 1”和“图层 2”暂时隐藏，再新建“图层 3”，并将图层混合模式设置为“滤色”。

(8) 打开【通道】面板，载入“绿”通道的选区，然后在“图层 3”中填充绿色(G:255)，取消选区，并将“图层 1”显示，此时就是“绿”通道的组成状况，如图 8-5 所示。

图8-4 “红”通道组成状况

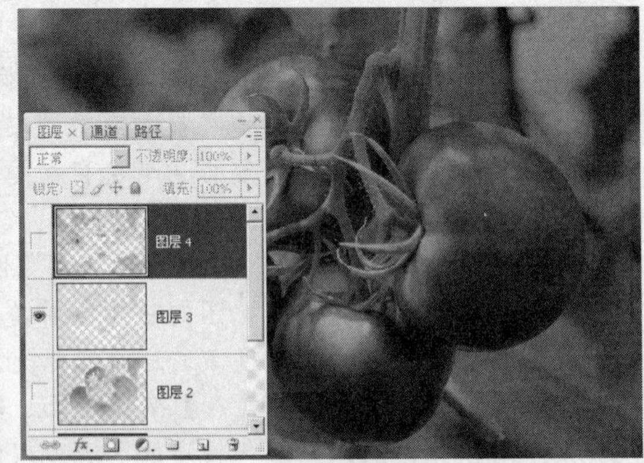

图8-5 “绿”通道组成状况

(9) 使用相同的操作方法，载入“蓝”色通道选区，并在“图层 4”中填充蓝色(B:255)，取消选区，并将“图层 1”显示，此时就是“蓝”通道的组成状况，如图 8-6 所示。

(10) 将“图层 3”和“图层 2”显示，即组成了由红、绿、蓝 3 个通道叠加后得到的图像原色效果，如图 8-7 所示。

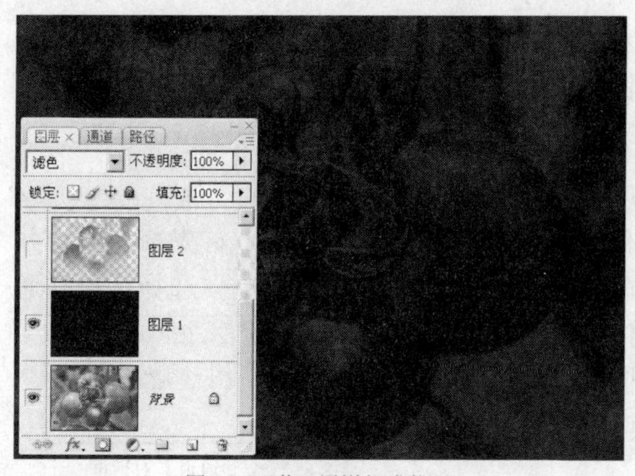

图8-6　“蓝”通道组成状况

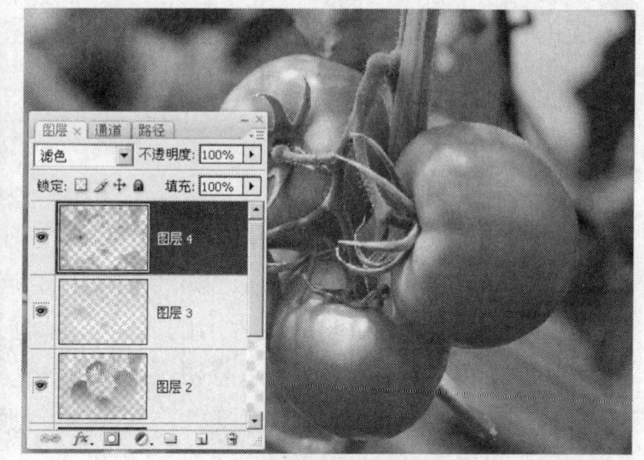

图8-7　3 个通道叠加后的效果

(11) 按Shift+Ctrl+S组合键，将此文件命名为“通道原理.psd”另存。

【知识链接】

1. 利用通道提高图像质量

利用通道不但可以存储选区、合成图像制作各种特效，而且还可以通过模糊、锐化通道有效地改善图像的质量。

2. 分析通道调整 RGB 模式图像

RGB 颜色模式的图像是由 R（红）、G（绿）和 B（蓝）3 种光色所组成的，也就是【通道】面板中的“红”、“绿”、“蓝”3 个通道。每一个通道的亮度表示该通道中包含有该颜色的多少，如果通道较暗，说明该通道中该颜色较少。如果想在图像中增加哪种颜色，只要找到相应的通道，提高通道的亮度，或降低其他通道的亮度，就可以达到按照需要调色的目的。

3. 分析通道调整 CMYK 模式图像

CMYK 颜色模式的图像是由 C（青色）、M（洋红）、Y（黄色）、K（黑色）4 种颜色的印刷油墨色混合所组成的，也就是【通道】面板中的“青色”、“洋红”、“黄色”和“黑色”4 个通道。在【通道】面板中每一个单色通道的亮度与 RGB 颜色模式图像的亮度所表示的颜色刚好相反，如果通道较亮，说明该通道中缺少该颜色。如果想在图像中增加哪种颜色，只要找到相应的通道，降低通道的亮度，或提高其他通道的亮度，就可以达到按照需要调色的目的。

4. 将颜色通道显示为原色

默认状态下，单色通道以灰色图像显示，但可以将其设置为以原色显示。选择【编辑】/【首选项】/【界面】命令，在弹出的【首选项】对话框中勾选【用彩色显示通道】复选框，单击 确定 按钮，【通道】面板中的单色通道即以原色显示。

5. 分离通道

在图像处理过程中，有时需要将通道分离为多个单独的灰度图像，并对其分别进行编辑处理，从而制作各种特殊的图像效果。

对于只有背景层的图像文件，在【通道】面板菜单中选择【分离通道】命令，可以将图像中的颜色通道、Alpha 通道和专色通道分离为多个单独的灰度图像。此时原图像被关闭，

生成的灰度图像以原文件名和通道缩写形式重新命名，它们分别置于不同的图像窗口中，相互独立。在处理图像时，可以对分离出的灰色图像分别进行编辑，并可以将编辑后的图像重新合并为一幅彩色图像。

6. 合并通道

【合并通道】命令可以将分离出的灰度图像重新合并为一幅彩色图像。首先打开要合并的具有相同像素尺寸的灰度图像，选择任意一幅图像，在【通道】面板菜单中选择【合并通道】命令，将弹出如图 8-8 所示的【合并通道】对话框。

图8-8 【合并通道】对话框

- 【模式】: 用于指定合并图像的颜色模式，下拉列表中有“RGB 颜色”、“CMYK 颜色”、“Lab 颜色”和“多通道”4 种颜色模式。
- 【通道】: 决定合并图像的通道数目，该数值由图像的颜色模式决定。当选择“多通道”模式时，可以有任意多的通道数目。

任务二　调整通道改变图像颜色

本任务介绍利用调整通道来改变 RGB 模式图像颜色的方法，图片素材及效果如图 8-9 所示。

图8-9 图片素材及调整颜色后的效果一

【操作步骤】

(1) 打开教学素材“图库\项目 8”目录下名为“照片 01.jpg”的文件。

(2) 打开【通道】面板可以看到“红”通道最亮，所以图像整体偏红，缺少蓝色和绿色，如图 8-10 所示。

图8-10 查看通道

(3) 单击“RGB”复合通道，打开【图层】面板，单击面板底部的 按钮，在弹出的菜单中选择【曲线】命令，打开【曲线】对话框，在【通道】下拉列表中选择“红”通道，然后选择曲线的中间部位向右下方拖动，从而降低图像中的红色，如图 8-11 所示。

图8-11 调整“红”通道

(4) 在【通道】下拉列表中选择“蓝”通道，然后将曲线向左上方稍微拖动，在图像中增加蓝色，如图 8-12 所示。

图8-12 调整“蓝”通道

(5) 在【通道】下拉列表中选择“RGB”复合通道，然后将右上角的曲线稍微向上拖动，将左下角的曲线稍微向下拖动，使图像中的暗部区域增强，亮部区域也稍微增强，以此改善图像的对比度，如图 8-13 所示。

图8-13 调整“RGB”通道

(6) 单击 确定 按钮，即可利用通道矫正图像的颜色。此时对比看一下图像调整前后的通道，会发现“红”通道亮度减少，3 个通道的明度基本差不多了。

(7) 按 Shift+Ctrl+S 组合键，将此文件命名为“RGB 通道调色.psd”另存。

任务三　利用通道选择衣服并改变颜色

本任务学习利用通道选择衣服的方法，然后利用【图像】/【调整】命令把红色衣服调整成黄色效果，图片素材及效果如图 8-14 所示。

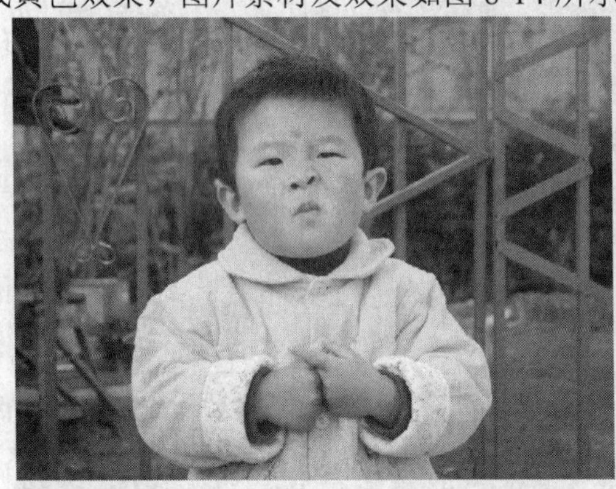

图8-14　图片素材及调整颜色后的效果二

【操作步骤】

(1) 打开教学素材“图库\项目 8”目录下名为“照片 02.jpg”的图片文件。

(2) 打开【通道】面板，分别查看“红”、“绿”、“蓝” 3 个通道的颜色，挑选一个衣服颜色与背景颜色明暗对比最强的一个通道，此图中的“蓝”通道的颜色明暗对比最强，所以把“蓝”通道复制为“蓝副本”通道，其状态如图 8-15 所示。

(3) 确认“蓝 副本”通道为工作通道，选择【图像】/【调整】/【亮度/对比度】命令，弹出【亮度/对比度】对话框，设置参数如图 8-16 所示。

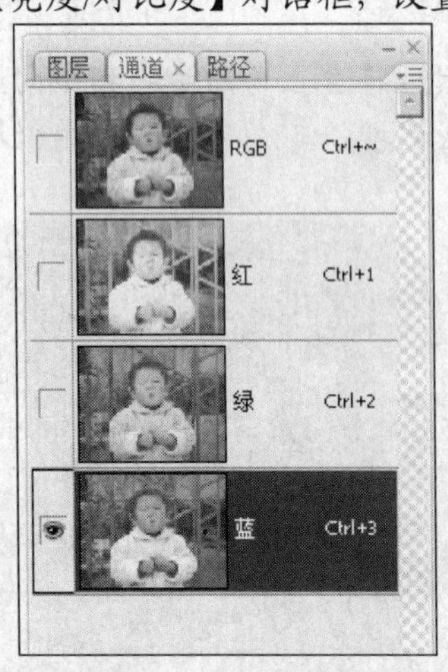

图8-15　复制通道时的状态

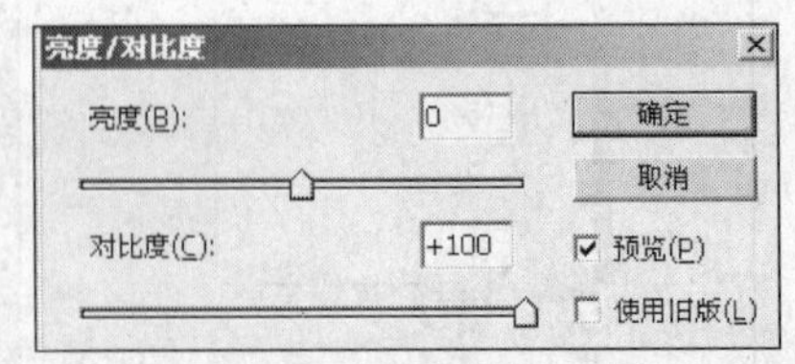

图8-16　【亮度/对比度】对话框

(4) 单击 确定 按钮，调整亮度及对比度后的画面效果如图 8-17 所示。

(5) 选择【图像】/【调整】/【色阶】命令，弹出【色阶】对话框，设置参数如图 8-18 所示。

图8-17　调整对比度后的效果

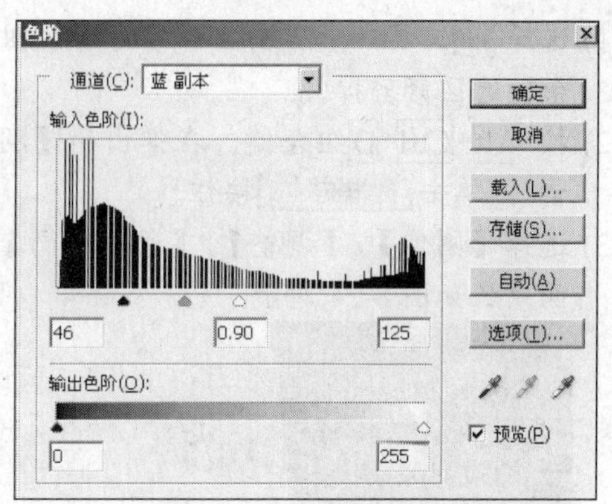

图8-18　【色阶】对话框一

(6) 单击 确定 按钮，调整色阶后的效果如图 8-19 所示。

(7) 将工具箱中的前景色设置为白色，选择工具，并在【画笔笔头】面板中设置一个大小为“20px”，硬度为“100%”的画笔笔头。

(8) 在“蓝 副本”通道的画面中将需要调整颜色的儿童衣服全部绘制上白色，注意衣服轮廓边缘位置要仔细绘制，不要绘制到背景上也不要有漏掉的区域，效果如图 8-20 所示。

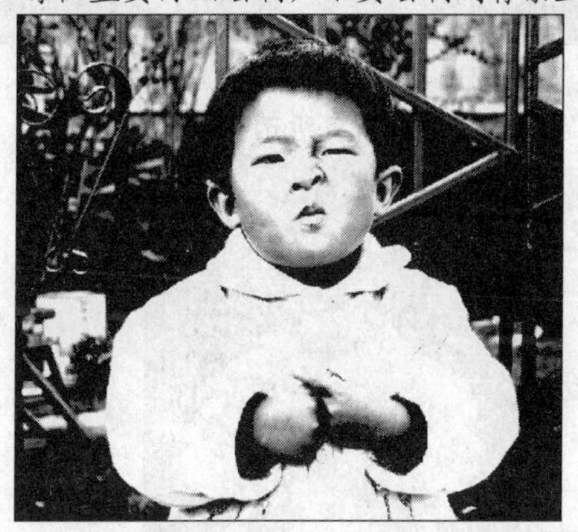

图8-19　调整色阶后的效果一

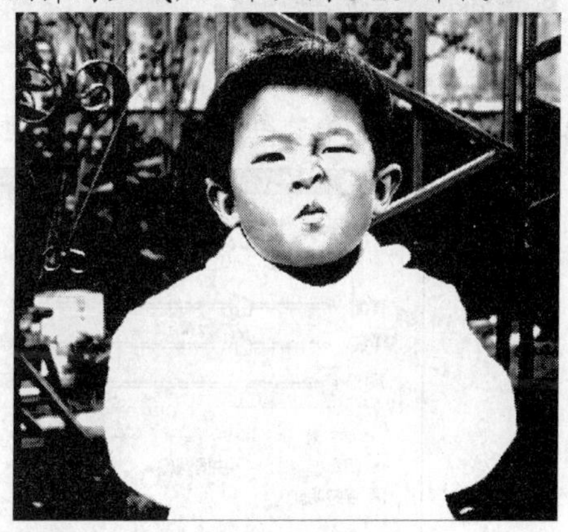

图8-20　绘制白色

(9) 选择工具，在衣服位置单击添加如图 8-21 所示的选区。

(10) 按 Ctrl+~ 组合键切换到“RGB”通道显示状态，此时画面中的选区如图 8-22 所示。

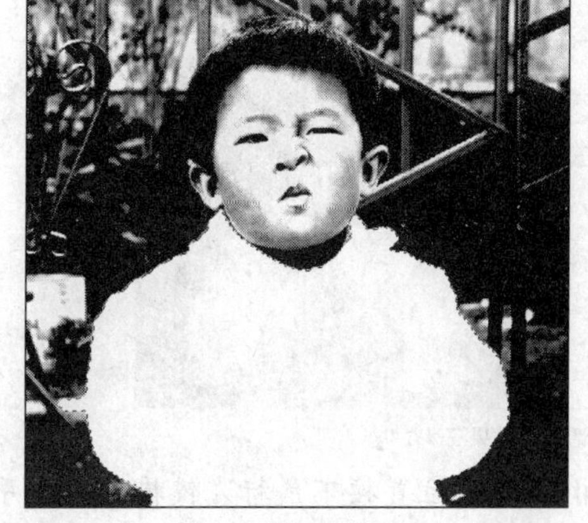

图8-21　添加的选区一

图8-22　添加的选区二

(11) 选择工具，激活属性栏中的按钮，在画面中如图 8-23 所示的位置绘制选区，把多余的选区修剪掉。

(12) 按 Alt+Ctrl+D组合键，在弹出的【羽化选区】对话框中将【羽化半径】设置为“2 像素”，单击 确定 按钮。

(13) 选择【图像】/【调整】/【色彩平衡】命令，弹出【色彩平衡】对话框，参数设置及画面效果如图 8-24 所示。

图8-23　修剪选区

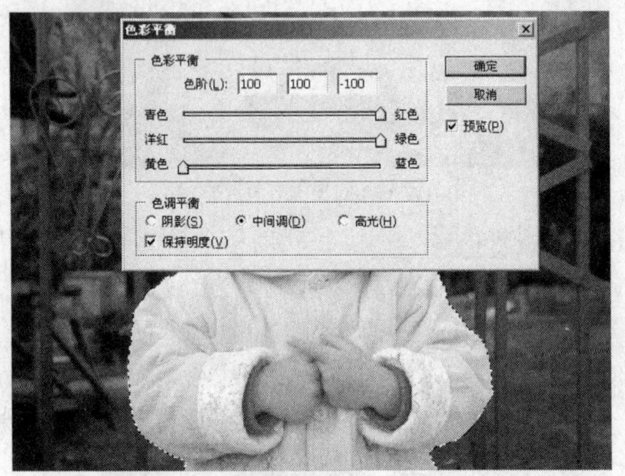

图8-24　【色彩平衡】对话框及效果一

(14) 点选【阴影】单选钮，然后设置其他参数，画面效果如图 8-25 所示。

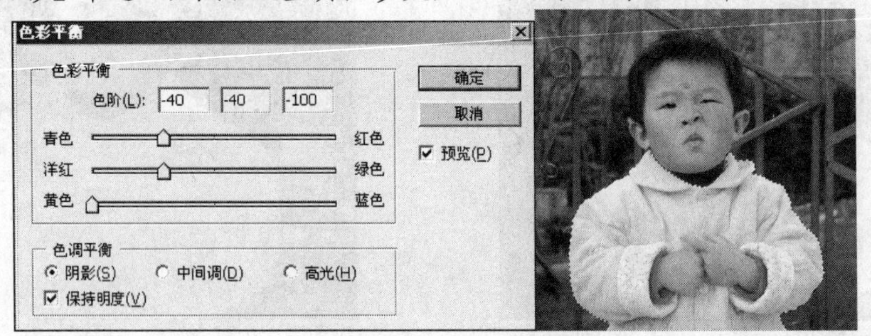

图8-25　【色彩平衡】对话框及效果二

(15) 点选【高光】单选钮，再设置其他参数，画面效果如图 8-26 所示，然后按 Ctrl+D组合键去除选区。

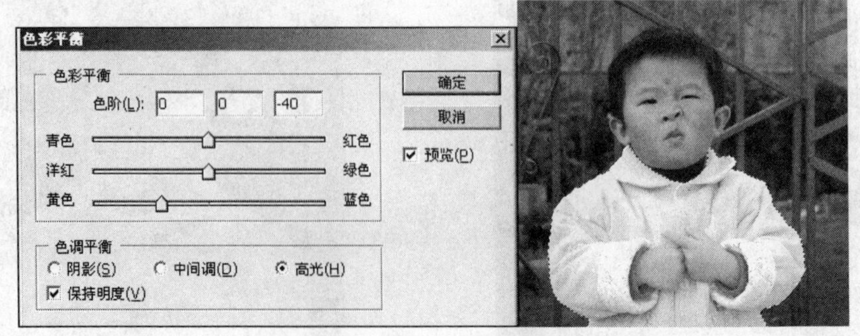

图8-26　【色彩平衡】对话框及效果三

(16) 单击 确定 按钮，然后选择工具，在小孩的手位置按下鼠标左键拖动，把手部恢复出原来的颜色效果，如图 8-27 所示。

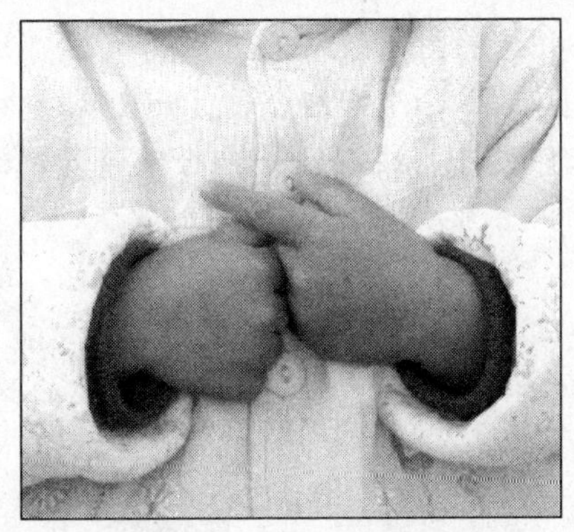

图8-27　恢复手的颜色

(17) 按Shift+Ctrl+S组合键，将此文件命名为“调整衣服颜色.jpg”另存。

任务四　互换通道调整个性色调

如果深入地理解了通道的原理和概念，可以利用互换通道的方法来调整图像的个性色调。下面利用【分离通道】与【合并通道】命令来制作特殊的图像个性色调，照片素材及效果如图 8-28 所示。

图8-28　图片素材及调整颜色后的效果三

【操作步骤】

(1) 打开教学素材“图库\项目 8”目录下名为“照片 03.jpg”的文件。

(2) 选择【图像】/【复制】命令，将文件复制出一个副本文件。

(3) 单击【通道】面板中的按钮，在弹出的菜单列表中选择【分离通道】命令，将图片分离。

(4) 再选择【合并通道】命令，在弹出的【合并通道】对话框中将【模式】选项设置为“RGB 颜色”，单击 确定 按钮，在再次弹出的【合并 RGB 通道】对话框中，指定各颜色的通道，如图 8-29 所示。

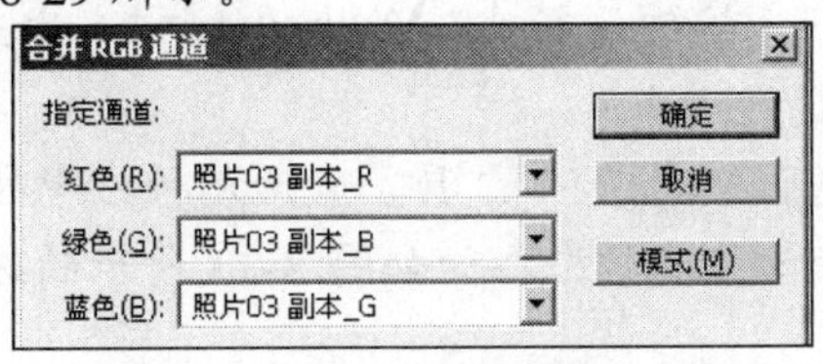

图8-29　【合并 RGB 通道】对话框

(5) 单击 确定 按钮，合并后的图像效果如图 8-30 所示。

(6) 按 Ctrl+A 组合键添加选区，按 Ctrl+C 组合键复制图像，然后将文件关闭不必保存。

(7) 确认“照片 03.jpg”为工作文件，按 Ctrl+V 组合键将复制的图像粘贴到当前文件中。

(8) 单击【图层】面板下面的按钮，给图层添加蒙版，然后利用工具在蒙版中描绘黑色来编辑蒙版，显示出“背景”层中人物原来的颜色，效果如图 8-31 所示。

图8-30 合并通道后的效果

图8-31 显示出人物原来的颜色

(9) 按 Shift+Ctrl+S 组合键，将此文件另命名为“个性色调.psd”保存。

任务五 利用通道选择婚纱

如果能够灵活的掌握通道和蒙版，对于图像合成操作将是非常有利的，不但能节省时间，而且还能够非常干净利索的得到需要的合成效果。本任务利用通道和蒙版的结合将婚纱图像从背景中抠选出来，合成如图 8-32 所示的效果。

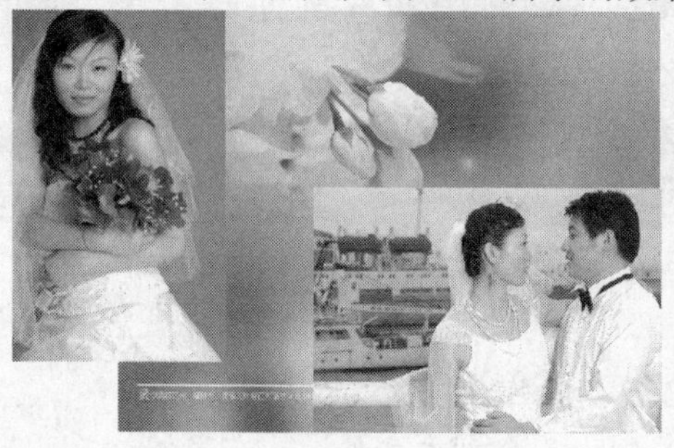

图8-32 图片素材及效果一

【操作步骤】

(1) 打开教学素材“图库\项目 8”目录下名为“照片 04.jpg”和“婚纱模板.psd”的文件。

(2) 将“照片 04.jpg”设置为工作状态，依次按 Ctrl+A 组合键和 Ctrl+C 组合键，将当前图像全部选择并复制。

(3) 单击【通道】面板中的按钮，新建一个“Alpha 1”通道，然后按 Ctrl+V 组合键将复制的图像粘贴到新建的通道中。

(4) 按 Ctrl+D 组合键去除选区，选择工具，激活属性栏中的按钮，设置【容差】参数为“10”，依次在灰色背景区域单击添加如图 8-33 所示的选区。然后给选区填充黑色，效果如图 8-34 所示。

图8-33　添加的选区三

图8-34　填充黑色后的效果

(5) 按 Ctrl+D 组合键去除选区，然后选择【图像】/【调整】/【色阶】命令，在弹出的【色阶】对话框中设置参数如图 8-35 所示，单击 确定 按钮。

(6) 按住 Ctrl 键单击“Alpha 1”通道加载选区，生成的选区形态如图 8-36 所示。

(7) 按 Ctrl+~ 组合键转换到 RGB 通道模式，然后按 Ctrl+J 组合键将选区内的图像通过复制生成“图层 1”，并将“图层 1”的图层混合模式设置为“滤色”，【不透明度】参数设置为“70%”，此时的【图层】面板形态如图 8-37 所示。

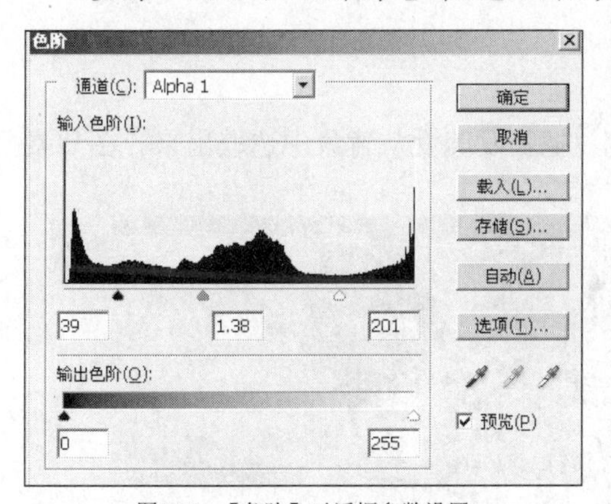

图8-35　【色阶】对话框参数设置

图8-36　加载的选区

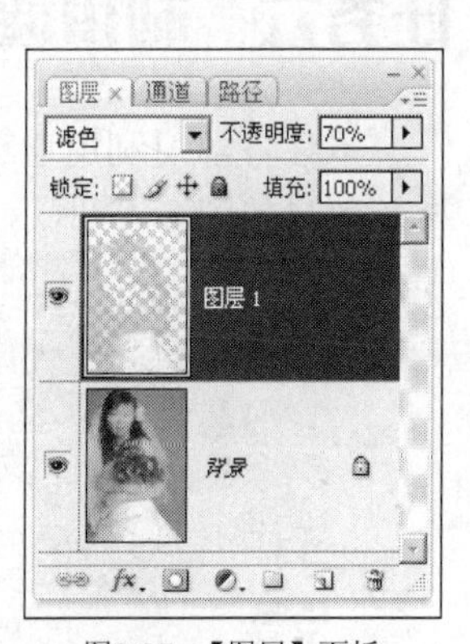

图8-37　【图层】面板

(8) 按住 Shift 键分别单击“背景”层和“图层 1”层，将这两个图层同时选择。

(9) 利用 工具把选择的图像移动复制到“婚纱模板.psd”文件中，如图 8-38 所示。

(10) 单击 按钮为“图层 3”添加图层蒙版，给蒙版填充黑色，画面效果如图 8-39 所示。

图8-38　复制的图像

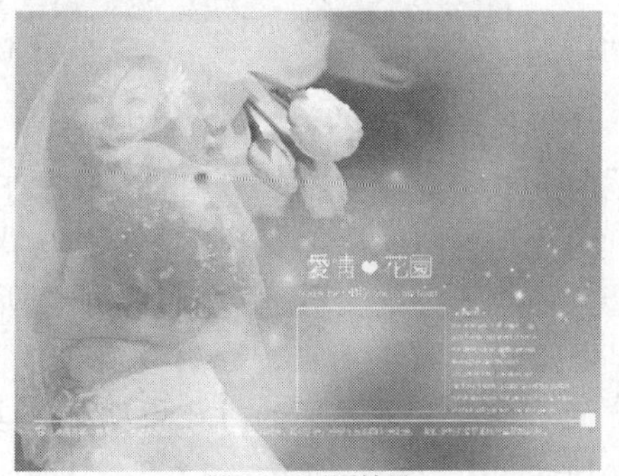

图8-39　画面效果

(11) 选择 工具，设置合适的笔头大小后在图层蒙版中利用白色来编辑蒙版，把人物通过蒙版显示出来，效果如图 8-40 所示。

(12) 打开教学素材“图库\项目 8”目录下名为“照片 05.jpg”的文件，将其移动复制到“婚纱模板.psd”文件中，调整大小后放置到如图 8-41 所示的位置。

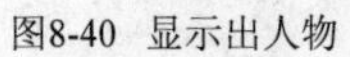

图8-40 显示出人物

图8-41 图片放置的位置

(13) 按 Shift+Ctrl+S 组合键，将此文件命名为“婚纱选取.psd”另存。

任务六　利用通道选择头发

本任务学习利用通道增加人物与背景的对比度，把长发美女从背景中选取出来。图片素材及效果如图 8-42 所示。

图8-42 图片素材及效果二

【操作步骤】

(1) 打开教学素材“图库\项目 8”目录下名为“照片 07.jpg”的文件，如图 8-43 所示。

对于这幅图像，美女的身子部分与背景之间的轮廓比较分明，背景也比较简单，很容易选择。而对于头发就不是那么简单了，所以重点是选择头发。

(2) 打开【通道】面板，分别查看“红”、“绿”、“蓝” 3 个通道，可以看到“蓝”通道中的头发与背景之间的对比最明显。复制“蓝”通道，成为“蓝副本”通道，如图 8-44 所示。

图8-43　打开的图片一

图8-44　复制的通道

(3) 选择【图像】/【调整】/【色阶】命令，在弹出的【色阶】对话框中设置参数如图 8-45 所示，单击 确定 按钮，增强头发与背景之间的对比，如图 8-46 所示。

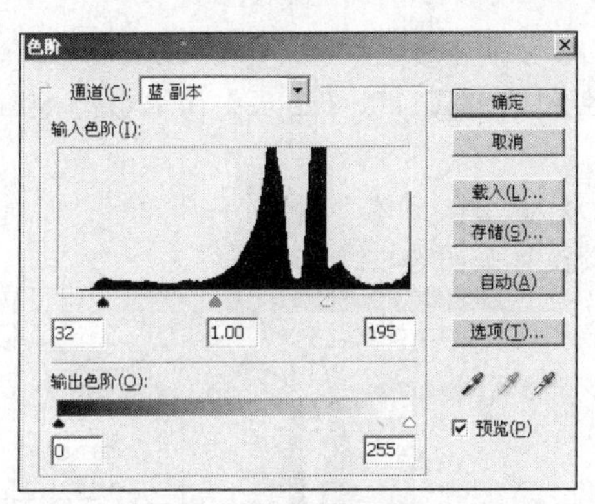

图8-45　【色阶】对话框二

图8-46　调整对比后的效果

(4) 选择【图像】/【应用图像】命令，在弹出的【应用图像】对话框中设置各选项如图 8-47 所示。此时可以看到头发与背景之间的对比更加明显了，单击 确定 按钮。

(5) 再次选择【图像】/【应用图像】命令，在弹出的【应用图像】对话框中设置【不透明度】参数为“40%”，其他选项不变，这样更进一步加强了人物与背景之间的明暗对比，如图 8-48 所示，单击 确定 按钮。

图8-47　【应用图像】对话框

图8-48　再次选择【应用图像】命令

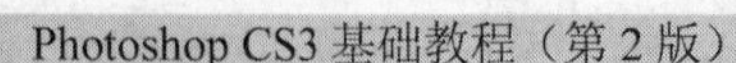

(6) 按 Ctrl+I 组合键，将通道中的颜色反相，效果如图 8-49 所示。

(7) 选择工具，把背景全部绘制上黑色，效果如图 8-50 所示。

图8-49　反相显示

图8-50　描绘黑色效果

(8) 单击通道面板底部的按钮，载入选区。单击 RGB 复合通道，再打开【图层】面板。

(9) 按 Ctrl+J 组合键，将选区中的图像通过复制生成“图层 1”，【图层】面板形态如图 8-51 所示。

(10) 打开【通道】面板，然后将“绿”通道复制生成为“绿 副本”通道。

(11) 按 Ctrl+L 组合键，弹出【色阶】对话框，参数设置如图 8-52 所示。

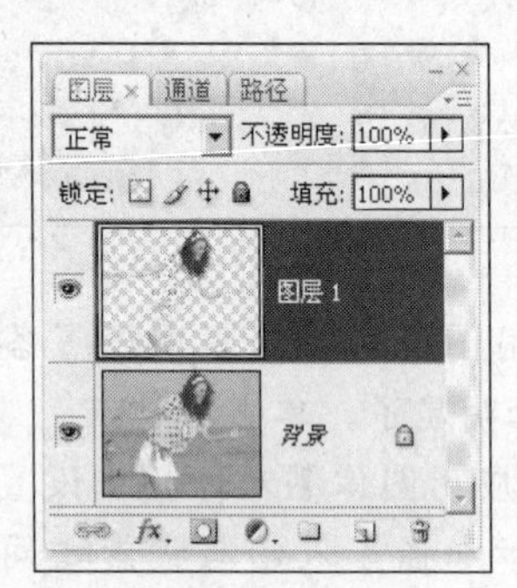

图8-51　复制的图层

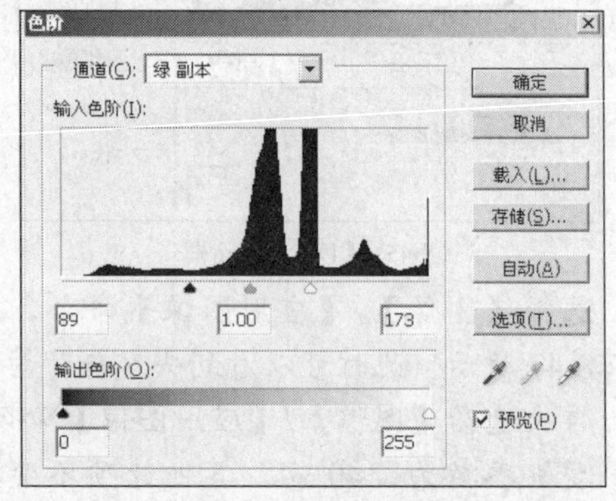

图8-52　【色阶】对话框三

(12) 单击 确定 按钮，调整色阶后的画面效果如图 8-53 所示。

(13) 按 Ctrl+I 组合键，将通道中的颜色反相，选择工具，把背景全部绘制上黑色，效果如图 8-54 所示。

图8-53　调整色阶后的效果二

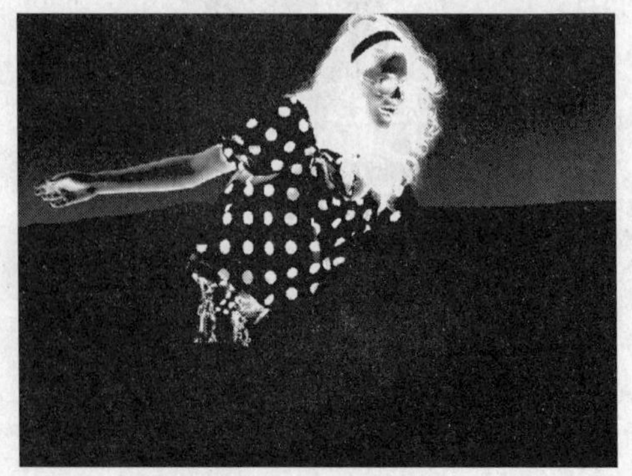
图8-54　绘制黑色效果

(14) 载入“绿 副本”通道的选区，再回到【图层】面板中，并将“背景”层设置为当前层，然后按Ctrl+J组合键，将选区中的图像通过复制生成“图层 2”。

(15) 在【图层】面板中，将“图层 2”的图层混合模式设置为“滤色”，“图层 1”设置为“柔光”模式，如图 8-55 所示。

(16) 在【图层】面板中，将“图层 1”复制生成为“图层 1 副本”，并将图层混合模式设置为“正常”，【不透明度】参数设置为“80%”。

(17) 打开教学素材“图库\项目 8”目录下名为“艺术照模版.jpg”的文件，将其移动复制到“照片 08.jpg”文件中，并将生成的图层调整到“图层 2”的下方，此时画面效果如图 8-56 所示。

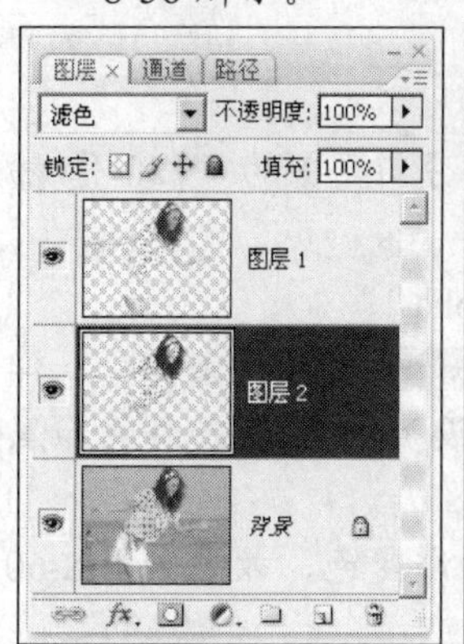

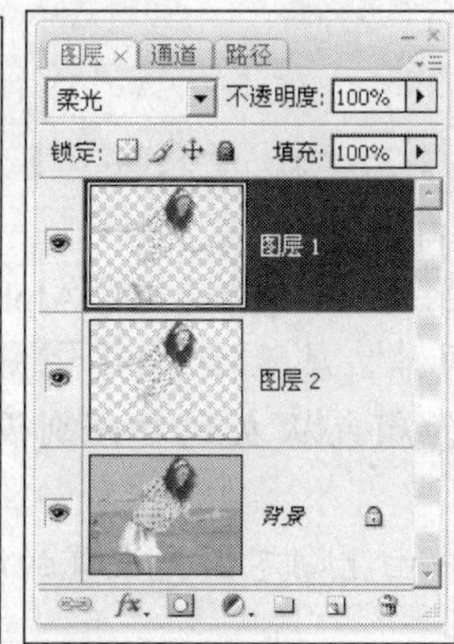

图8-55　设置的混合模式

图8-56　调整位置后的效果

(18) 复制“背景”层为“背景 副本”层，并将其调整到最顶层，然后单击 按钮，给“背景 副本”层添加蒙版。

(19) 选择 工具，通过在蒙版中绘制黑色，把人物从背景中显示出来，效果如图 8-57 所示。

图8-57　显示出的人物

(20) 按Shift+Ctrl+S组合键，将此文件命名为“头发选取.psd”另存。

任务七　制作网眼字效果

本任务利用滤镜命令并结合通道来制作如图 8-58 所示的网眼字效果。

图8-58　网眼效果字

【操作步骤】

(1) 新建一个【宽度】为“20 厘米”，【高度】为“10 厘米”，【分辨率】为“120 像素/英寸”，【颜色模式】为“RGB 颜色”的白色文件。

(2) 打开【通道】面板，单击面板下面的按钮，创建新通道“Alpha 1”。

(3) 选择工具，激活属性栏中的按钮，再单击属性栏中的的颜色条部分，弹出【渐变编辑器】对话框，将色标按钮的颜色从左到右分别设置为黑色、白色和黑色，如图 8-59 所示。

(4) 单击 确定 按钮，在“Alpha 1”通道中由上向下填充设置的渐变色，效果如图 8-60 所示。

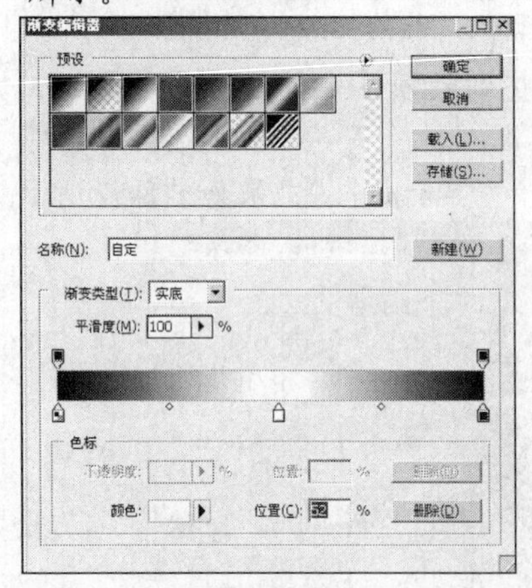

图8-59　颜色设置

图8-60　填充渐变色效果

(5) 选择【滤镜】/【像素化】/【彩色半调】命令，在弹出的【彩色半调】对话框中设置参数如图 8-61 所示，单击 确定 按钮，效果如图 8-62 所示。

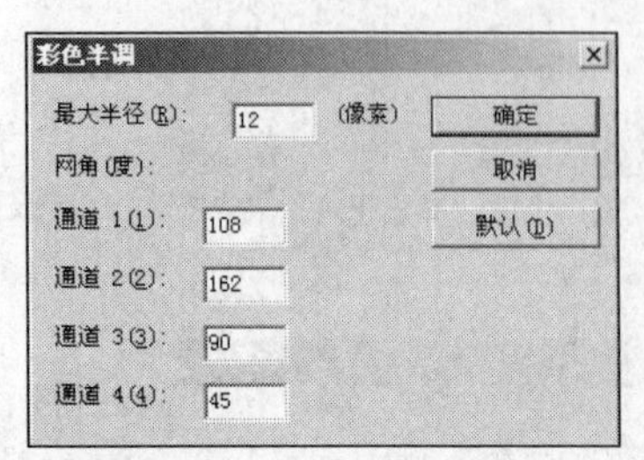

图8-61　【彩色半调】参数设置

图8-62　应用【彩色半调】滤镜后的效果

(6) 按住Ctrl键并单击“Alpha 1”左侧的缩览图，将通道作为选区载入，然后按Ctrl+~组合键回到RGB颜色通道。

(7) 打开【图层】面板，创建“图层 1”。

(8) 在工具的【渐变编辑器】对话框中选择如图8-63所示的渐变样式，然后单击确定按钮。

(9) 在选区内由左上方向右下方填充设置的渐变色，然后按Ctrl+D组合键去除选区，制作的彩色网眼效果如图8-64所示。

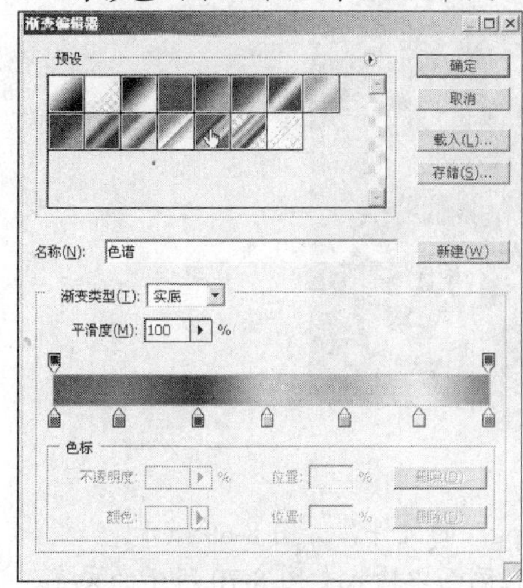

图8-63　【渐变编辑器】对话框

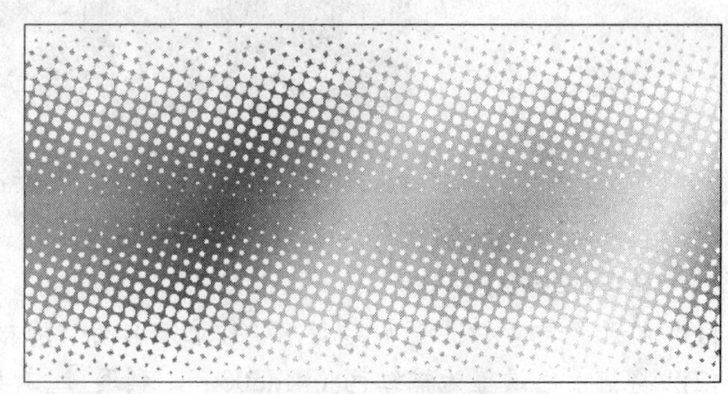

图8-64　填充渐变色后的效果

(10) 利用T工具在画面中输入如图8-65所示的白色文字。

(11) 将“图层 1”调整至“网眼文字”层的上方，然后选择【图层】/【创建剪贴蒙版】命令，创建剪贴蒙版后的文字效果如图8-66所示。

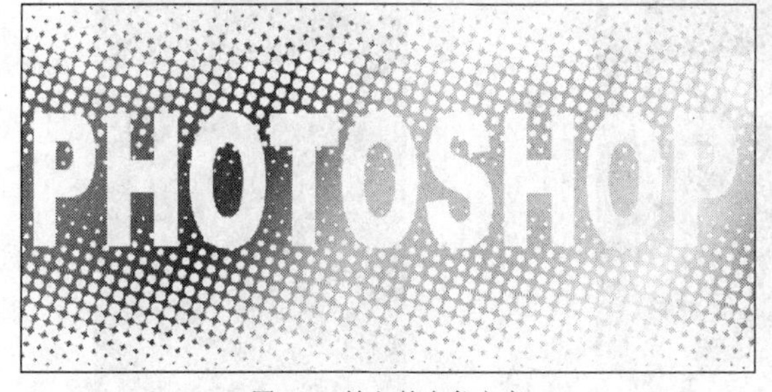

图8-65　输入的白色文字

图8-66　创建剪贴蒙版后的效果

(12) 利用工具将“图层 1”中的彩色网眼移动位置，得到如图8-67所示的效果。

图8-67　制作的网眼文字

(13) 按Ctrl+S组合键，将此文件命名为“网眼文字.psd”保存。

任务八　制作浮雕字效果

本任务利用通道及几种滤镜效果命令来制作如图 8-68 所示的浮雕字效果。

图8-68　制作的浮雕字效果一

【操作步骤】

(1) 打开教学素材“图库\项目 8”目录下名为“海报.jpg”的文件，如图 8-69 所示。

(2) 将前景色设置为橘红色（#fdd000），利用 T 工具在画面中输入如图 8-70 所示的文字。

(3) 按住 Ctrl 键并单击文字层左边的缩览图，给文字添加如图 8-71 所示的选区。

图8-69　打开的图片二

图8-70　输入的文字

图8-71　添加的选区四

(4) 打开【通道】面板，单击底部的 按钮，将选区存储为“Alpha 1”通道，单击“Alpha 1”通道，画面效果如图 8-72 所示。

(5) 按Ctrl+D组合键去除选区，选择【滤镜】/【模糊】/【高斯模糊】命令，弹出【高斯模糊】对话框，参数设置如图 8-73 所示，单击 确定 按钮。

图8-72　选区存储为通道后的效果

图8-73　【高斯模糊】对话框

(6) 选择【滤镜】/【风格化】/【浮雕效果】命令，弹出【浮雕效果】对话框，参数设置如图 8-74 所示，单击 确定 按钮，效果如图 8-75 所示。

图8-74　【浮雕效果】对话框

图8-75　浮雕效果

(7) 在【通道】面板中复制“Alpha 1”为“Alpha 1 副本”。

(8) 选择【图像】/【调整】/【反相】命令，将复制出的“Alpha 1 副本”反相显示，画面形态如图 8-76 所示。

(9) 选择【图像】/【调整】/【色阶】命令，弹出【色阶】对话框，如图 8-77 所示。

图8-76　反相后的文字形态

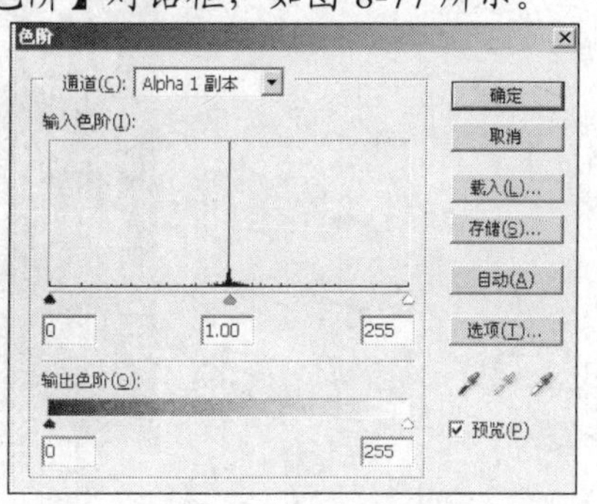

图8-77　【色阶】对话框四

(10) 选择对话框中的 按钮，将鼠标指针放置在画面中的灰色背景位置单击，设置画面背景色为黑色，效果如图 8-78 所示。

(11) 用同样方法将“Alpha 1”中的文字也设置为黑色背景，效果如图 8-79 所示。

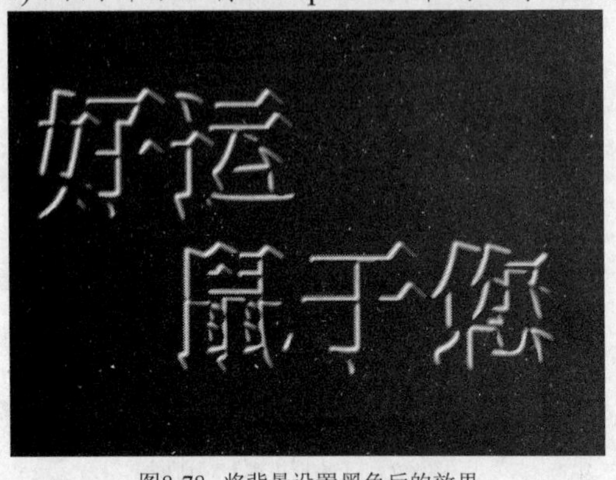

图8-78　将背景设置黑色后的效果

图8-79　背景设为黑色后的效果

(12) 在【通道】面板中单击底部的 按钮，将通道“Alpha 1”作为选区载入，添加选区后的形态如图 8-80 所示。

(13) 回到【图层】面板，选择【图层】/【栅格化】/【文字】命令，将文字转换。

(14) 选择【图像】/【调整】/【色相/饱和度】命令，弹出【色相/饱和度】对话框，参数设置如图 8-81 所示。

图8-80　添加选区后的形态

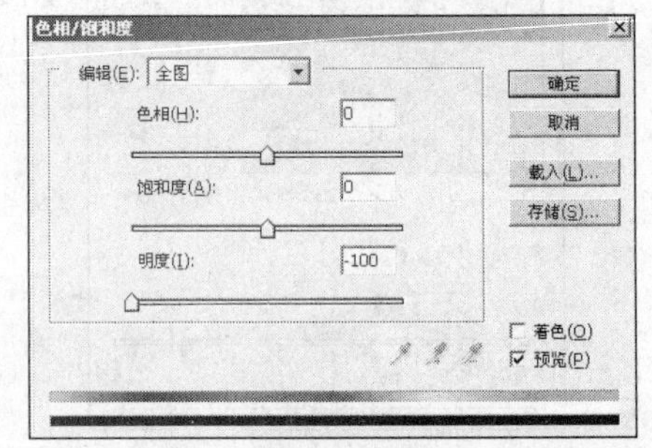

图8-81　【色相/饱和度】对话框

(15) 单击 确定 按钮，用同样的方法，将通道“Alpha 1 副本”作为选区载入。

(16) 选择【图像】/【调整】/【色相/饱和度】命令，在弹出的【色相/饱和度】对话框中调整【明度】为“100”，文字浮雕效果如图 8-82 所示。

图8-82　文字浮雕效果

(17) 按 Shift+Ctrl+S 组合键，将其命名为“浮雕效果字.psd”另存。

任务九　制作墙壁剥落的旧画效果

本任务利用【图层样式】命令，并结合【通道】选择纹理，制作出如图 8-83 所示墙壁剥落的旧画效果。

图8-83　图片素材及制作的效果

【操作步骤】

(1) 打开教学素材“图库\项目 8”目录下名为“墙皮.jpg”和“照片 06.jpg”的文件，如图 8-84 所示。

图8-84　打开的图片三

(2) 按住 Shift 键，利用 工具将“照片 06.jpg”移动复制到“墙皮.jpg”文件中，生成“图层 1”。

(3) 双击“图层 1”层的图层缩览图，弹出【图层样式】对话框，按住 Alt 键拖动“下一层”下面右边的三角形按钮，使人物与“背景”层中的墙皮合成，如图 8-85 所示。

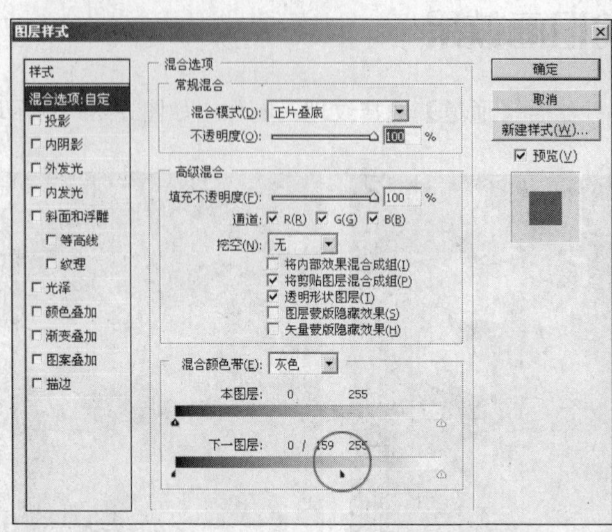

图8-85 使人物与墙皮合成

(4) 单击 确定 按钮，设置图层混合模式为“正片叠底”，效果如图 8-86 所示。

(5) 单击“图层 1”前面的图标，将该图层暂时隐藏。

(6) 打开【通道】面板，复制“绿”通道为“绿 副本”通道。

(7) 选择工具，激活属性栏中的按钮，在“绿 副本”通道中绘制出如图 8-87 所示的选区。

图8-86 正片叠底后的效果

图8-87 绘制的选区

(8) 在选区内填充黑色，按住 Ctrl 键同时单击“绿 副本”通道的缩览图载入选区，然后单击“RGB”复合通道，载入的选区如图 8-88 所示。

(9) 打开【图层】面板，将“图层 1”显示，单击底部的按钮添加图层蒙版，画面效果如图 8-89 所示。

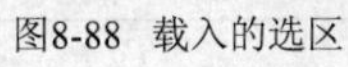

图8-88　载入的选区

图8-89　蒙版后的效果

(10) 复制“图层 1”为“图层 1 副本”层，设置图层混合模式为“点光”，【不透明度】参数为“40%”，制作完成的墙壁剥落旧画效果如图 8-83 所示。

(11) 按 Shift+Ctrl+S 组合键，将此文件命名为“旧画效果.psd”另存。

任务十　计算通道合成图像

本任务利用【计算】命令将两幅图像进行合成，需要注意的是要进行合成的两幅图像文件的尺寸大小必须相同。本范例原图像素材及合成后的效果如图 8-90 所示。

图8-90　图片素材及合成后的效果一

【操作步骤】

(1) 打开教学素材“图库\项目 8”目录下名为“照片 08.jpg”和“照片 09.jpg”的文件。

(2) 将“照片 09.jpg”设置为当前工作文件，按 Ctrl+A 组合键选择全部图像，再按 Ctrl+C 组合键复制图像。

(3) 将“照片 08.jpg”设置为当前工作文件，按 Ctrl+V 组合键将复制的图像粘贴到当前文件中。

(4) 选择【图像】/【计算】命令，在弹出的【计算】对话框中设置各选项如图 8-91 所示，此时的图像效果如图 8-92 所示。

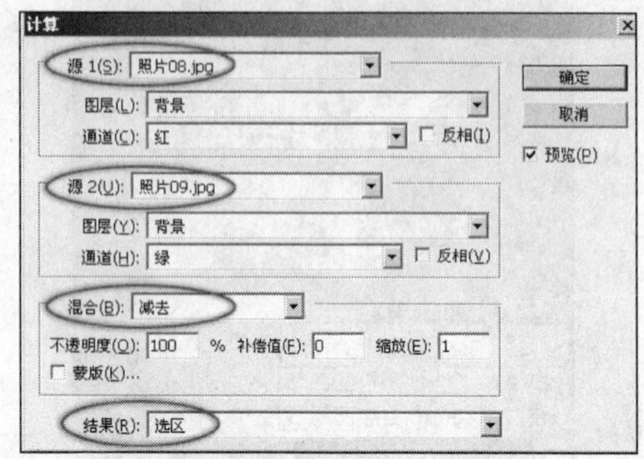

图8-91 【计算】对话框

图8-92 计算后的效果

(5) 单击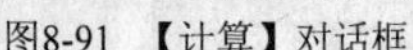按钮，通过计算后在图像中创建的选区如图 8-93 所示。

(6) 单击【图层】面板底部的按钮，根据图像中的选区创建蒙版，此时的图像效果如图 8-94 所示。

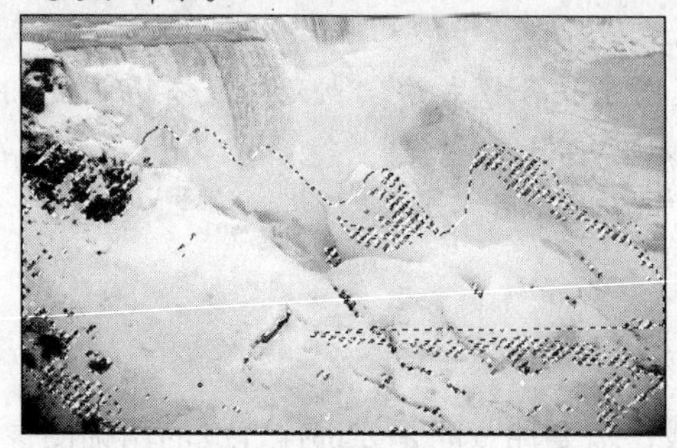

图8-93 创建的选区

图8-94 添加蒙版后的效果

(7) 按 Ctrl+I 组合键将蒙版的屏蔽范围反转，此时的图像效果如图 8-95 所示。

(8) 选择工具，设置一个边缘较虚化的笔头，利用黑色编辑蒙版，将前景中草地上的黑色块屏蔽掉，得到融合非常自然的图像合成效果，如图 8-96 所示。

图8-95 反转蒙版后的效果

图8-96 图像合成效果

(9) 按 Shift+Ctrl+S 组合键，将此文件命名为“计算图像合成.psd”另存。

项目实训——利用通道选择头发合成图像

根据对任务六内容的学习，读者自己动手利用【通道】结合颜色调整命令把人物从背景

中选择出来，并替换成其他背景，如图 8-97 所示。图库素材为教学素材“图库\项目 8”目录下名为“照片 10.jpg”和“海.jpg”的文件。作品参见教学素材“作品\项目 8”目录下名为“项目实训 01.psd”的文件。

图8-97　图片素材及调整后的效果

项目实训二——利用【应用图像】命令合成图像

根据对任务十内容的学习，读者自己动手利用【应用图像】命令合成图像，如图 8-98 所示。图库素材为教学素材“图库\项目 8”目录下名为“汽车.jpg”和“纹理.jpg”的文件。作品参见教学素材“作品\项目 8”目录下名为“项目实训 02.psd”的文件。

图8-98　图片素材及合成后的效果二

【步骤提示】

(1) 将“汽车.jpg”设置为当前工作文件，按 Ctrl+J 组合键将“背景”层复制为“图层 1”，在“图层 1”中进行操作，以便保留背景层不被破坏。

(2) 选择【图像】/【应用图像】命令，在弹出的【应用图像】对话框中设置各选项如图 8-99 所示。单击 确定 按钮，图像调整色调后的效果如图 8-100 所示。

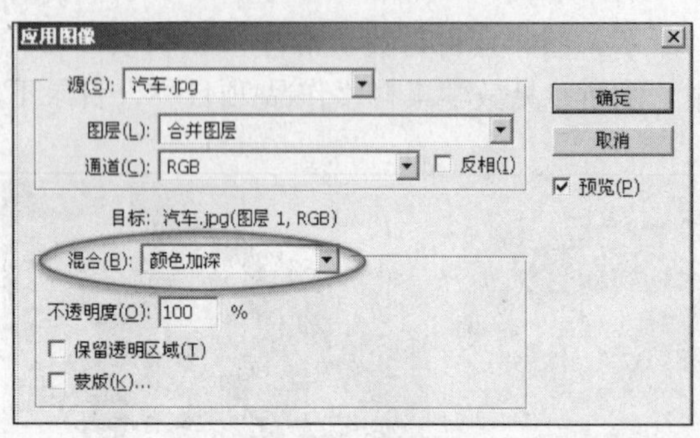

图8-99 设置的参数

图8-100 加深后的效果

(3) 由于只需要将天空和地面调整成色彩艳丽的效果，而汽车还是想保留原有的亮度，所以就需要用工具将其恢复到没有选择【应用图像】命令之前的效果。利用工具将汽车恢复其原有的颜色，如图 8-101 所示。

(4) 在【历史记录】面板中单击面板底部的按钮，将图像的当前状态创建为快照，如图 8-102 所示。

图8-101 恢复的图像

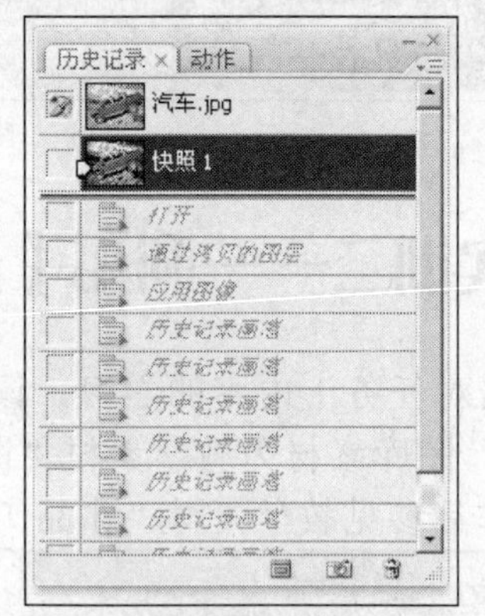

图8-102 创建快照

(5) 选择【图像】/【应用图像】命令，在弹出的【应用图像】对话框中设置各选项如图 8-103 所示。单击 确定 按钮，合成后的图像效果如图 8-104 所示。

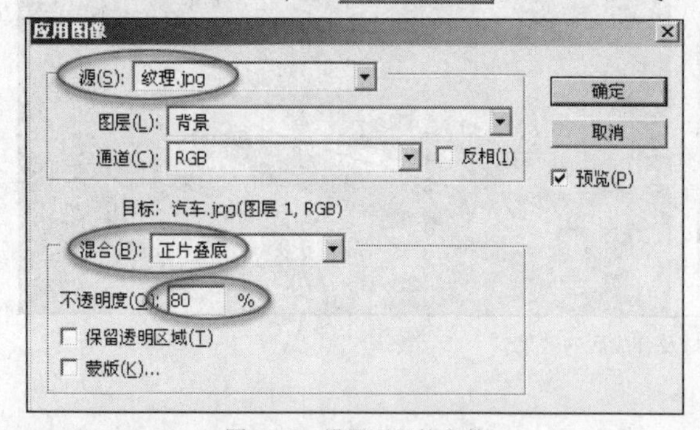

图8-103 设置不同的参数

图8-104 合成后的图像效果

(6) 单击【图层】面板底部的按钮，在弹出的菜单中选择【亮度/对比度】命令，设置参数如图 8-105 所示。单击 确定 按钮，调整亮度后的图像效果如图 8-106 所示。

(7) 将“图层 1”设置为工作层，在【历史记录】面板中的“快照 1”左面图标位置单击，将“快照 1”设置为【历史记录画笔】工具的恢复点。

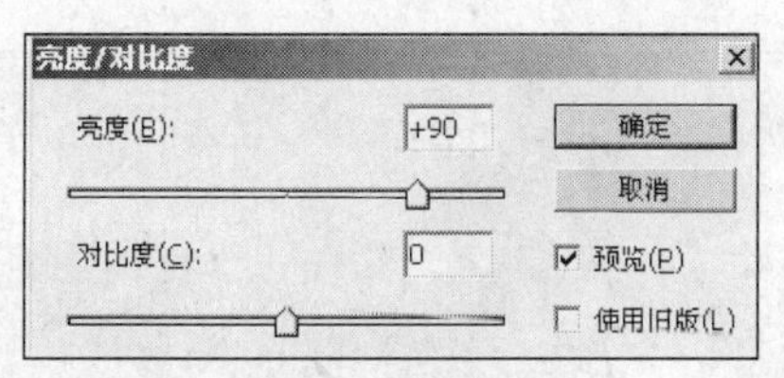

图8-105　参数设置

图8-106　调整亮度后的效果

(8)　利用工具把背景恢复到原有的效果，如图 8-107 所示。

(9)　单击“亮度/对比度 1”右侧的图层蒙版缩览图，将其设置为工作状态。利用工具编辑蒙版，使其显示出“图层 1”中没有调整亮度的效果，如图 8-108 所示。

图8-107　恢复背景后的效果

图8-108　显示出的效果

习题

1.　根据对任务四内容的学习，读者自已动手利用互换通道的方法制作出如图 8-109 所示的照片艺术色调效果。图库素材为教学素材“图库\项目 8”目录下名为“照片 11.jpg”的文件。作品参见教学素材“作品\项目 8”目录下名为“操作题 08-1.psd”的文件。

图8-109　图片素材及调整的效果

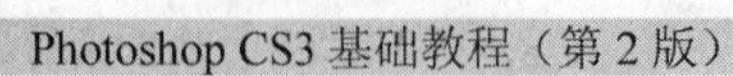

2. 根据对本项目内容的学习，读者自己动手将人物从背景中选出，然后为其更换背景，原图片与更换背景后的图像效果如图 8-110 所示。图库素材为教学素材“图库\项目 8”目录下名为“照片 12.jpg”和“背景.jpg”的文件。作品参见教学素材“作品\项目 8”目录下名为“操作题 08-2.psd”的文件。

图8-110 原图片与更换背景后的效果

3. 根据对本项目内容的学习，读者自己动手制作出如图 8-111 所示的浮雕字。图库素材为教学素材“图库\项目 8”目录下名为“啤酒屋.jpg”的文件。作品参见教学素材“作品\项目 8”目录下名为“操作题 08-3.psd”的文件。

图8-111 制作的浮雕字效果二

项目九 网站主页设计

随着网络技术的发展，网络的应用已经深入到千家万户，众多商家也都通过网络这一有效的媒体来宣传自己的产品，房地产公司也不例外。由于网络知识内容的全面性和参与人群的广泛性，网络已是房地产公司宣传自己的形象和楼盘项目必不可少的投资广告媒体之一。

网站的主页是一个网站设计成功与否的关键。人们在查找网页时，往往看到第一页就已经对所浏览的站点有一个整体的感觉。是否能够促使浏览者继续点击进入，是否能够吸引浏览者留在站点上继续查看，要全凭主页了，所以，主页的设计和制作是一个网站成功与否的关键。

- ❖ 了解网页美工设计所包含的内容。
- ❖ 掌握设计网页的技巧和方法。
- ❖ 掌握切片的划分。
- ❖ 掌握网页图片的优化方法。
- ❖ 掌握网页图片的存储方法。

任务一　设计主页画面

本任务先来设计网站主页版面中的标题主画面，主要是将图片素材进行合成，设计的主页画面如图 9-1 所示。

图9-1　设计的主页画面

【知识准备】

一个漂亮的网页离不开美工的精心策划设计，而对于没有一定美术设计功底的读者来说，学习和掌握一点网页美工设计基础知识是非常有必要的，所以下面整理了一点基本的美工设计基础知识，希望能对读者所有帮助。

1. 主页设计包含的内容

大家浏览网站的时候，在主页中有一些要素内容基本是相同的，这些内容是设计一个网站必须要考虑的。

(1) 网页的每一个页面中都要包含一个 logo 标志，一般放置在页面顶部的左上角位置。

(2) logo 标志旁边放置简短易记，且能够体现企业形象或宣传内容的广告语，如本项目科达荷兰假日地产项目的“城市生活缔造者”。

(3) 要有“网站名称”、“关于我们”、“友情链接”、“主菜单”、“新闻”、“搜索”等基本栏目，以及相关的业务信息等内容。

(4) 每个页面的底部都包含有“版权声明”。

2. 如何设计主页的版面

着手设计主页的版面时，必须要根据企业的特点掌握企业要展现的内容及风格，对页面的整体先进行分块。分块是非常有必要的，但对于美术功底不是很深厚的人来说也是难以掌握的一个技巧。对于设计一般的广告版面或杂志来说，因为都是有边的，也就有边可循，容易分块，也容易安排构图，但对于 Web 的页面，边的概念被淡化了，在电脑屏幕上可以上下左右拖动屏幕内容的显示位置，所以在设计网页的版面时，分块是非常有必要的，其目的也就是产生边的效果。在编排分块时，可以采用不同颜色或明度的色块、线框、细线、排列整齐的文字等，但这些内容不要过于醒目，否则会喧宾夺主，因为页面的重点是内容。

版面指的是浏览器看到的一个完整的页面。因为每个人的显示器分辨率设置不同，所以同一个页面的大小可能出现 640×480 像素、800×600 像素、1 024×768 像素等不同的尺寸，在设计时主页可以针对不同分辨率的浏览器进行版面尺寸的建立。

3. 网页的色彩搭配

在开始网页设计之前版面的分块固然重要，但色彩的搭配也是一个网页设计成功与否的关键。对于只是针对网页设计而言，在色彩的搭配上有几点是设计者必须要考虑和遵循的。

(1) 色彩的平衡：色彩在页面中可以形成多种视觉效果，强烈的色彩对比，可以突出页面的主题；唯美的调和色彩，可以使表达的主题意蕴更加深厚。在一个网页中，一般情况下，页面上方的颜色都采用深色调，这样在颜色的厚重上才能压住下面的颜色，如果采用亮颜色，很容易使设计的页面显得很不稳重，下面的文字内容和图片有轻飘飘的感觉，因此，要使设计出的整个页面有平衡感，必须要有不同面积、不同位置和不同明暗的颜色搭配。

(2) 色彩的呼应：如果有一种比较突兀的色彩放在设计的页面中，无论是突出重点也好，还是强调 logo 图标也好，都会给设计的整个页面带来副作用，因此，在设计的页面中不同的位置必须要有该颜色相同色系的呼应色，起到弱化某一颜色的作用。

(3) 整体色调的把握：色调的整体就是浏览者看到网页的第一印象，是蓝色、红色还是绿色等，所以在开始设计一个网页之前确定好整体色调是非常重要的。整体色调确定好了，在背景色、分块色、图片颜色等这些基本要素上都要向整体色调上靠，可以把同一色系分成

图9-9　更改混合模式后的图像效果

(9) 单击【图层】面板底部的 按钮，为“图层 2”添加图层蒙版，然后利用 工具喷绘黑色编辑蒙版，编辑蒙版后的图像效果如图 9-10 所示。

图9-10　编辑蒙版一

(10) 打开教学素材“图库\项目 9”目录下名为“草地.psd”的文件，然后移动复制到“主图像.psd”文件中，并调整至如图 9-11 所示的大小及位置。

图9-11　草地放置的位置

(11) 选择【图层】/【创建剪贴蒙版】命令，将草地图片与下方的矩形制作为蒙版图层，效果如图 9-12 所示。

图9-12　创建剪贴蒙版后的图像效果二

(12) 打开教学素材“图库\项目 9”目录下名为“草地 01.psd”的文件，然后用与步骤（10）～（11）相同的方法，将其与下方的矩形制作为蒙版图层，效果如图 9-13 所示。

图9-13 制作蒙版

(13) 打开教学素材“图库\项目 9”目录下名为“别墅.psd”的文件，然后移动复制到“主图像.psd”文件中，并调整至如图 9-14 所示的大小及位置。

图9-14 别墅图片大小及位置

(14) 单击【图层】面板底部的 按钮，为“图层 3”添加图层蒙版，然后利用 工具喷绘黑色编辑蒙版，编辑蒙版后的图像效果如图 9-15 所示。

图9-15 编辑蒙版二

(15) 打开教学素材“图库\项目 9”目录下名为“花草.psd”的文件，然后移动复制到“主图像.psd”文件中，并分别调整至如图 9-16 所示的大小及位置。

图9-16 花草图片大小及位置

(16) 选择工具，单击属性栏中的按钮，弹出【画笔】面板，设置各选项及参数如图 9-17 所示。

(17) 将前景色设置为白色，新建“图层 4”，然后在画面中依次单击，喷绘出如图 9-18 所示的白色图形。

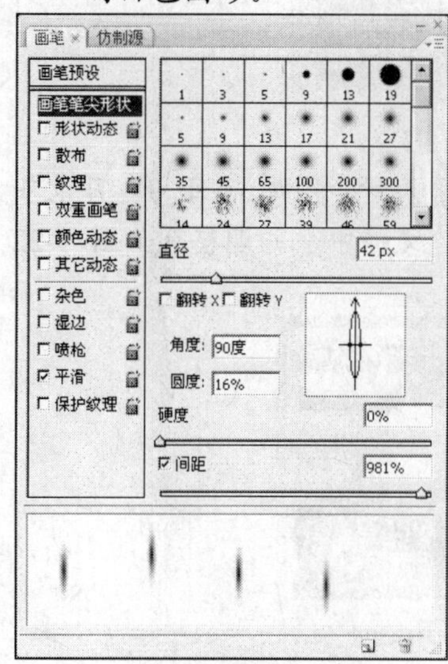

图9-17 【画笔】面板

图9-18 喷绘出的图形

(18) 单击属性栏中的按钮，在弹出的【画笔】面板中将【角度】的参数设置为“0 度”，然后依次绘制出如图 9-19 所示的白色图形。

图9-19 绘制的图形

(19) 利用和工具，绘制并调整出如图 9-20 所示的曲线路径。

图9-20 绘制出的曲线路径

(20) 将前景色设置为黑色，选择工具，将鼠标指针移动到路径的左侧，当鼠标指针显示为形状时单击，插入输入指针，然后沿路径输入如图 9-21 所示的黑色文字。

图9-21 输入的文字

(21) 单击属性栏中的✓按钮，确认文字输入完成，再打开教学素材“图库\项目 9”目录下名为“标志.psd”的文件，然后移动复制到“主图像.psd”文件中，并调整至如图 9-22 所示的大小及位置。

图9-22 标志图片放置的位置

(22) 按 Ctrl+S 组合键，将此文件保存。

任务二 设计网站背景

下面来设计网站主页的背景。

【操作步骤】

(1) 新建一个【名称】为“背景”，【宽度】为“680 像素”，【高度】为“800 像素”，【分辨率】为“96 像素/英寸”，【颜色模式】为“RGB 颜色”，【背景内容】为“背景色（#b3c884）”的文件。

(2) 打开教学素材“图库\项目 9”目录下名为“砖墙.psd”的文件，然后移动复制到“背景.psd”文件中，并调整至如图 9-23 所示的大小及位置。

(3) 在【图层】面板中，将“图层 1”的图层混合模式设置为“线性减淡”，【不透明度】参数设置为“50%”，调整后的图像效果如图 9-24 所示。

图9-23 砖墙放置的位置

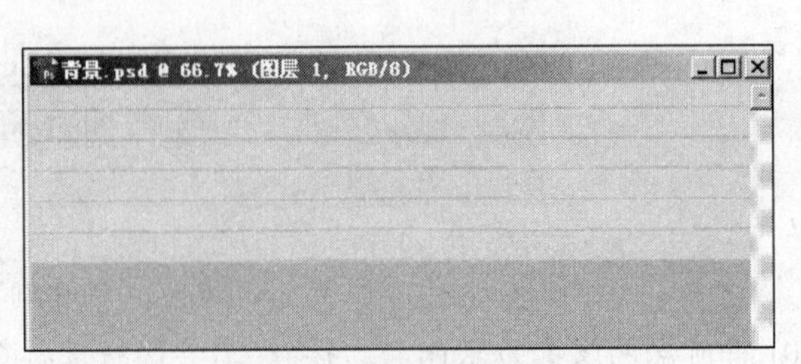

图9-24 调整后的砖墙效果

(4) 单击【图层】面板底部的 按钮，为“图层 1”添加图层蒙版，然后利用 工具喷绘黑色编辑蒙版，编辑蒙版后的图像效果如图 9-25 所示。

图9-25　编辑蒙版后的砖墙效果

(5) 打开教学素材“图库\项目 9”目录下名为“树叶.psd”的文件，然后移动复制到“背景.psd”文件中，复制后分别调整放置到如图 9-26 所示的位置。

(6) 打开教学素材“图库\项目 9”目录下名为“照明灯.psd”的文件，然后移动复制到“背景.psd”文件中，并将其调整至合适的大小及角度后放置到如图 9-27 所示的位置。

图9-26　树叶放置的位置

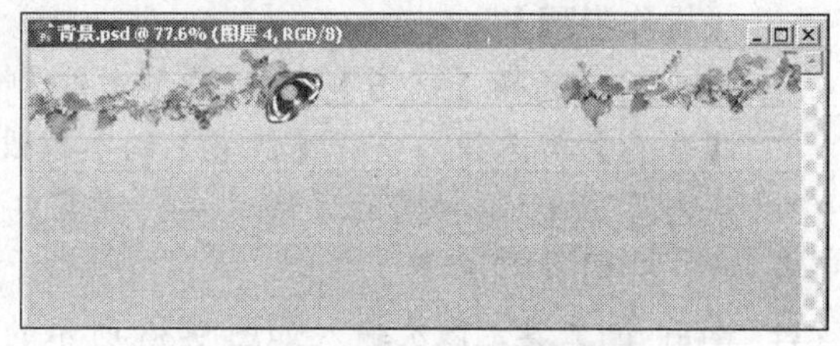

图9-27　照明灯图片大小及位置

(7) 按住 Ctrl 键，单击“图层 4”左侧的图层缩略图，为其添加选区，然后按住 Ctrl+Alt 组合键，在选区中按住鼠标左键并向左拖动，将选区中的灯向右移动复制。

(8) 选择【编辑】/【变换】/【水平翻转】命令，将复制出的灯翻转，再将其移动至如图 9-28 所示的位置，然后按 Ctrl+D 组合键，将选区去除。

(9) 利用 T 工具，依次输入如图 9-29 所示的绿色（#2b5a02）文字和英文字母。

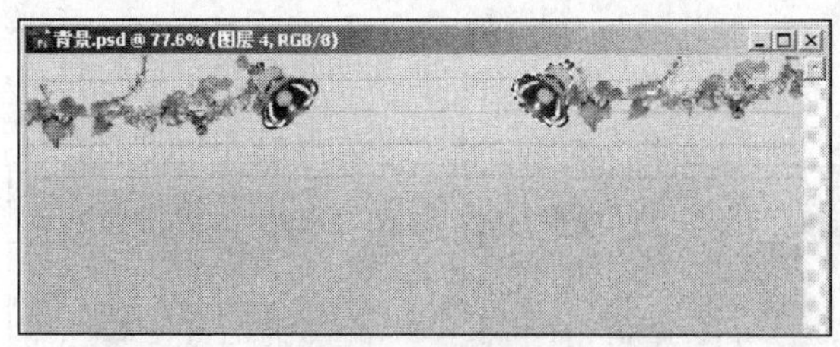

图9-28　灯放置的位置

图9-29　输入的文字和英文字母

(10) 将“绿茵”层设置为当前层，选择【图层】/【图层样式】/【外发光】命令，弹出【图层样式】对话框，设置各选项及参数如图 9-30 所示，然后单击 确定 按钮。

(11) 选择【图层】/【图层样式】/【拷贝图层样式】命令，将“绿茵”层中的图层样式复制至剪贴板中。

(12) 将“LVYIN”层设置为当前层，然后选择【图层】/【图层样式】/【粘贴图层样式】命令，将剪贴板中的样式粘贴到当前层中，效果如图 9-31 所示。

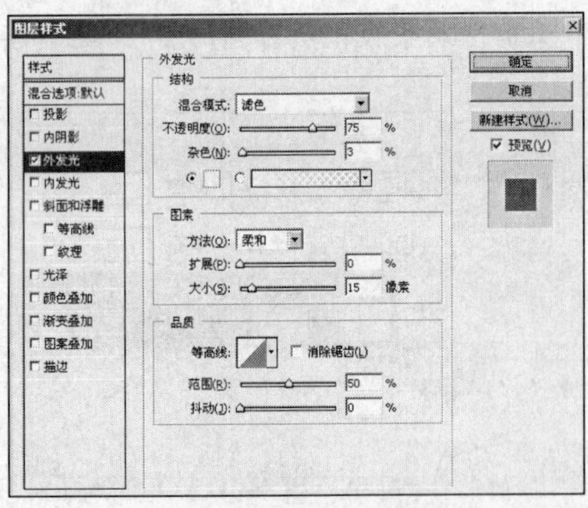

图9-30 外发光设置

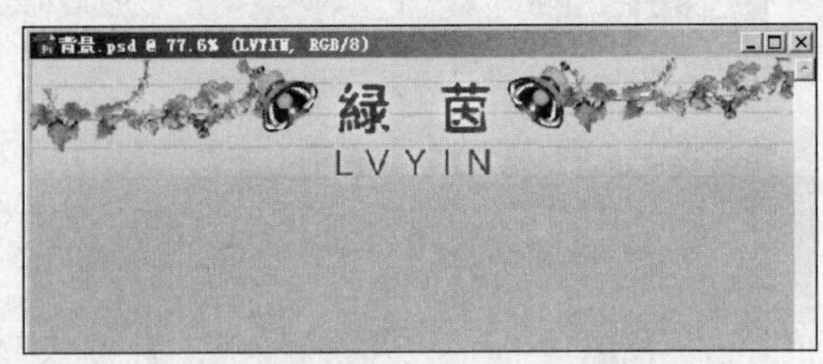

图9-31 添加图层样式后的文字效果

任务三 编排主要内容

下面来设计编排主页中的主要展示内容。

【操作步骤】

(1) 接上例。选择【视图】/【新建参考线】命令，在弹出的【新建参考线】对话框中点选【垂直】单选钮，并将【位置】的参数设置为“0.3 厘米”。

(2) 用与步骤（1）相同的方法，在图像窗口中垂直方向“17.7 厘米”处添加一条垂直参考线，如图 9-32 所示。

(3) 利用 T 工具，依次输入如图 9-33 所示的黑色文字和符号。

图9-32 添加的参考线

图9-33 输入的文字及符号

说明

由于新建的页面宽度为全屏显示的尺寸，但在实际情况下【宽度】的两边要留出“0.3 厘米”左右的区域，以确保设计的内容能全部显示，因此在调整主图像的大小之前，要先在页面中添加参考线。

(4) 打开教学素材“图库\项目 9”目录下名为“花.psd”的文件，然后移动复制到“背景.psd”文件中，并将其调整至如图 9-34 所示的大小及位置。

图9-34　花图片大小及位置

(5) 将“主图像.psd”文件设置为当前状态，然后选择【图层】/【拼合图像】命令，将其所有图层合并为“背景”层。

(6) 将合并后的“主图像”移动复制到“背景”文件中，然后将其调整至如图 9-35 所示的大小及位置。

图9-35　合并后的图片大小及位置

(7) 新建“图层 5”，再选择工具，激活属性栏中的按钮，并将半径: 15 px 的参数设置为“15 px”，然后绘制出如图 9-36 所示的淡黄色（#f8f8c6）圆角矩形。

(8) 选择【图层】/【图层样式】/【描边】命令，在弹出的【描边】对话框中将【大小】设置为“2 像素”，【位置】设置为“外部”，为圆角矩形描绘白色边缘。

(9) 新建“图层 6”，在淡黄色圆角矩形的右侧绘制一浅黄色（#f8f889）的圆角矩形，然后利用【拷贝图层样式】命令和【粘贴图层样式】命令将淡黄色圆角矩形的描边样式复制到浅黄色圆角矩形上，效果如图 9-37 所示。

图9-36　绘制的圆角矩形

图9-37　复制样式后的图像效果

(10) 利用 T 工具，依次输入如图 9-38 所示的绿色（#2b5a02）文字和短线字符。

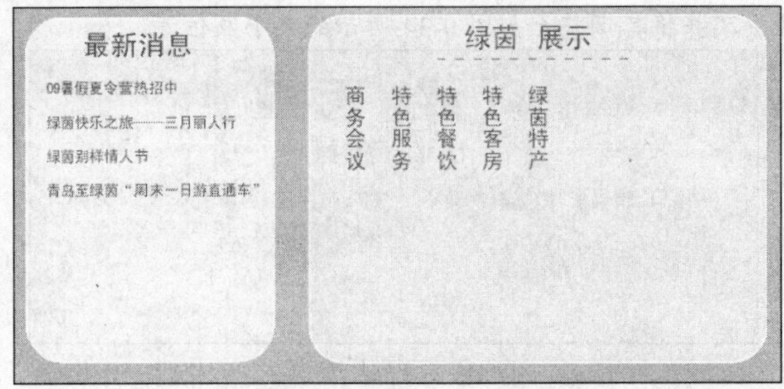

图9-38 输入的文字和字符

(11) 新建“图层 7”，再选择 ╲ 工具，激活属性栏中的 □ 按钮，并将 粗细: 2 px 的参数设置为“2 px”，然后按住 Shift 键，依次绘制出如图 9-39 所示的绿色（#2b5a02）直线。

(12) 打开教学素材“图库\项目 9”目录下名为“效果图.jpg”的图片文件，然后移动复制到“背景.psd”文件中，并将其调整至如图 9-40 所示的大小及位置。

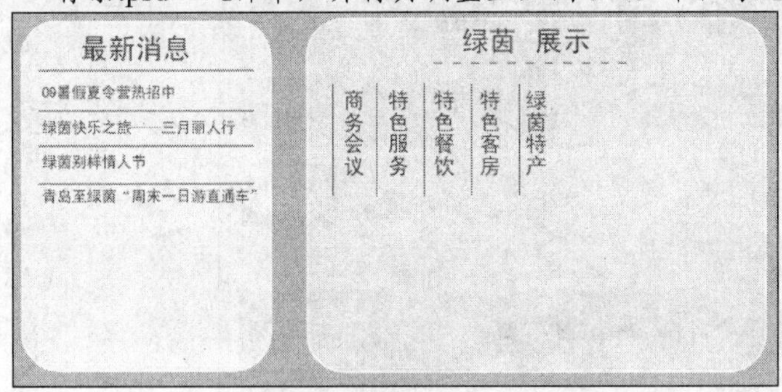

图9-39 绘制的直线

图9-40 效果图放置的位置

(13) 选择【图层】/【图层样式】/【描边】命令，弹出【图层样式】对话框，设置各选项及参数如图 9-41 所示。

(14) 单击 确定 按钮，添加图层样式后的图像效果如图 9-42 所示。

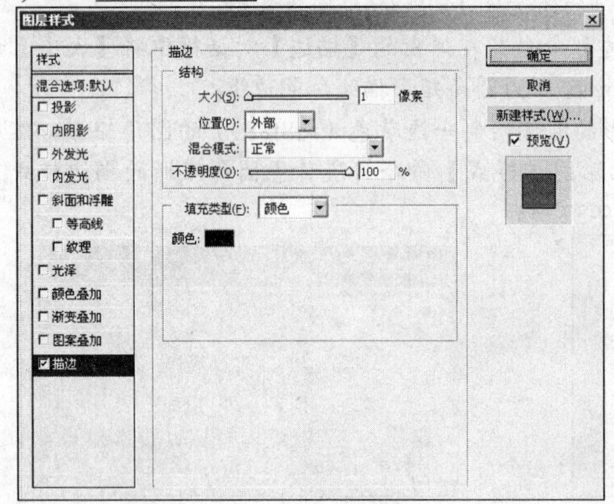

图9-41 描边参数设置

图9-42 描边后的图片

(15) 用与步骤（12）～（14）相同的方法，将教学素材“图库\项目 9”目录下名为“会议室.jpg”的图片文件打开后移动复制到“背景.psd”的文件中，并为其描绘黑色边缘，效果如图 9-43 所示。

(16) 打开教学素材“图库\项目 9”目录下名为“房间 01.jpg”的图片文件，然后移动复制到“背景.psd”文件中，并将其调整至如图 9-44 所示的大小及位置。

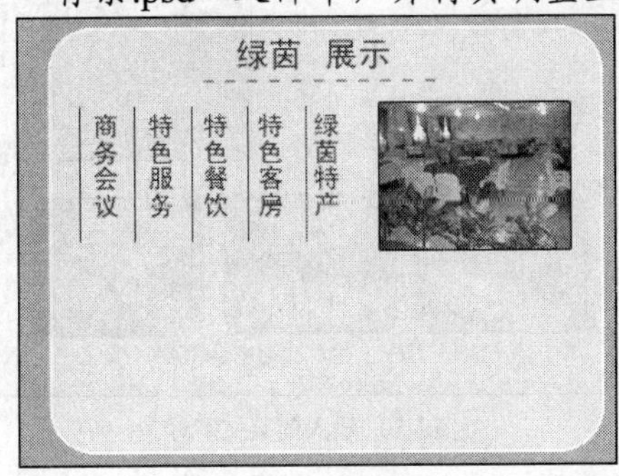

图9-43　会议室图像

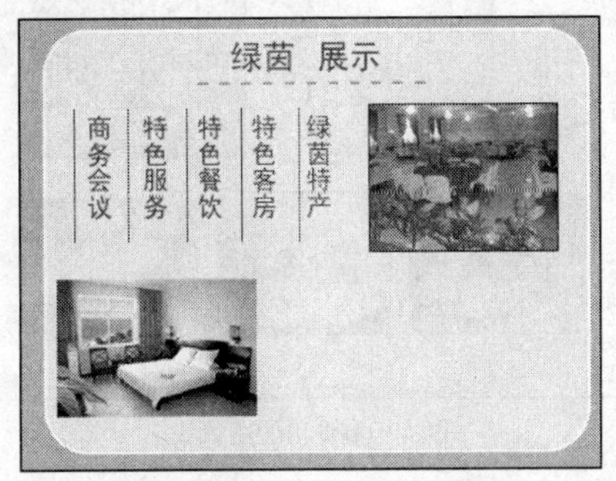

图9-44　房间 01 放置的位置

(17) 选择工具，激活属性栏中的按钮，并将半径: 10 px 的参数设置为“10 px”，然后绘制出如图 9-45 所示的圆角矩形路径。

(18) 按 Ctrl+Enter 组合键，将路径转换为选区，如图 9-46 所示，然后按 Shift+Ctrl+I 组合键，将选区反选。

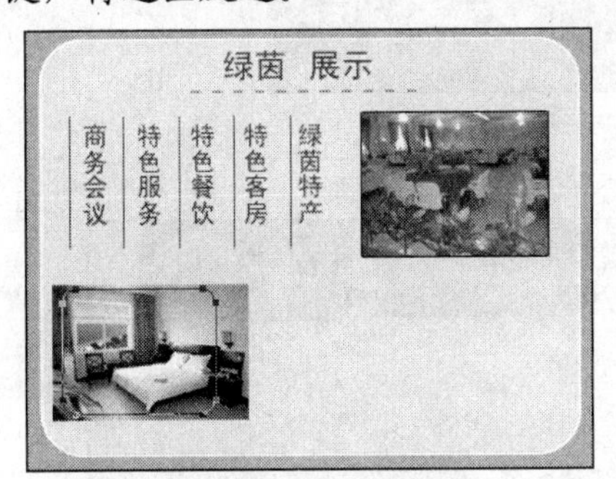

图9-45　绘制的路径

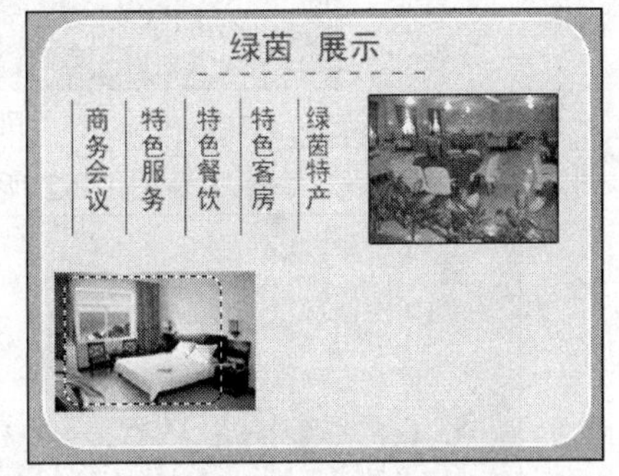

图9-46　转换为选区后的形态

(19) 按 Delete 键，删除选区中的内容，然后按 Ctrl+D 组合键，将选区去除，删除得到的圆角矩形图像效果如图 9-47 所示。

(20) 利用【拷贝图层样式】命令和【粘贴图层样式】命令将“图层 9”的描边样式复制到“图层 10”中，效果如图 9-48 所示。

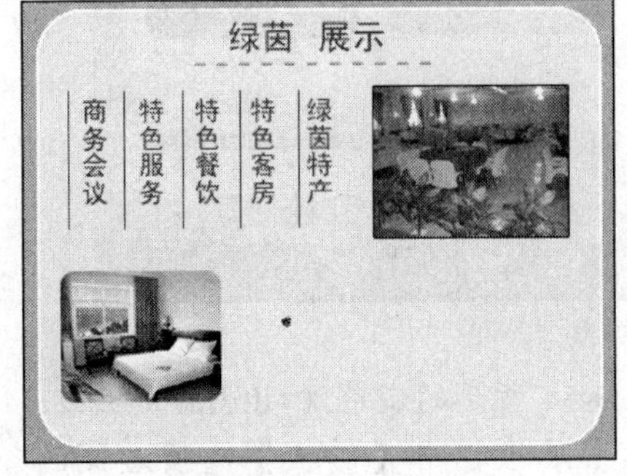

图9-47　删除后的图像效果

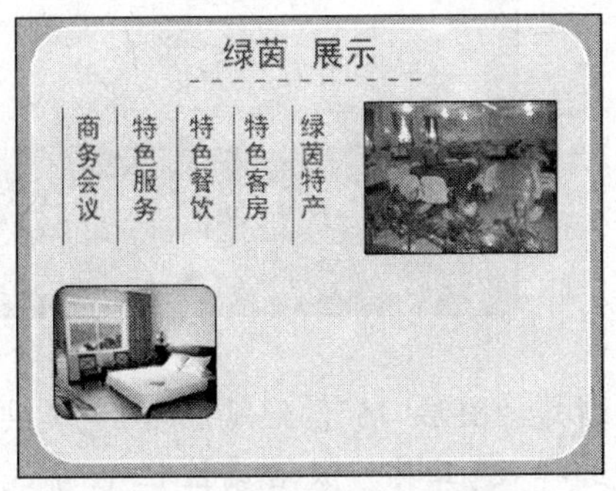

图9-48　粘贴图层样式后的图像效果

(21) 打开教学素材“图库\项目 9”目录下名为“风景.jpg”和“餐饮.jpg”的图片文件，然后移动复制到“背景.psd”文件中，制作出如图 9-49 所示的图像效果。

(22) 利用 T 工具，输入如图 9-50 所示的绿色（#2b5a02）英文字母。

图9-49 制作出的图像效果

图9-50 输入的英文字母

(23) 新建“图层 13”，然后利用 [ ] 工具，绘制出如图 9-51 所示的草绿色（#419678）矩形。

图9-51 绘制的矩形

(24) 利用 T 工具，依次输入如图 9-52 所示的白色文字。

图9-52 输入的白色文字

(25) 新建“图层 14”，利用 [ ] 工具，绘制出如图 9-53 所示的白色矩形。

图9-53 绘制的白色矩形

(26) 新建“图层 15”，继续利用 [ ] 工具绘制出如图 9-54 所示的灰色（#dfdfdf）矩形。

(27) 选择 工具，激活属性栏中的 □ 按钮，并单击属性栏中【形状】选项右侧的 按钮，在弹出的【自定形状】面板中单击右上角的 ▶ 按钮。

(28) 再在弹出的下拉菜单中选择“全部”命令，然后在弹出的【Adobe Photoshop】询问面板中单击 确定 按钮，用“全部”的形状图形替换【自定形状】面板中的形状图形。

(29) 拖动【自定形状】面板右侧的滑块，选择如图 9-55 所示的形状图形，然后按住 Shift 键，绘制出如图 9-56 所示的黑色倒三角形状图形。

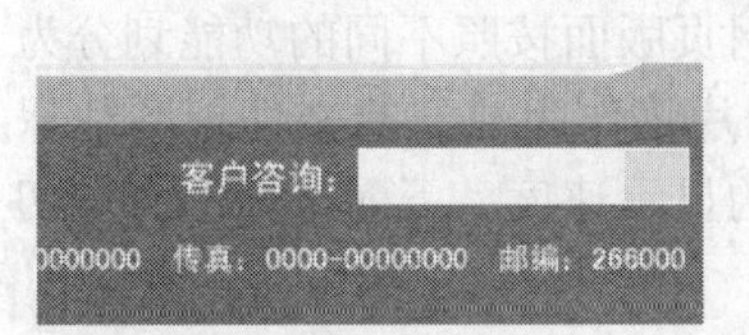

图9-54　绘制的灰色矩形

图9-55　【自定形状】面板

图9-56　绘制的倒三角形

(30) 新建“图层 16”，然后利用 工具依次绘制出如图 9-57 所示的两条黑色直线。

(31) 利用 T 工具，输入如图 9-58 所示的黑色文字。

图9-57　绘制的直线

图9-58　输入的黑色文字

至此，网页已设计完成，其整体效果如图 9-59 所示。

图9-59　设计完成的网页

(32) 按 Ctrl+S 组合键，将此文件保存。

任务四　存储网页图片

在 Photoshop 中网站首页设计完成后，需要把设计的页面存储成适合网页的专用图片，本任务来学习网页图片的优化和存储方法。

【知识准备】

根据网站设计的要求，用于网页的图片与普通图片不同，网页图片要求在保证图片质量的前提下，要尽量减小图像文件的大小，从而减少图片在网页中的显示时间。

1. 图像切片

利用 Photoshop 提供的图像切片功能，可以把设计好的网页版面按照不同的功能划分为各个大小不同的矩形区域，当优化保存网页图片时，各个切片将作为独立的文件把图片保存，这样进行优化过的图片，在网页上显示时可以提高图片的显示速度。下面来介绍有关切片的知识内容。

图像的切片分为以下 3 种类型。

(1) 用户切片：用【切片】工具创建的切片为用户切片，切片的四周以实线表示。

(2) 基于图层的切片：选择【图层】/【新建基于图层的切片】命令创建的切片为基于图层的切片。

(3) 自动切片：在创建用户切片和基于图层的切片时，图像中剩余的区域将自动添加切片，称为自动切片，其四周以虚线表示。

2. 创建切片

图像切片的创建方法有以下 3 种。

(1) 用切片工具创建切片。

将教学素材中“作品\项目 9”目录下名为“背景.psd”的文件打开，在工具箱中选择【切片】工具，在画面中按下鼠标左键拖动，释放鼠标左键后即可绘制出如图 9-60 所示的切片。

(2) 基于参考线创建切片。

如果图像文件中按照切片的位置需要添加参考线，在工具箱中选择工具后单击属性栏中的 基于参考线的切片 按钮，即可根据参考线添加切片，如图 9-61 所示。

图9-60 创建的切片

图9-61 创建的基于参考线的切片

(3) 基于图层创建切片。

对于 PSD 格式分层的图像来说，可以根据图层来创建切片，创建的切片会包含图层中所有的图像内容，如果移动该图层或编辑其内容时，切片将自动跟随图层中的内容一起进行调整。在【图层】面板中选择需要创建切片的图层，如图 9-62 所示。选择【图层】/【新建基于图层的切片】命令，即可完成切片的创建，如图 9-63 所示。

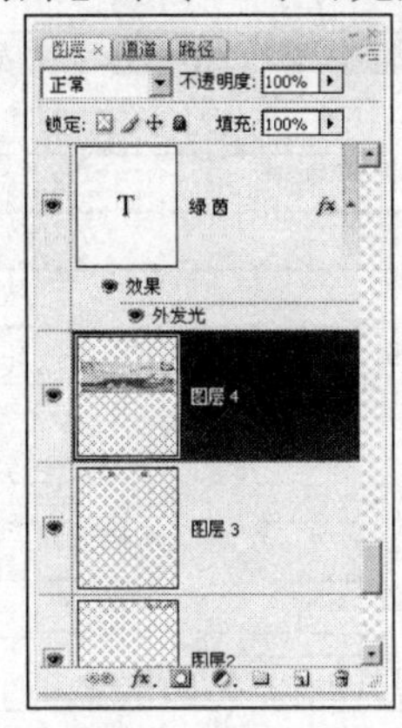

图9-62　选择图层

图9-63　创建的基于图层的切片

3. 编辑切片

下面来介绍切片的各种编辑操作。

(1) 选择切片。

选择【切片选择】工具，直接在自动切片区域单击，即可把切片选中。

(2) 调整切片。

在被选择的切片四周会显示控制点，直接拖动控制点即可改变切片区域大小。

(3) 删除切片。

直接按 Delete 键，即可把选择的切片删除。选择【视图】/【清除切片】命令，可以删除图像中的所有切片。

(4) 划分切片。

利用【切片选择】工具先选择需要划分的切片，如图 9-64 所示，单击属性栏中的 划分... 按钮，在弹出的【划分切片】对话框中设置好划分切片的方式及个数，如图 9-65 所示。单击 确定 按钮即可得到如图 9-66 所示的划分切片。

图9-64　选择切片

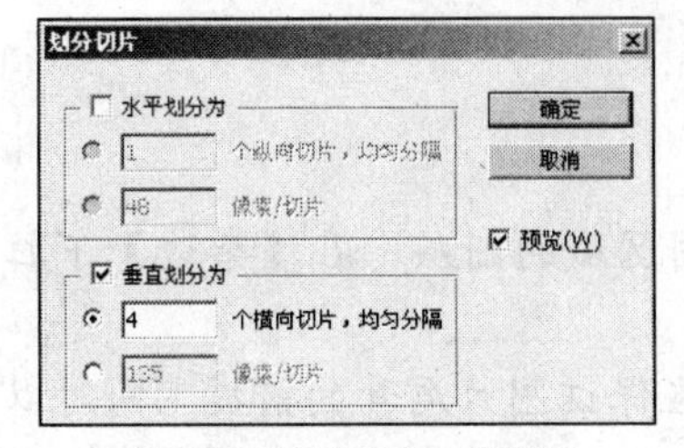

图9-65　【划分切片】对话框

图9-66　划分的切片一

(5) 转换切片。

由于自动切片和基于图层的切片会跟随着内容的变换而发生变换或自动更新，所以有时需要将自动切片和基于图层的切片转换为用户切片。转换方法为：选择【切片选择】工具，在切片区域内单击鼠标右键，在弹出的菜单中选择【提升到用户切片】命令，即可将自动切片和基于图层的切片转换成用户切片。

(6) 查看编辑切片。

选择【切片选择】工具，直接在切片内双击即可弹出如图 9-67 所示的【切片选项】对话框。

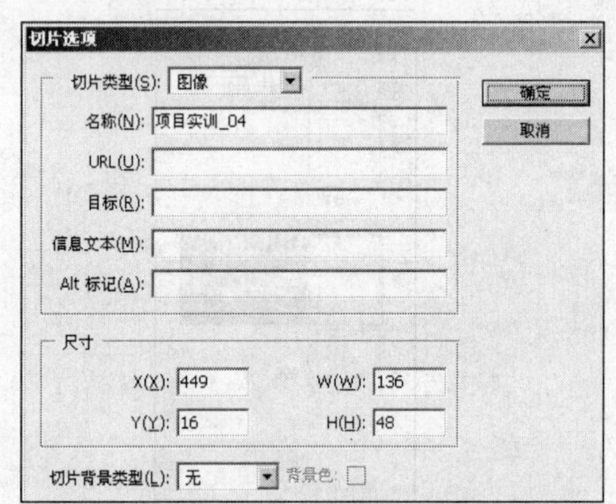

图9-67 【切片选项】对话框

在【切片类型】中一般设置“图像”选项，如果切片中包含纯色活 HTML 文本，则应该设置“无图像”选项，这样优化输出后的切片不包含图像数据，因此可以提供更快的下载速度。在【尺寸】下面的各参数设置区中还可以按照精确的数值来设置切片的大小。

(7) 隐藏、显示和清除切片。

当图像文件中创建了切片后，选择【视图】/【显示】/【切片】命令，则可以把切片隐藏，再次选择该命令可以把切片显示。选择【视图】/【清除切片】命令，则可以把切片在图像文件中清除。

【操作步骤】

1. 存储为 JPG 格式图片

JPG 格式是一种图片存储质量较高且压缩量也较大的格式，把图片存储成该格式的操作方法如下。

(1) 选择【文件】/【存储为】命令，在弹出的【存储为】对话框中设置【格式】选项为“JPEG（*. JPG; *. JPEG; *. JPE）”。

(2) 设置存储图片的路径和名称后单击 保存(S) 按钮，弹出如图 9-68 所示的【JPEG 选项】对话框。

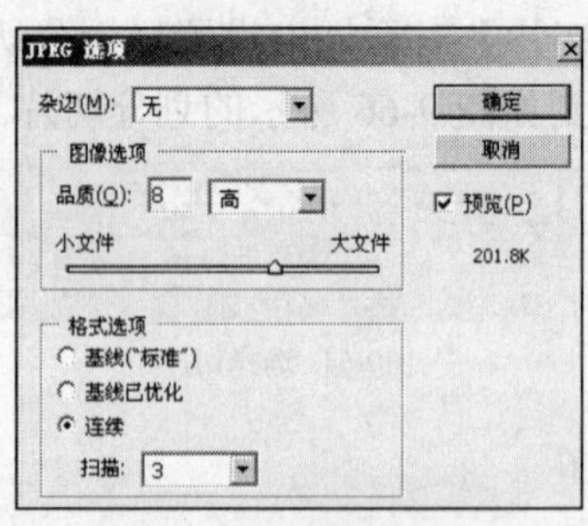

图9-68 【JPEG 选项】对话框

(3) 如果保存的图像文件是删除了“背景”层而包含有透明区域的图层，在【杂边】下拉列表中可以设置用于填充图像透明图层区域的背景色。

(4) 【图像选项】栏中的品质一般设置为“中”，这样可以在保证图片质量的前提下同时以较小的文件存储图片。

(5) 【格式选项】栏中包含 3 个选项，可以根据情况进行选择设置。

- 【基线("标准")】: 大多数 Web 浏览器都识别的格式。
- 【基线已优化】: 图片以优化的颜色和较小的文件存储。
- 【连续】: 设置此选项并指定"扫描次数"，图片在网页上下载的过程中会显示一系列越来越详细的扫描。

(6) 所有选项都设置好后单击 确定 按钮，即可完成 JPG 格式图片的存储。

2. 存储为 GIF 格式图片

GIF 格式是一种没有渐变颜色的单一色块图片，可以保留图片透明背景，或者动画图片。把图片存储成该格式的操作方法如下。

(1) 选择【文件】/【存储为】命令，在弹出的【存储为】对话框中设置【格式】选项为"CompuServe GIF (*.GIF)"。

(2) 设置存储图片的路径和名称后单击 保存(S) 按钮，弹出如图 9-69 所示的【索引颜色】对话框。

(3) 在【调板】选项中可以设置调板类型、颜色和强制等选项，如果没有特殊要求，一般按照默认选项进行设置。

(4) 如果保存的图像文件是删除了"背景"层而包含有透明区域的图层，在【杂边】下拉列表中可以设置用于填充图像透明图层区域的背景色。

(5) 单击 确定 按钮，弹出如图 9-70 所示的【GIF 选项】对话框，可以按照不同的要求进行设置。

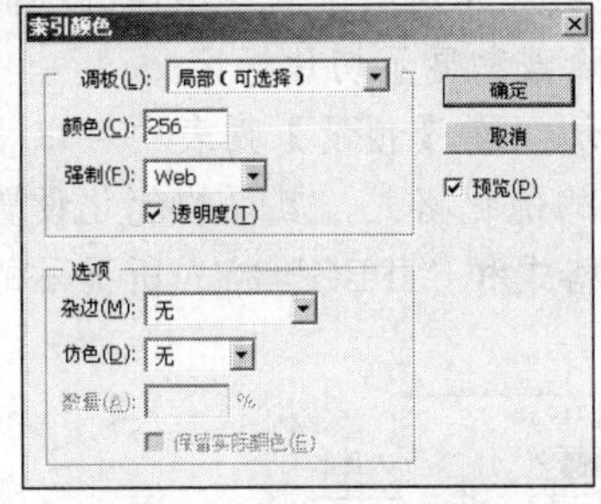

图9-69 【索引颜色】对话框

图9-70 【GIF 选项】对话框

- 正常：图片在网页上下载完毕后才能在浏览器中显示图片。
- 交错：图片在网页上下载过程中浏览器上先显示低分辨滤的图片，能提高下载时间，但会增加文件的大小。

(6) 单击 确定 按钮，即可完成 GIF 格式图片的存储。

3. 优化存储网页图片

选择【文件】/【存储为 Web 和设备所用格式】命令，弹出如图 9-71 所示的对话框。

- 查看优化效果：对话框左上角为查看优化图片的 4 个选项卡。单击【原稿】选项卡，则显示的是图片未进行优化的原始效果；单击【优化】选项卡，则显示的是图片优化后的效果；单击【双联】选项卡，则可以同时显示图片的原稿和优化后的效果；单击【四联】选项卡，则可以同时显示图片的原稿和 3 个版本的优化效果。

图9-71 【存储为 Web 和设备所用格式】对话框

- 查看图像的工具：在对话框左侧有 6 个工具按钮，分别用于查看图像的不同部分、放大或缩小视图、选择切片、设置颜色、隐藏和显示切片标记。
- 优化设置：对话框的右侧为进行优化设置的区域。在【预设】列表中可以根据对图片质量的要求设置不同的优化格式。不同的优化格式，其下的优化设置选项也会不同，图 9-72 所示分别为设置“GIF”格式和“JPEG”格式所显示的不同优化设置选项。

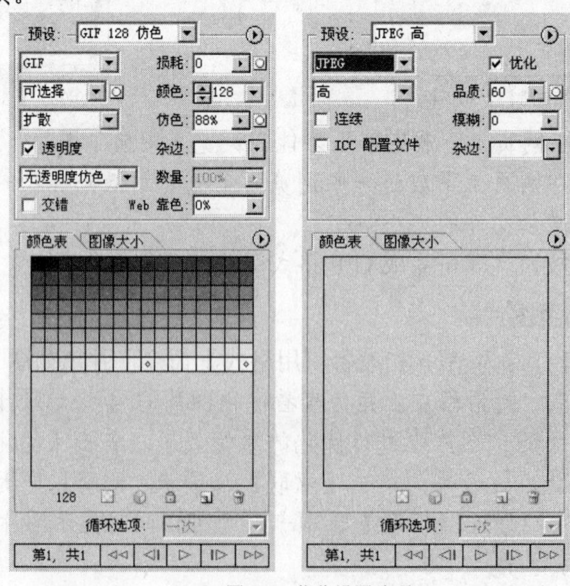

图9-72 优化设置选项

对于“GIF”格式的图片来说，可以适当设置“损耗”和减小“颜色”数量来得到较小的文件，一般设置不超过“10”的损耗值即可；对于“JPEG”格式的图片来说，可以适当降低图像的“品质”来得到较小的文件，一般设置为“40”左右即可。如果图像文件是删除了“背景”层而包含有透明区域的图层，在【杂边】右侧可以设置用于填充图像透明图层区域的背景色。

- 【图像大小】选项卡：单击该选项，可以根据需要自定义输出图像的大小。
- 查看图像下载时间：在对话框的左下角显示了当前优化状态下图像文件的大小及下载该图片时所需要的下载时间。

所有选项如果设置完成，可以通过浏览器查看效果。在【存储为 Web 和设备所用格式】对话框左下角设置好【缩放级别】选项后，单击右边的按钮即可在浏览器中浏览该图像效果，如图 9-73 所示。

图9-73　在浏览器中浏览图像效果

关闭该浏览器，单击 存储 按钮，在弹出的【将优化结果存储为】对话框中，如果在【保存类型】列表中设置“HTML 和图像（*.html）”选项，文件存储后会把所有的切片图像文件保存并同时生成一个“*.html”网页文件；如果设置“仅限图像（*.jpg）”选项，则只会把所有的切片图像文件保存，而不生成“*.html”网页文件；如果设置“仅限 HTML（*.html）”选项，则保存一个“*.html”网页文件，而不保存切片图像。

项目实训——设计音乐网站主页

根据对本项目内容的学习，读者自已动手设计出如图 9-74 所示的网页主页。图库素材为教学素材“图库\项目 9”目录下名为“网页素材.psd”的文件。作品参见教学素材“作品\项目 9”目录下名为“项目实训.psd”的文件。

图9-74 设计的网页

习题

1. 根据对任务四内容的学习和理解，读者自已动手把网页作品划分成如图 9-75 所示的切片。图库素材为教学素材“图库\项目 9”目录下名为“音乐网站.jpg”的文件。

图9-75 划分的切片二

2. 根据对任务四内容的学习和理解，读者自已动手把网页作品优化存储为“*.html”格式文件。图库素材为教学素材“图库\项目 9”目录下名为“音乐网站.jpg”的文件。

读者信息反馈表

<table>
<tr><td>姓名</td><td></td><td>身份</td><td colspan="2">□学生　　□教师　　□其他</td></tr>
<tr><td>E-mail</td><td></td><td>电话</td><td colspan="2"></td></tr>
<tr><td>通讯地址</td><td colspan="2"></td><td>邮编</td><td></td></tr>
<tr><td>购书地点</td><td></td><td>购书日期</td><td colspan="2"></td></tr>
<tr><td>购书因素</td><td colspan="4">□学校订购　□书店推荐　□朋友推荐
□书目宣传　□自己搜索　□内容精彩</td></tr>
<tr><td>学习方式</td><td colspan="4">□学校开课　□教学备课　□社会培训
□自学　□获取资料</td></tr>
<tr><td>对本书的看法</td><td colspan="4">（内容、版式有哪些长处和不足，定价是否合理）</td></tr>
<tr><td>对本书的建议</td><td colspan="4">（本书需要调整哪些内容）</td></tr>
<tr><td>您的期望</td><td colspan="4">（您对本系列教材还有什么期望）</td></tr>
</table>

回函方式

地址：北京市崇文区夕照寺街 14 号人民邮电出版社 517 室（收）

邮编：100061

电话：010-67132746/67129258

邮箱：wuhan@ptpress.com.cn

（此表格电子文件可在网站 http://www.ycbook.com.cn 上“资源下载”栏目中下载）